U0236814

水利水电工程施工实用手册

土石坝工程施工

《水利水电工程施工实用手册》编委会　编

中国环境出版社

图书在版编目(CIP)数据

土石坝工程施工 /《水利水电工程施工实用手册》编委会编. —北京:中国环境出版社,2017.12
(水利水电工程施工实用手册)
ISBN 978-7-5111-3421-9

Ⅰ.①土… Ⅱ.①水… Ⅲ.①土石坝—水利工程—工程施工—技术手册 Ⅳ.①TV641-62

中国版本图书馆 CIP 数据核字(2017)第 292857 号

出 版 人　武德凯
责任编辑　罗永席
责任校对　尹　芳
装帧设计　宋　瑞

出版发行　**中国环境出版社**
　　　　　(100062 北京市东城区广渠门内大街 16 号)
　　　　　网　　址:http://www.cesp.com.cn
　　　　　电子邮箱:bjgl@cesp.com.cn
　　　　　联系电话:010-67112765(编辑管理部)
　　　　　　　　　　010-67112739(建筑分社)
　　　　　发行热线:010-67125803,010-67113405(传真)
　　　　　印装质量热线:010-67113404
印　　刷　北京盛通印刷股份有限公司
经　　销　各地新华书店
版　　次　2017 年 12 月第 1 版
印　　次　2017 年 12 月第 1 次印刷
开　　本　787×1092　1/32
印　　张　9.625
字　　数　257 千字
定　　价　30.00 元

《水利水电工程施工实用手册》
编 委 会

《土石坝工程施工》

主　　编：王玉竹

副 主 编：李开志　杨　磊　王　进

参编人员：雷先进　宋　取　张　剑　陈鸿杰
　　　　　曾　丹

主　　审：徐　念　王星亮

前 言

　　水利水电工程施工虽然与一般的工民建、市政工程及其他土木工程施工有许多共同之处，但由于其施工条件较为复杂，工程规模较为庞大，施工技术要求高，因此又具有明显的复杂性、多样性、实践性、风险性和不连续性的特点。如何科学、规范地进行水利水电工程施工是一个不断实践和探索的过程。近 20 年来，我国水利水电建设事业有了突飞猛进的发展，一大批水利水电工程相继建成，取得了举世瞩目的成就，同时水利水电施工技术水平也得到极大的提高，很多方面已达到世界领先水平。对这些成熟的施工经验、技术成果进行总结，进而推广应用，是一项对企业、行业和全社会都有现实意义的任务。

　　为了满足水利水电工程施工一线工程技术人员和操作工人的业务需求，着眼提高其业务技术水平和操作技能，在中国水利工程协会指导下，湖北水总水利水电建设股份有限公司联合湖北水利水电职业技术学院、中国水电基础局有限公司、中国水电第三工程局有限公司制造安装分局、郑州水工机械有限公司、湖北正平水利水电工程质量检测公司、山东水总集团有限公司等十多家施工单位、大专院校和科研院所，共同组成《水利水电工程施工实用手册》丛书编委会，组织编写了《水利水电工程施工实用手册》丛书。本套丛书共计 16 册，参与编写的施工技术人员及专家达 150 余人，从 2015 年 5 月开始，历时两年多时间完成。

　　本套丛书以现场需要为目的，只讲做法和结论，突出"实用"二字，围绕"工程"做文章，让一线人员拿来就能学，学了就会用。为达到学以致用的目的，本丛书突出了两大特点：一是通俗易懂、注重实用，手册编写是有意把一些繁琐的原理分析去掉，直接将最实用的内容呈现在读者面前；二是专业独立、相互呼应，全套丛书共计 16 册，各册内容既相互关联,又相对独立,实际工作中可以根据工程和专业需要,选择一本或几本进行参考使用,为一线工程技术人员使用本手册提供最大的便利。

《水利水电工程施工实用手册》丛书涵盖以下内容:

1)工程识图与施工测量;2)建筑材料与检测;3)地基与基础处理工程施工;4)灌浆工程施工;5)混凝土防渗墙工程施工;6)土石方开挖工程施工;7)砌体工程施工;8)土石坝工程施工;9)混凝土面板堆石坝工程施工;10)堤防工程施工;11)疏浚与吹填工程施工;12)钢筋工程施工;13)模板工程施工;14)混凝土工程施工;15)金属结构制造与安装(上、下册);16)机电设备安装。

在这套丛书编写和审稿过程中,我们遵循以下原则和要求对技术内容进行编写和审核:

1)各册的技术内容,要求符合现行国家或行业标准与技术规范。对于国内外先进施工技术,一般要经过国内工程实践证明实用可行,方可纳入。

2)以专业分类为纲,施工工序为目,各册、章、节格式基本保持一致,尽量做到简明化、数据化、表格化和图示化。对于技术内容,求对不求全,求准不求多,求实用不求系统,突出丛书的实用性。

3)为保持各册内容相对独立、完整,各册之间允许有部分内容重叠,但本册内应避免出现重复。

4)尽量反映近年来国内外水利水电施工领域的新技术、新工艺、新材料、新设备和科技创新成果,以便工程技术人员参考应用。

参加本套丛书编写的多为施工单位的一线工程技术人员,还有设计、科研单位和部分大专院校的专家、教授,参与审核的多为水利水电行业内有丰富施工经验的知名人士,全体参编人员和审核专家都付出了辛勤的劳动和智慧,在此一并表示感谢!在丛书的编写过程中,武汉大学水利水电学院的申明亮、朱传云教授,三峡大学水利与环境学院周宜红、赵春菊、孟永东教授,长江勘测规划设计研究院陈勇伦、李锋教授级高级工程师,黄河勘测规划设计有限公司孙胜利、李志明教授级高级工程师等,都对本书的编写提出了宝贵的意见,我们深表谢意!

中国水利工程协会组织并主持了本套丛书的审定工作,有关领导给予了大力支持,特邀专家们也都提出了修改意见和指导性建议,在此表示衷心感谢!

由于水利水电施工技术和工艺正在不断地进步和提高,而编写人员所收集、掌握的资料和专业技术水平毕竟有限,书中难免有很多不妥之处乃至错误,恳请广大的读者、专家和工程技术人员不吝指正,以便再版时增补订正。

让我们不忘初心,继续前行,携手共创水利水电工程建设事业美好明天!

《水利水电工程施工实用手册》编委会
2017 年 10 月 12 日

目 录

第一章

基 本 知 识

第一节 概 述

一、土石坝类型

土石坝是指土、石料等当地材料填筑而成的坝,是历史最为悠久的一种坝型,是世界上坝工建设中最为广泛和发展最快的一种坝型。土石坝的种类多种多样,一般情况下可以按照坝高、施工方法、土料在坝身内的配置和防渗体所用材料的种类将土石坝分类。

土石坝按坝高可分为:低坝、中坝和高坝。《碾压式土石坝设计规范》(DL/T 5395—2007)规定:高度在 30m 以下的为低坝,高度在 30～100m 为中坝,高度在 100m 以上的为高坝。而《碾压式土石坝设计规范》(SL 274—2001)规定:高度在 30m 以下的为低坝,高度在 30～70m 为中坝,高度在 70m 以上的为高坝。土石坝的坝高有两种计算方法:从坝轴线部位的建基面算至坝顶(不含防浪墙)和从坝体防渗体(不含坝基防渗设施)底部算至坝顶,取两者中的大值。

知识链接

坝高大于200m的工程或库容大于$10 \times 10^9 m^3$的大(1)型工程,以及50年超越概率10%的地震动峰值加速度大于或等于0.10g地区且坝高大于150m的大(1)型工程,应进行场地地震安全性评价工作。
　　　　　　　　　　　　　　——《水利工程建设标准强制性条文》
　　　　　　　　　　　　　　　　　　　　　(2016年版)

土石坝按施工方法可分为:碾压式土石坝、充填式土石坝、水中填土坝和定向爆破土石坝等。应用最广泛的是碾压式土石坝。

按照土料在坝身内的配置和防渗体所用材料的种类,碾压式土石坝可分为以下几种主要类型:

(1)均质坝。坝体断面不分防渗体和坝壳,坝体基本上是由均一的黏性土料(壤土、砂壤土)筑成,如图 1-1(a)所示。这种坝也有明显的不足之处,如土料的抗剪强度低,对坝坡稳定不利;坝坡较缓,体积庞大,使用土料多;铺土厚度薄、填筑速度慢,填筑施工容易受降雨和冰冻影响,不利于加快进度、缩短工期。因此在低、中土石坝,且坝址处除土料外,缺乏其他材料的情况下才采用。

(2)土质防渗体分区坝。包括黏土心墙坝和黏土斜墙坝,即用透水性较大的土料作坝的主体,用透水性极小的黏土作防渗体的坝。防渗体设在坝体中央或稍向上游且略为倾斜的称为黏土心墙,防渗体设在坝体上游部位且倾斜的称为黏土斜墙坝,是高、中土石坝中最常用的坝型,如图 1-1(b)、(c)所示。

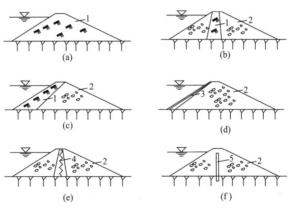

图 1-1　土石坝的类型

1—黏性土料;2—坝壳料;3—钢筋混凝土面板(或沥青混凝土面板、复合土工膜面板);4—土工膜心墙;5—混凝土防渗墙(沥青混凝土、刚性或塑性混凝土)

（3）非土质材料防渗体坝。按其位置也可分为面板坝和心墙坝两种。如混凝土防渗心墙（沥青混凝土、刚性或塑性混凝土）、复合土工膜心墙坝、钢筋混凝土面板、沥青混凝土面板或复合土工膜面板坝。其防渗体为混凝土或复合土工膜等非土质材料，如图 1-1(d)(e)(f)所示，近几年发展迅速。

二、施工特点

土石坝具有鲜明的施工特点：

（1）筑坝所需土石可就地取材，还可以充分利用各种开挖料。与混凝土坝相比，土石坝所需钢材、水泥、木材、比较少，可以减轻对外交通运输的工作量，是一种经济、安全、环保和工期短、适应性好、施工方便的坝型。随着岩土力学和试验技术的进步以及施工技术的发展，筑坝材料的品种范围还在逐步扩大。

（2）土石坝工程量大，施工强度高，当前机械化施工水平已经可以在合理工期内完成大量土石方开挖和填筑。此时，机械设备和运输线路质量则成为施工的关键因素。

（3）土石坝施工和自然条件关系极为密切。由于水文、地质、气象因素的不确定性和筑坝材料的千差万别，对土石坝的导流标准、拦洪度汛方式以及有效工作时间要进行充分细致的综合研究，做好坝料的室内外试验研究工作和施工设计，并根据条件变化，及时调整施工参数和施工方案，实施动态施工管理。

（4）实践经验甚为重要。由于自然环境的不同，每座土石坝都有其特殊性，因此土石坝是一门实践性很强的工程门类。重视积累施工经验和借鉴他人经验，是提高施工水平的重要环节。

（5）原型观测具有特殊地位。由于设计参数和计算方法的局限以及复杂多变的施工过程，原型观测对于检验设计合理性和监测施工质量及运行安全，具有特别重要的意义。

第二节 施工导截流与度汛

导流方式分类表

导流方式		适用范围
分段围堰法导流	束窄河床导流	分期导流的前期阶段
	通过建筑物导流	分期导流的后期阶段
全段围堰法导流	明渠导流	河床一岸有较宽的台地、垭口或古河道;导流流量大,地质条件不适于开挖导流隧洞;施工期有通航、排冰、过木要求;总工期紧,不具备洞挖条件和设备。
	隧洞导流	一般山区河流,河谷狭窄,两岸地形陡峻,山岩坚实
	涵管导流	一般用于导流流量较小的河流上或只用来担负枯水期的导流任务

一、施工导流

施工导流大体上可分为两类,即分段围堰法导流和全段围堰法导流。土石坝工程中常用全段围堰法导流。

全段围堰法导流,就是在河床主体工程的上下游各建一道断流围堰,使水流经河床以外的临时或永久泄水建筑物下泄。主体工程建成或接近建成时,再将临时泄水道堵塞。

采用这种导流方式,当在大湖泊出口处修建闸坝时,有可能只填筑上游围堰,将施工期间的全部来水拦蓄于湖泊中。另外,在坡降很陡的山区河道上,若泄水道出口的水位低于基坑处河床高程时,也无须修建下游围堰。

全段围堰法导流按泄水建筑物的类型不同可分为明渠导流、隧洞导流、涵管导流等。

1. 隧洞导流

（1）隧洞导流使用范围。一般山区河流，河谷狭窄，两岸地形陡峻，山岩坚实，可采用隧洞导流。按照当前的施工水平，隧洞单位面积过水流量一般为 $10\sim20\text{m}^3/(\text{s}\cdot\text{m}^2)$。为了节约导流费用，导流隧洞通常与永久隧洞相结合。在山区河流上兴建高水头土石坝枢纽时，多采用永久隧洞。

（2）导流隧洞布置。

1）应将隧洞布置在完整并且新鲜的岩层中，为了防止隧洞沿线可能产生的大规模坍方，应避免洞轴线跟岩层、断层、破碎带平行，洞轴线跟岩石层面之间的夹角最好在 $45°$ 以上，层面倾角也以不小于 $45°$ 为宜。

2）充分利用坝址附近的有利地形，尽量使隧洞线路顺直，当河岸弯曲时，隧洞宜布置在凸岸，不仅可以缩短隧洞长度，而且水力条件较好。

3）对于有压隧洞和低流速无压隧洞，如果必须转弯，则转弯半径应大于 5 倍洞宽，转折角应不大于 $60°$。在弯道的上、下游，应设置直线段过渡，直线段长度一般也应大于 5 倍洞宽。对于高流速无压隧洞，为避免在弯段上产生冲击波，或因离心力而产生的水面壅高封顶等不良水力现象，应尽量避免转弯。

4）进出口与河床主流流向的交角不宜太大，否则会造成上游进水条件不良，下游河道会产生有害的折冲水流与涌浪。出口交角宜小于 $30°$，上游进口处的要求可以根据实际情况酌情放宽。

5）当需要采用两条以上的导流隧洞时，可将它们布置在两岸或一岸。一岸双线隧洞间的岩壁厚度一般不应小于开挖洞径的两倍。

6）隧洞进出口距上下游围堰坡脚应有足够的距高，一般要求 50m 以上。近来也有小至 $10\sim20$m 者。距离较小时，应加强对堰坡的防护，对于斜墙铺盖式土石围堰应更慎重。

（3）导流隧洞断面设计。隧洞断面尺寸的大小取决于设计流量、地质和施工条件,洞径应控制在施工技术和结构安全允许范围内。隧洞断面形式取决于地质条件、隧洞工作状况(有压或无压)及施工条件,常用断面形式有圆形、马蹄形、方圆形,如图 1-2 所示。圆形多用于高水头处,马蹄形多用于地质条件不良处,方圆形有利于截流和施工。国内外导流隧洞多采用方圆形。

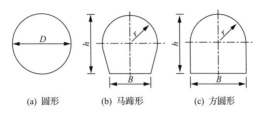

(a) 圆形 (b) 马蹄形 (c) 方圆形

图 1-2 隧洞断面形式

洞身设计中,糙率 n 值的选择是十分重要的问题,糙率的大小直接影响到断面的大小,而衬砌与否、衬砌的材料和施工质量、开挖的方法和质量则是影响糙率大小的因素,一般混凝土衬砌糙率值为 0.014～0.0173。不衬砌隧洞的糙率变化较大,光面爆破时为 0.025～0.032,一般炮眼爆破时为 0.035～0.044。设计时根据具体条件查表 1-1,选取设计的糙率值,对重要的导流隧洞工程,应通过水工模型试验验证其糙率的合理性。

表 1-1　　　　　　　不衬砌和部分衬砌岩石隧洞的糙率

岩面情况	隧洞糙率 n	岩面情况	隧洞糙率 n
岩面经良好修整	0.025	岩面未经修整	0.035～0.045
岩面经中等修整	0.030～0.033	岩面经水泥喷浆	0.020～0.030

2. 明渠导流

(1) 明渠导流适用条件。如坝址河床较窄,或河床覆盖层很深,分期导流困难,且具备下列条件之一者,可考虑采用明渠导流:河床一岸有较宽的台地、垭口或古河道;导流流量大,地质条件不适于开挖导流隧洞;施工期有通航、排冰、过水要求;总工期紧,不具备洞挖条件和设备。

（2）导流明渠布置方法。导流明渠布置分岸坡上和滩地两种布置形式。布置导流明渠时,应注意以下问题:

1）尽量利用有利地形,使明渠工程量最小。尽量避免渠线通过不良地质区段,特别应注意滑坡崩体,保证边坡稳定,避免高边坡开挖,在河滩地上开挖的明渠,一般均需设置外侧墙,其作用与纵向围堰相似,外侧墙必须布置在可靠的基础上,并尽量使其能直接在干地上施工。

2）明渠轴线应顺直,以使渠内水流顺畅平稳,应避免采用S形弯道。关于转弯半径,进出口方向,以及与围堰坡脚距离的要求,均与明流隧洞相似。对于软基上的明渠,渠内水面到基坑水面之间最短距离应大于两水面高差的 $2.5\sim3.0$ 倍,以免发生渗透破坏。

3）导流明渠应尽量与永久明渠相结合。当枢纽中的混凝土建筑物采用岸边式布置时,导流明渠常与电站引水渠和尾水渠相结合,明渠进出口应与上下游水流相衔接,与河道主流的交角以小于 $30°$ 为宜;为保证水流畅通,明渠转弯半径应大于 5 倍渠底宽;明渠轴线布置应尽可能缩短明渠长度和避免深挖方。

（3）导流明渠断面设计。

1）确定明渠断面尺寸:明渠断面尺寸主要由导流设计流量控制,并受地形地质和允许抗冲流速等因素的影响。在进行断面设计时,要按照不同的明渠断面尺寸与围堰高度的组合,通过综合经济分析来确定。

2）合理选择明渠断面形式:一般设计中,都会将明渠断面设计为梯形,渠底为坚硬基岩时,可设计成矩形。有时为满足截流和通航的不同目的,也可设计成复式梯形断面。

3）确定明渠糙率:明渠糙率大小直接影响到明渠的泄流能力。对糙率大小产生直接影响的因素有开挖的方法、衬砌的材料、渠底的平整度等因素,所以在设计时要根据具体情况查看表 1-2、表 1-3,而对于大型明渠工程,应通过模型试验选取糙率。

表 1-2　　　　　　　　　　石渠糙率

渠槽表面特征	糙率	岩面情况	糙率
经过良好修整	0.025	经过中等修整，有凸出部分	0.033
经过中等修整，无凸出部分	0.030	未经修整，有凸出部分	0.035～0.045

表 1-3　　　　　　　　　防渗衬砌渠槽糙率

防渗衬砌结构类别及特征		糙率
黏土、黏沙混合土、膨润混合土	平整顺直，养护良好	0.0225
	平整顺直，养护一般	0.0250
	平整顺直，养护较差	0.0275
灰土、三合土、四合土	平整，表面光滑	0.0150～0.0170
	平整，养护较差	0.0180～0.0200
水泥土	平整，表面光滑	0.0140～0.0160
	平整，表面较粗糙	0.0160～0.0180
砌石	浆砌料石、石板	0.0150～0.0230
	浆砌块石	0.0200～0.0250
	干砌块石	0.0250～0.0330
	浆砌软石	0.0230～0.0275
	干砌卵石、砌工良好	0.0250～0.0325
	干砌卵石、砌工一般	0.0275～0.0375
	干砌卵石、砌工粗糙	0.0325～0.0425
沥青混凝土	机械现场浇筑，表面光滑	0.0120～0.0140
	机械现场浇筑，表面粗糙	0.0150～0.0170
	预制板砌筑	0.0160～0.0180
混凝土	抹光的水泥砂浆面	0.0120～0.0130
	金属模板浇筑，平整顺直，表面光滑	0.0120～0.0140
	刨光木板浇筑，表面一般	0.0150
	表面粗糙，缝口不齐	0.0170
	修整及养护较差	0.0180
	预制板砌筑	0.0160～0.0180
	预制渠槽	0.0120～0.0160
	平整的喷浆面	0.0150～0.0160
	不平整的喷浆面	0.0170～0.0180
	波状断面的喷浆面	0.0180～0.0250

3. 涵管导流

涵管一般是钢筋混凝土结构,当有永久涵管可以利用或修建隧洞有困难时,采用涵管导流是合理的。在某些情况下可在建筑物基岩中开挖沟槽,必要时予以衬砌然后封上混凝土或钢筋混凝土顶盖形成涵管。利用这种涵管导流往往可以获得经济可靠的效果。由于涵管的泄流能力较低,所以一般用于导流流量较小的河流上或只用来担负枯水期的导流任务。

为了防止涵管外壁与坝身防渗体之间的渗流,通常在涵管外壁每隔一定距离设置截流环,以延长渗径,降低渗透坡降,减少渗流的破坏作用。此外,必须严格控制涵管外壁防渗体的压实质量。涵管管身的温度缝或沉陷缝中的止水必须认真施工。

【案例】 小浪底水利枢纽工程坝体为土石坝,导流建筑物主要为三条导流隧洞(后期改建为孔板消能泄洪洞)。导流隧洞集中布置在黄河左岸相对单薄的山体内,洞轴线平行且近东西走向。洞身与三条大断层交汇,洞轴线与断层走向交角为 $20°\sim30°$,最大埋藏深度约为 140m,分布在上游洞段;最小埋藏深度约 $18\sim20m$,分布在下游洞段。每条导流隧洞直径为 14.5m,洞长分别为 1220m、1183m 及 1149m(包括进出口渐变段)。导流设计流量为 3250m³/s。导流隧洞总土石方开挖量约 $8.7\times10^5\,m^3$,混凝土量约 $2.67\times10^5\,m^3$。

二、截流

截流在施工导流中占有重要的地位,如果截流不能按时完成,就会延误整个河床部分建筑物的开工日期;如果截流失败,失去了以水文年计算的良好截流时机,则可能拖延工期达一年,在通航河流上甚至严重影响航运。所以在施工导流中,常把截流看作一个关键性问题,它是影响施工进度的一个控制项目。截流之所以被重视,还因为截流本身无论在技术上和施工组织上都具有相当的艰巨性和复杂性。

常用截流形式分类表

截流形式		特点	优点	缺点	适用范围
立堵法	双向进占	从两端向中间抛投进占	不架设浮桥或栈桥，准备工作比较简单，费用较低	单宽流量大，最大流速高；需单重较大截流材料；场地狭窄，抛投强度受限；进度受影响	大流量、岩基或覆盖层较薄的岩基河床。护底措施得当的软基河床
	单向进占	从龙口一端向另一端抛投进占			
平堵流		在龙口架设浮桥或栈桥，沿龙口前沿抛投截流材料	单宽流量小，最大流速小；水流条件好，可减小龙口基床的冲刷	需架设浮桥或栈桥，准备工作比较复杂，费用较高	适用于易冲刷的河床

1. 截流形式

河道截流有立堵法、平堵法、立平堵法、平立堵法、下闸截流以及定向爆破截流等多种方法，但基本方法为立堵法和平堵法两种。立堵法截流是我国的一种传统方法，在大、中型截流工程中一般都采用立堵法截流。

立堵法截流是将截流材料从龙口一端向另一端或从两端向中间抛投进占，逐渐束窄龙口，直至全部拦断。截流材料通常用自卸汽车在进占戗堤的端部直接卸料入水，或先在堤头卸料，再用推土机推入水中，如图1-3所示。

(a) 双向进占　　　　　(b) 单向进占

图1-3　立堵法截流

1—截流戗堤；2—龙口

立堵法截流不需要在龙口架设浮桥或栈桥，准备工作比较简单，费用较低。但截流时龙口的单宽流量较大，出现的最大流速较高,而且流速分布很不均匀,需用单个重量较大的截流材料。截流时工作前线狭窄,抛投强度受到限制,施工进度受到影响。根据国内外截流工程的实践和理论研究,立堵法截流一般适用于大流量、岩基或覆盖层较薄的岩基河床。对于软基河床只要护底措施得当,采用立堵法截流也同样有效。

立堵法截流又可以进一步分为单戗截流(一般是指戗堤顶宽小于 30m 的窄戗堤)、双戗截流和宽戗截流。采用哪种截流方式,需根据工程的具体情况而定。

2. 截流日期与截流流量

截流年份应结合施工进度的安排来确定。

截流年份内截流时段的选择,既要把握截流时机,选择在枯水流量、风险较小的时段进行;又要为后续的基坑工作和主体建筑物施工留有余地,不致影响整个工程的施工进度。在确定截流时段时,应考虑以下要求:

(1) 截流以后需要继续加高围堰,完成排水、清基、基础处理等大量基坑工作,并应把围堰或永久建筑物在汛期前抢修到一定高程以上。为了保证这些工作的完成,截流时段应尽量提前。

(2) 在通航的河流上进行截流,截流时段最好选择在对航运影响较小的时段内。因为截流过程中,航运必须停止,即使船闸已经修好,但因截流时水位变化较大,也必须停航。

(3) 在北方有冰凌的河流上,截流不应在流冰期进行。因为冰凌很容易堵塞河道或分流泄水建筑物,壅高上游水位,给截流带来极大困难。

此外,在截流开始前,应修好导流泄水建筑物,并做好过水准备。如清除影响泄水建筑物运用的围堰或其他设施,开挖引水渠,完成截流所需的一切材料、设备、交通道路的准备等。

综上所述,截流时段一般多选在枯水期初,流量已有明显下降的时候,而不一定选在流量最小的时刻。但是,在截流设计时,根据历史水文资料确定的枯水期和截流流量与截流时的实际水文条件往往有一定出入。因此,在实际施工中,还需根据当时的水文气象预报及实际水情分析进行修正,最后确定截流日期。

3. 龙口位置和宽度

龙口位置的选择,对截流工作顺利与否有密切关系。选择龙口位置时要考虑下述技术要求。

(1) 一般龙口应设置在河床主流部位,方向力求与主流顺直,使截流前河水能较顺畅地经由龙口下泄。但有时也可以将龙口设置在河滩上,此时,为了使截流时的水流平顺,应在龙口上、下游顺河流流势,按流量大小开挖引河。龙口设在河滩上时,一些准备工作就不必在深水中进行,这对确保施工进度和施工质量均较为有利。

(2) 龙口应选择在耐冲河床上,以免截流时因流速增大,引起过分冲刷。如果条件不允许,也可设在覆盖层上,但应研究河床防冲加固的必要性。

(3) 龙口附近应有较宽阔的场地,以便布置截流运输线路和制作、堆放截流材料。

原则上龙口宽度应尽可能窄些,这样可以减少合龙工程量,缩短截流延续时间,但以不引起龙口及其下游河床的冲刷为限。为了提高龙口的抗冲能力,保证戗堤安全,必要时须对龙口加以保护。龙口的保护包括护底和裹头。护底一般采用抛石、沉排、竹笼、柴石枕等。裹头就是用石块、钢筋石笼、黏土麻袋或草包、竹笼、柴石枕等把戗堤的端部保护起来,以防被水流冲塌。裹头多用于平堵戗堤两端或立堵进占端对面的戗堤。龙口宽度及其防护措施,可根据相应的流量及龙口的抗冲流速来确定。在通航河道上,当截流准备期通航设施尚未投入运用时,船只仍需在截流前由龙口通过。这时龙口宽度便不能太窄,流速也不能太大,以免影响航运。

4. 截流水力计算

截流水力计算的目的是确定龙口水力参数的变化规律,主要解决两个问题:①确定截流过程中龙口各水力参数,如单宽流量 q、落差 z 及流速 v 等的变化规律;②由此确定截流材料的类型、尺寸(或重量)及相应的数量等。这样,在截流前,就可以有计划、有目的地准备各种尺寸或重量的截流材料及其数量,规划截流现场的场地布置,选择起重、运输设备;在截流时,能预先估计不同龙口宽度的截流参数,何时何处应抛投何种尺寸或重量的截流材料及其方量等。

在截流过程中,上游来流量,也就是截流设计流量,分别经由龙口、分流建筑物及戗堤的渗漏通道下泄,并有一部分拦蓄在水库中。截流过程中,一般库容不大,拦蓄在水库中的水量可以忽略不计。对于立堵法截流,当渗漏不严重时,也可忽略经由戗堤渗漏的流量。这样截流时的水量平衡方程为:

$$Q_0 = Q_1 + Q_2 \qquad (1\text{-}1)$$

式中:Q_0——截流设计流量,$\mathrm{m^3/s}$;

$\quad\quad Q_1$——分流建筑物的泄流量,$\mathrm{m^3/s}$;

$\quad\quad Q_2$——龙口泄流量,可按宽顶堰计算,$\mathrm{m^3/s}$。

随着截流戗堤的进占,龙口逐渐被束窄,因此经分流建筑物和龙口的泄流量是变化的,但二者之和恒等于截流设计流量。其变化规律是:截流开始时,大部分截流设计流量经由龙口下泄,随着截流戗堤的进占,龙口断面不断缩小,上游水位不断上升,经由龙口的泄流量越来越小,而经由分流建筑物的泄流量则越来越大。龙口合龙闭气后,截流设计流量全部经由分流建筑物下泄。

截流水力计算可采用图解法和电算法。

采用图解法时,先绘制上游水位 H_u 与分流建筑物泄流量的关系曲线和上游水位与不同龙口宽度 B 的泄流量曲线簇,如图 1-4 所示。在绘制曲线时,下游水位视为常量,可根据截流设计流量在下游水位流量关系曲线上查得。这样,在同一上游水位情况下,当分流建筑物泄流量与某宽度龙口泄流量之和为 Q_0 时,即可分别得到 Q_1 和 Q_2。

用电算法求解时,首先,计算上游水位与分流建筑物泄流量的关系和上游水位与不同龙口宽度 B 的泄流量关系;然

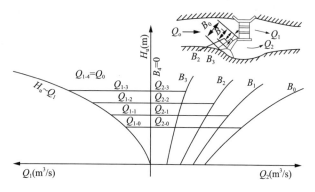

图 1-4 Q_1 与 Q_2 图解法

后,假定一个上游水位,用插值算法分别求得 Q_1、Q_2,如果满足 $Q_0 = Q_1 + Q_2$,则满足假定的上游水位;否则应重新假定上游水位,直到满足条件为止。

根据以上方法,可同时求得不同龙口宽度下的上游水位 H_u 和 Q_1、Q_2 值,由此再通过水力学计算即可求得截流过程中龙口诸水力参数,其变化规律如图 1-5 所示。

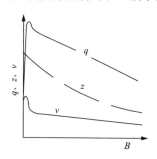

图 1-5 龙口诸水力参数变化规律图

q—龙口单宽流量,$m^3/(s \cdot m^2)$;B—龙口宽度,m;z—上下游水位差,m;
v—龙口流速,m/s

5. 截流材料和备用料

(1)截流材料尺寸。合理选择截流材料的尺寸或重量,对于截流的成败和截流费用的节省具有重大意义。截流材料的尺寸或重量主要取决于龙口的流速。各种不同材料的适用流速,即抵抗水流冲动的经验流速列于表 1-4 中。

表 1-4　　　　　　截流材料的适用流速

截流材料	适用流速/(m/s)	截流材料	适用流速/(m/s)
土料	0.5～0.7	3t 重大块石或钢筋石笼	3.5
20～30kg 重石块	0.8～1.0	4.5t 重混凝土六面体	4.5
50～70kg 重石块	1.2～1.3	5t 重大块石,大石串或钢筋石笼	4.5～5.5
麻袋装土(0.7m×0.4m×0.2m)	1.5		
ϕ0.5×2m 装石竹笼	2.0	12～15t 重混凝土四面体	7.2
ϕ0.6×4m 装石竹笼	2.5～3.0	20t 重混凝土四面体	7.5
ϕ0.8×6m 装石竹笼	3.5～4.0	ϕ1.0m×15m 柴石枕	7～8

立堵截流时截流材料抵抗水流冲动的流速,可按式(1-2)估算:

$$v = k\sqrt{2gD\frac{\gamma_1 - \gamma}{\gamma}} \qquad (1-2)$$

式中:v——水流流速,m/s;

　　　k——综合稳定系数;

　　　g——重力加速度,m/s²;

　　　γ_1——石块的容重,kN/m³;

　　　γ——水的容重,kN/m³;

　　　D——石块折算成球体的化引直径,m。

由式(1-2),根据图 1-4 和图 1-5 某一龙口宽度的 v 值,再根据材料类型查阅表 1-5 确定 k 值,就可得出抛投体的化引直径 D。

应该指出,立堵截流的水力条件非常复杂,上述计算只能作为初步依据。对于大、中型及重要的水利水电工程,必须进行截流模型试验。但模型试验对抛投体的稳定也只能作出定性分析,还不能满足定量要求。故在试验的基础上,还必须考虑类似工程经验,作为修改截流设计的依据。

表 1-5 立堵截流综合稳定系数 *k* 值

稳定条件 *k* 抛投体	动水抛投进占 (止动条件)	裹头抗冲稳定校核	备注
块石	0.9	1.02	葛洲坝工程大江截流龙口局部模型试验成果
混凝土立方体	0.57	1.08	
混凝土四面体	一般 0.68～0.7,个别情况最小 0.63,最大 0.72		

(2) 截流材料类型。截流材料类型的选择,主要取决于截流时可能发生的流速及开挖、起重、运输设备的能力,一般应尽可能就地取材。国内外大江大河截流的实践证明,块石是截流的最基本材料。此外,当截流水力条件较差时,还可使用人工块体,如钢筋笼、混凝土六面体、四面体、四脚体、钢筋混凝土构架(图 1-6)以及合金网兜等。

(a) 混凝土六面体 (b) 混凝土四面体 (c) 混凝土四脚体 (d) 钢筋混凝土构架

图 1-6 截流材料

(3) 备料量。为确保截流既安全顺利,又经济合理,正确计算截流材料的备料量是十分必要的。备料量通常按设计的戗堤体积再增加一定裕度。主要是考虑到堆存、运输中的损失,水流冲失,戗堤沉陷以及可能发生比设计更坏的水力条件而预留的备用量等。但实践中,常因估计不准致使截流材料备料量均超过实际用量,少者多达 50%,多则达 400%,尤其是人工块体大量多余,造成浪费。

造成截流材料备料量过大的原因主要是:①截流模型试验的推荐值本身就包含了一定安全裕度,截流设计提出的备料量又有增加，而施工单位在备料时往往在此基础上又留有余地；②水下地形不太准确，在计算戗堤体积时，常从安全角度考虑取偏大值；③设计截流流量通常大于实际出现的流量等。因此，如何正确估计截流材料的备用量，是一个很重要的课题。当然，备料恰如其分，不大可能，需留有余地。但对剩余材料，应预作筹划，安排好用处，特别像四面体等人工材料，大量弃置，既浪费又影响环境，可考虑用于护岸或其他河道整治工程。

【案例】 糯扎渡工程初期导流采用河床一次断流，上、下游土石围堰挡水，隧洞导流，主体工程全年施工的导流方式。

糯扎渡大江截流于 2007 年 11 月 3 日 8:00 开始，戗堤实测轴线长度 111m，开始截流龙口宽度 66.6m，龙口水面宽度 50.1m，上游水位高程 607.9m，戗堤落差 2.2m，上游来流量 2480m³/s，导流洞分流量 816m³/s。

龙口段施工主要采用全断面推进和凸出上游挑角的进占方式，抛投方法采用直接抛投、集中推运抛投和卸料冲砸抛投等方式，进占施工以右侧为主，左侧为辅。

龙口段施工历时 27h，总抛投量约 $6.07×10^4 m^3$，其中大块石料 $3.4×10^4 m^3$，3m³ 钢筋笼 1140 个，4.5m³ 钢筋笼 60 个，四面体 286 个，六面体 24 个。

大江截流期间，最大流量 $Q=2890m^3/s$，最大垂线流速 10.1m/s，截流形成石舌最大高程 604m，河床上升 12m，水舌长达 145m，流量大于 2000m³/s 占 51.8%，流速大于 8m/s 占 78%。初期导流洞分流量只占来水量的 16.5%，当截流水位抬高后，达到 25%～30%。

三、施工期度汛

1. 施工期度汛方式

施工导流与拦洪度汛贯穿大坝施工的全过程，施工期拦洪度汛方式随导流方式、洪水流量大小、坝基处理的难易程度、坝体分期填筑强度及施工能力的大小而不同。通常采用的拦洪度汛方式及适用条件如表 1-6 所示。

表 1-6   施工期拦洪度汛方式及适用条件

方　式	适用条件
坝体全断面拦洪	截流后，在一个枯水期内坝体可以达到拦洪高程
度汛临时断面拦洪	截流后，在一个枯水期内坝体全断面不可能达到拦洪高程时，可采用临时断面拦洪
临时断面拦洪与临时泄水建筑物泄洪相结合	采用临时断面仍不可能达到拦洪高程时，可降低溢洪道底高程，或设置临时溢洪道，以降低拦洪高程
围堰拦洪	河道洪水流量较小，围堰工程量不太大，且地基处理复杂，坝体或临时断面不可能在一个枯水期内达到拦洪高程

砂砾石填筑的坝体未经论证，不宜采用过水度汛方案。面板堆石坝可以在有保护的条件下利用堆石坝体挡水甚至过水度汛，以减少导流建筑物的规模。

采用临时坝面过水时，应根据坝面过流条件，合理选择坝面保护形式，防止淤积物渗入坝体，应特别注意防渗体、反滤层的保护。

2. 施工期度汛标准

(1) 坝体施工临时度汛阶段的洪水标准见表 1-7。这一阶段又称坝体主要施工阶段。选用各年度汛标准时，应根据工程的具体情况，主要考虑拦洪库容的大小，综合分析确定。需要注意的是，随着坝体逐年升高，度汛标准逐年应有所提高，一般应比前一年标准提高一个档次。

表 1-7   坝体施工期临时度汛洪水标准

拦洪库容/10^8 m^3	≥1.0	1.0~0.1	<0.1
洪水重现期/a	≥100	100~50	50~20

(2) 导流泄水建筑物封堵后，坝体度汛洪水标准应分析坝体施工和运行要求后按表 1-8 规定执行。汛前坝体上升高度应当满足拦洪要求，帷幕灌浆高程应能满足相应蓄水要求。部分心墙堆石坝导流度汛标准见表 1-9。

表 1-8　　　　　施工运用阶段坝体度汛洪水标准

坝的级别	I	II	III
设计洪水重现期/a	500～200	200～100	100～50
校核洪水重现期/a	1000～500	500～200	200～100

表 1-9　　　　　部分心墙堆石坝导流度汛标准

	坝名	小浪底	黑河	瀑布沟	糯扎渡	长河坝
	坝的级别	I	I	I	I	I
	坝高/m	154	130	186	261.5	240
	导流方式	分期＋隧洞	隧洞	隧洞	隧洞	隧洞
围堰	堰型	土石	面板堆石	土石	土石	土石（土工膜）
	高度	57	54.5	54.5(50)	96	54
	导流工程级别	III	IV	III	III	III
施工期度汛标准（重现期）/a	初期导流	20(枯水期)	10(枯水期)	30	10	20
	截流后第一汛期	100	20	50	50	50
	截流后第二汛期	300	100	100		
	截流后第三汛期	1000	200	500		
	临时断面形式	上游及中部坝体	上游坝体	上游坝体	上游坝体	

（3）施工期坝体安全超高和坝的级别有关。采用临时断面时，超高值应适当加大。对于用堆石体临时断面度汛的坝体，应综合考虑临时断面高度、坝型、坝的级别及坝的拦洪库容。坝的拦洪库容选用较大的超高值，一般多在 1.5～2.0m 之间，也有采用 3m 超高值的实例。在施工阶段，拦洪高程应按设计标准和校核标准分别计算，其中校核标准中的拦洪高程不再另计安全加高。

（4）近年来部分堆石坝采用临时断面挡水。施工期土石坝的最高度汛标准当满足大于百年一遇标准时，可根据拦洪库容选定最高度汛标准。部分工程实例见表 1-10。

表 1-10   部分堆石坝坝体临时度汛设计断面挡水情况

工程名称	大坝设计标准	临时度汛断面设计指标	度汛标准
天生桥一级	坝高:178m 库容:102.57 亿 m³ 1 级建筑物	一期临时度汛断面高度:111m 拦蓄库容:大于 20 亿 m³ 填筑时间:1995 年 5 月 21 日至 1996 年 5 月 20 日填筑量:761 万 m³	$P=0.33\%$ $Q=17400\mathrm{m}^3/\mathrm{s}$
天生桥一级	坝高:178m 库容:102.57 亿 m³ 1 级建筑物	二期临时度汛断面高度:121m 拦蓄库容:大于 20 亿 m³ 填筑时间:1995 年 6 月 21 日至 1996 年 11 月 10 日填筑量:1154 万 m³	$P=0.2\%$ $Q=18800\mathrm{m}^3/\mathrm{s}$
珊溪	坝高:132.5m 库容:18.24 亿 m³ 1 级建筑物 500 年一遇洪水设计	临时度汛断面高度:78m 填筑时间:1998 年 1 月至 1999 年 6 月填筑量:570 万 m³	$P=1\%$ $Q=11500\mathrm{m}^3/\mathrm{s}$
滩坑	坝高:162m 库容:41.55 亿 m³ 1 级建筑物 500 年一遇洪水设计	临时度汛断面高度:89m 拦蓄库容:6.32 亿 m³ 填筑时间:2006 年 1 月至 2007 年 6 月填筑量:405 万 m³	$P=2\%$ $Q=17500\mathrm{m}^3/\mathrm{s}$
糯扎渡	坝高:261.5m 库容:227.41 亿 m³ 1 级建筑物 1000 年一遇洪水设计	临时度汛断面高度:115m 拦蓄库容:12.83 亿 m³ 填筑时间:第 4 年 10 月至第 6 年 5 月(设计)填筑量:1168.66 万 m³	$P=0.5\%$ $Q=22000\mathrm{m}^3/\mathrm{s}$

知识链接

对土石坝,如失事下游将造成特别重大的灾害时,1级建筑物的校核洪水标准,应取可能最大洪水(PMF)或重现期10000年标准;2~4级建筑物的校核洪水标准,可提高一级。

——《水利工程建设标准强制性条文》

(2016年版)

3. 坝体度汛临时断面设计

中、高坝在汛前如需按临时断面度汛,应对其断面进行设计。

(1)临时断面设计原则。

1)临时断面应满足稳定、渗流、变形及规定的超高等方面的基本要求,并力求分区少、变坡少、用料种类少;相邻台阶的高差一般不要超过30~50m。高差过大时,可以通过增设平台协调坝体沉降,平台要有相当的宽度。

2)度汛临时断面顶部必须有足够的宽度(不宜小于12m),以便在洪水超过设计标准时,有抢修子堰(堤)的余地。数项工程的实践表明,临时断面的合适顶宽为25~30m。有时断面顶宽是根据施工均衡的要求而拟定的。

3)斜墙、窄心墙不应划分临时断面。

4)临时断面位于坝断面的上游部分时,上游坡应与坝的永久边坡一致;下游坡应不陡于设计下游坝坡。其他情况下,临时断面上、下游边坡可采用同一边坡比,但不应陡于坝下游坡。

5)临时断面以外的剩余部分应有一定宽度,以利于补填施工。

6)下游坝体部位,为满足临时断面浸润线的安全要求,在坝基清理完毕后,应全面填筑数米高后再收坡,必要时应结合反滤排水体统一安排。

7)上游块石护坡和垫层应按设计要求填筑到拦洪高程,如不能达到要求,则应采取临时防护措施。

(2)度汛临时断面位置选择。

1)心墙坝临时断面选在坝体上游部位。此时需在上游坡面增加临时防渗措施。施工初期,由于心墙部位的岸坡和坝基的开挖、地基处理或气象因素等对心墙填筑的影响,心墙上升速度可能受到限制,此时可采用这一度汛临时断面型式,如鲁布革坝、黑河坝、小浪底坝(图1-7)等。这种型式,一般到了施工的中、后期,又可以过度到利用中部心墙部位做临时断面的度汛型式。

2）心墙坝临时断面选在坝体中部。初期施工不如临时断面位于上游部位的有利，且接缝工作量一般较大，但有利于中、后期度汛和施工安排。设计这种型式的临时断面，要注意上游补填部分的最低高程应满足汛期一般水情条件下（如 $P=5\%\sim10\%$）能继续施工的要求。对于宽心墙坝，必要时亦可将部分心墙划为临时断面，先行填筑。

3）对均质坝和斜墙坝，度汛临时断面应选在坝体上游部位，以斜墙为度汛临时断面的防渗体，同时应将上游的临时保护体也填筑到拦洪高程。小浪底斜心墙坝，由于填筑能力强，临时断面与全断面工程量差距不大，上游坡面无须防渗处理。

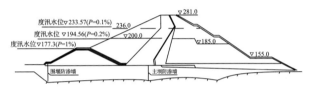

图 1-7　小浪底坝临时度汛断面布置

第二章

施 工 进 度 安 排

第一节　施工阶段与施工分期

根据大坝的施工特性,土石坝可分为几个施工阶段。土石坝施工阶段划分及各阶段任务见表2-1。

表 2-1　　　　土石坝施工阶段及施工任务

导流方式		初 期 导 流 阶 段		施工期临时度汛阶段	施工运用阶段[②]
		截流前期	截流拦洪期		
全段围堰法导流	时段	开工至截流	截流至坝体第一次拦洪[①]	截流拦洪期末至临时导流泄水建筑物封堵	临时导流泄水建筑物封堵至大坝完建
	任务	两岸削坡及处理;台地区域部分填筑;截流	围堰修筑;河床部分清基、开挖、地基处理;坝体填筑,在汛前达到拦洪高程	坝体逐年汛前达到施工设计安排的填筑高程,完成相应的加高、培厚与护坡等高程	封堵后,汛前坝体达设计度汛高程;继续完成坝体填筑及上、下护坡
分期导流	时段	开工至二期坝段截流	截流至坝体第一次拦洪	同全段围堰法导流	同全段围堰法导流
	任务	两岸削坡;一期围护坝段清基、开挖、处理,坝体填筑;二期坝段截流	围堰修筑;二期围护部分清基开挖、处理,坝体填筑,汛前达到拦洪高程	同全段围堰法导流	同全段围堰法导流

注:①含堰坝结合及围堰拦洪方式。
　　②大型工程中,也可以增加一个分期的安排,即大坝填筑到坝顶至全部完建的工程收尾期。

确定施工阶段的施工任务应遵循的原则：

（1）施工任务的安排要与导流规划相适应，应满足大坝安全度汛、下游供水和水库初期蓄水要求。

（2）满足坝体变形控制的要求。

（3）满足坝料季节性施工的要求。

（4）坝体施工分期符合坝体结构、填筑坝体的稳定和施工工艺的要求。

（5）坝体填筑强度相对均衡。

（6）满足地基处理的要求。

为了编制控制性进度计划，需对填筑时段做出施工分期安排。施工分期是在划分施工阶段的基础上对坝体填筑阶段进一步细分，即把长的施工阶段划成几个分期，再明确各期相应的具体目标，经过平衡调整，制订出控制性进度计划。这项工作一般在坝体纵断面或横断面图上结合施工期安排表进行。施工分期一般以汛期开始时间为界进行划分，有的工程还按汛前期（春汛期）、大汛期、汛后期、枯水期等细化施工分期。工程施工程序安排、施工阶段与施工分期的划分应与河道水流控制规划相协调，满足坝体安全度汛的要求，力求均衡施工。施工分期示例见表2-2、表2-3。

表 2-2 小浪底坝施工分期

施工分期	初期导流阶段		施工期临时度汛阶段		施工运用阶段
	截流前期①	截流拦洪期②			
	I	II	III	IV	V
时段	1994.6～1997.10	1997.11～1998.7	1998.7～1999.6	1999.7～2000.6	2000.7～2001.5
主要目标	修筑纵向围堰开挖右岸，坝基开挖及防渗处理，坝体填筑到261m高程（坝顶高程281m）；右岸坡开挖处理，实施截流	修筑围堰，主河床清基、完成防渗墙及灌浆帷幕，围堰及坝体填筑，拦挡100年一遇的洪水	心墙区岸坡混凝土面处理，左岸山脊区开挖，地基帷幕灌浆，主坝填筑到拦挡设计300年一遇洪水，校核500年一遇洪水高程（部分小断面）	主坝持续快速填筑，达到拦挡1000年一遇的洪水高程	完成剩余填筑量，施工坝顶结构物道路，完成坝坡永久公路、马道、交通步梯及表面观测设置等

注：①该阶段还分为施工准备期和右岸施工期。
　　②又称河床抢工期。

表 2-3　　　　　　　黑河坝施工分期

施工分期	初期导流阶段		施工度汛阶段	施工运用阶段
	截流前期	截流拦洪期		
	Ⅰ	Ⅱ	Ⅲ	Ⅳ
时段	1996.1～1998.10	1998.10～1999.6	1999.7～2000.10	2000.11～2001.12
主要目标	进场,临时建设设施修建,导流洞修建,坝肩开挖处理,河床段坝基帷幕灌浆,料场复查、准备,1998 年 10 月实施截流	修筑上下游围堰,坝基清理、心墙基础开挖及浇筑混凝土盖板,帷幕灌浆补强处理①。填筑坝体上游临时断面(高水围堰);1999 年 6 月达 527m 高程,拦挡 20 年一遇洪水	自下而上浇筑两岸心墙混凝土盖板及帷幕灌浆,心墙及上下游坝壳填筑,2000 年 6 月上游临时断面达 543m 高程拦挡 50 年一遇洪水	2000 年 11 月封堵导流洞,全断面填筑坝体,2001 年 6 月达 581m 高程,拦挡 200 年一遇洪水,2001 年 12 月坝体填筑结束,达 600m 坝顶高程

注:该工程经过论证并报批,采用了截流前先对坝基进行帷幕灌浆,截流后实施坝基开挖、混凝土盖板浇筑,进行固结灌浆和盖板以下 15m 帷幕复灌处理的施工方案。

第二节　施　工　进　度

经验之谈

施工进度编制

★编制原则

1.遵循施工总进度计划的安排,确保工程如期完成。特别是与截流、拦洪有关的工程项目的进度,要进行深入研究落实,以保证工程施工安全。

2.施工分期和进度应与导流度汛和下闸蓄水相适应,明确各期施工项目、工程量和应达到的工程形象,并注意各期的衔接。

3.关键线路上的施工项目(开工、截流、度汛、封堵、蓄水及投产等日期)应明确、突出。

4.各阶段的施工部位、施工方法、施工强度应与施工场地布置同时考虑。

5.填筑计划应与枢纽建筑物开挖结合考虑,尽可能使开挖料直接上坝填筑，以保证挖填平衡。

6. 合理安排施工准备和前期工程进度计划，保证各施工程序和工序之间顺利衔接，尽可能使填筑施工连续进行。

7. 由于施工条件的多变性和施工洪水的不确定性，在进度安排上应当留有余地，要有应变措施。

8. 防浪墙施工时，坝体要具有必要的预沉期。

9. 工程竣工后不留尾工。

★编制方法

图表法(横道图)是目前编制进度计划通常采用的方法。图表法编制步骤如下：①列出工程项目；②计算工程量；③草拟各项工程进度；④进度平衡调整。

施工进度系根据导流与安全度汛要求对各项工程进度作出安排，着重研究坝体拦洪度汛方案，在此基础上，确定各期上坝强度，保证大坝按期达到设计拦洪高程和完建。

一、填筑强度拟定原则

(1) 满足总工期及各高峰期的工程形象要求，且各强度较为均衡。要注意利用临时断面调节填筑强度。

(2) 月高峰填筑量与坝体总量比例协调，一般可取 1：20～1：40。小浪底坝为 1：35，黑河坝为 1：15，鲁布革坝 1：18，天生桥一级 1：15。分期导流和一次导流的工程在选取此比值时，应注意其差异。

(3) 月不均衡系数宜小于 2.0，日不均衡系数宜控制在 2.0 左右。月不均衡系数如石头河坝 1.93(高峰年 1.3)，小浪底坝 1.31，黑河坝 2.33，加拿大波太基山坝 1.34，日本高濑坝 1.88，希腊克瑞玛斯塔坝 1.72。

(4) 填筑强度与开采能力、运输能力相协调，其中坝料运输线路的标准和填筑强度的关系尤为重要。

(5) 土石坝上升速度主要受塑性心墙(斜墙)上升速度的控制，上升速度和土料性能、有效工作日、工作面条件、运输与碾压设备性能以及施工工艺有关，一般是通过分析并结合经验确定,必要时可进行现场试验。填筑速度一般为 0.2～0.5m/d,3～7m/月,最高时可达 10m/月以上。黑河坝达到 14m/月,泸定 18m/月,水牛家 13m/月,毛尔盖 15m/月,糯扎渡 10m/月。

(6) 填筑强度要经过数次综合分析并反复验证后确定。要进行开挖、运输强度的复核,还要根据工程总工期、大坝施工分期、施工场地布置、上坝道路、挖填平衡和技术供应等方面的统筹协调。

二、施工天数的确定

施工天数是确定施工强度、编制施工进度计划的基本资料之一。水文、气象因素的影响程度随坝料性质而异。目前安排施工进度一般多以月为时间单位,因而施工天数应分不同坝料按月分析确定。

1. 拟定坝体土、石料填筑停工天数标准

(1) 因雨停工天数按表 2-4 的建议并结合实际情况确定。

表 2-4　　　　　建议的坝体土料填筑因雨停工标准

日降雨量/mm	<1	1～5	5～10	10～20	20～30	>30	备注
I	照常施工	雨日停工	雨日停工,雨后半天	雨日停工,雨后停工 1d	雨日停工,雨后停工 2d	雨日停工,雨后停工 3d	连日降雨时,雨后停工日数按最后一日降雨量确定
II	照常施工	雨日停工半天	雨日停工 1d	雨日停工,雨后停工半天	雨日停工,雨后停工 1d	雨日停工,雨后停工 2d	
III	照常施工	雨日停工半天	雨日停工 1d		雨日停工,雨后停工 1d		

注:I、II、III表示施工条件:I为气温低、日照短、蒸发量小的地区或季节,土料含黏粒量小,不采取防雨措施的情况;II为气温高、日照长、蒸发量大的地区或季节,土料含黏粒量大,降雨前采用碾压封闭表层的情况;III条件同II,但采取有效防雨措施,如用防雨布覆盖坝面,雨后铲除不合格土料的情况。总之,降雨的影响应以土料性质综合当时气温等气象条件综合考虑。

对于坝壳料,雨天停工乃是考虑到运输车辆对砂石路面的损坏,行车安全以及填筑面的污染;一般情况下,日降雨量大于20mm应停止施工。坝料粒径偏细时,可适当调整停工时间,对混凝土路面,停工时间可另行考虑。

（2）其他原因停工天数参照表 2-5 并结合实际情况确定。

表 2-5 其他原因停工标准

项目	停工标准	
负气温	土料填筑	无防冻措施，日平均气温低于 −1℃，当日停工；当日最低气温在 −10℃ 以下。或在 0℃ 以下风速大于 10m/s，当日停工，应根据防冻措施效能确定
	坝壳料填筑	用加水法施工，同土料施工标准；不加水施工，如压实结冰后，坝料的干容重不能满足设计要求时，停止填筑
高气温	按劳动法执行；气温超过 40℃，且持续时间超过 4h，停班一天(8h)	
雾天、大风(6 级以上)	根据当地资料确定停工天数	
汛期	当采用河漫滩料场；汛期内料场可能被水淹时，应根据洪水情况进行分析计算，确定停工天数	
节假日	按国家法令规定执行	
停电	用电设备由系统供电时，按供电系统定期检修停电确定停工天数	
进度计划停工	按计划安排而定，如工序衔接的计划停工	

2. 确定坝体土、石料填筑施工天数

坝料填筑施工天数可根据各月的日历天数扣除停工天数统计计算，并参考已建工程拟定的施工天数综合分析确定，如表 2-6 为长河坝坝料每月可施工天数分析。

表 2-6 长河坝大坝坝料每月可施工天数分析

月份 坝料	1月	2月	3月	4月	5月	6月	7月	8月	9月	10月	11月	12月	合计
高塑性土	31	27	26	21	14	7	6	9	12	23	27	31	234
砾石土	31	28	31	29.5	27.5	22.5	21	22	24	30	30	31	327.5
大坝施工	31	28	31	29.5	28.5	25	25	25.5	26.5	31	30	31	342

3. 土翻晒作业的停工标准

要考虑降雨、蒸发、日照、风速、气温等因素,一般通过施工试验结合施工实践经验确定。其中蒸发量是应当考虑的主要因素,一般在日蒸发量小于 4mm 时应停止作业。

三、施工进度计划编制

控制时段的施工强度拟定以后制定施工方案,选择施工设备,确定技术供应计划和临建设施的规模等,进而编制施工进度计划和施工组织措施。施工方案和进度计划也要经过分析比较和优选才能确定,应尽可能用计算机程序进行优化。

1. 施工进度计划编制原则

(1) 坝体各项工程的施工必须遵循施工总进度计划的安排,确保工程如期完成。特别是与截流、拦洪有关的工程项目的进度,要进行深入研究落实,以保证工程施工安全。

(2) 施工分期和进度应与导流度汛和下闸蓄水相适应,明确各期施工项目、工程量和应达到的工程形象,并注意各期的衔接。在确定施工程序、分期时,要进行施工强度论证,并尽可能保持常年均衡施工,坝体填筑开始后应很快进入施工高潮。

(3) 关键线路上的施工项目(开工、截流、度汛、封堵、蓄水及投产等日期)应明确、突出。

(4) 各阶段的施工部位、施工方法、施工强度应与施工场地布置同时考虑。

(5) 填筑计划应与枢纽建筑物开挖结合考虑,尽可能使开挖料直接上坝填筑,以保证挖填平衡。

(6) 合理安排施工准备和前期工程进度计划,保证各施工程序和工序之间顺利衔接,尽可能使填筑施工连续进行。

(7) 由于施工条件的多变性和施工洪水的不确定性,在进度安排上应当留有余地,要有应变措施。

(8) 防浪墙施工时,坝体要具有必要的预沉期。

(9) 工程竣工后不留尾工。

2. 施工进度计划编制方法

横道图和网络图是目前编制进度计划通常采用的方法。编制方法与步骤简述如下：

（1）列出工程项目。根据设计图纸，将土石坝中的各分部、分项工程，按施工程序列入进度表。

（2）计算工程量。根据设计图纸，按照施工阶段及施工分期，计算并绘制坝高与工程量关系曲线。

（3）草拟各项工程进度线。首先按照各阶段的施工分期，结合导流、拦洪度汛要求，安排有关主要项目的施工进度。截流、拦洪度汛、封堵、竣工等日期是进度计划中的控制点。然后再按施工顺序安排其他工程项目的施工进度，并据此分析、论证各项施工强度，调整进度线的长度。

（4）进度平衡调整。主要对施工强度、主要机械的使用量、作业人数等指标进行平衡、调整。由于很多环节涉及整个枢纽的施工部署，故大坝进度平衡、调整工作应结合施工总进度编制综合进行。

第三章

筑　坝　材　料

　　水利水电工程中土石坝最大的特点是材料的适应性，能够最大限度的利用近坝材料，因此，土石坝又被称作当地材料坝。筑坝材料确定的基本过程是料场和料场复查、坝料的现场试验以及坝料的开挖和运输等。

第一节　料　场　复　查

　　料场复查是在原有相关成果和资料的基础上，在较短的时间内，辅以适量的坑探和钻孔取样试验工作，对合同文件中选定的各种料源的储量和质量进行复核。施工期间如发现有更合适的料场可供使用，或因设计施工方案变更，需要新辟料源和扩大料源时，应进行补充调查。

一、料场复查的内容和方法

　　料场复查的内容和方法见表 3-1。

表 3-1　　　　　　　　料场复查的内容和方法

料名	内容	方法
黏性土、砾质土	天然含水率、颗粒组成（砾质土>5mm 粗粒含量和性质）、土层分布、储量、覆盖层厚度、可采土层厚度；最大干密度、最优含水率、砾质土的破碎率等；天然干密度、水溶盐含量、有机质含量、液塑限、压缩性、渗透性、抗剪强度等	坑井探、洛阳铲、手摇钻，布孔间距 50～100m，沿深度每 1m 测含水率一组，其他项目取代表样试验

料名	内容	方法
软岩、风化料	岩层变化、料场范围、可利用风化层厚度、储量;标准击实功能下的级配、小于 5mm 的粒径含量、最大干密度、最优含水率、渗透系数等	钻探和坑槽探,分层取样与沿不同深度混合取样
砂砾料	级配、小于 5mm 含量、含泥量、最大粒径、淤泥和细砂夹层、胶结层、覆盖层厚度、料场分布、水上与水下可开采厚度、范围和储量以及与河水位变化的关系、天然干密度、最大与最小干密度等;相对密度、渗透系数、抗剪强度、抗渗比降等性能试验	坑探,方格网布点,坑距 50～100m,取代表样进行试验
石料	岩性、断层、节理和层理、风化程度和厚度、软弱夹层分布、坡积物和剥离层分布及厚度、可用层的储量以及开采运输条件等	钻孔、探洞或探槽,用代表性式样进行物理力学性能试验
天然反滤料	级配、含泥量、软弱颗粒含量、颗粒形状和成品率、淤泥和胶结层厚度、料场的分布和储量、天然干密度等;相对密度、渗透系数、渗透破坏比降等性能试验	取代表样进行试验
建筑物开挖料	可供利用的开挖料的分布,运输及堆存、回采条件;主要可供利用的开挖料的工程特性;有效挖方的利用率	取代表样进行试验

二、料场勘探试验

1. 取样方法

取样方法应综合考虑地形、地层特点及施工开采方式等因素,采用不同的方法,如刻槽法、探井法、全坑法或钻孔法。样品可分为原状样和扰动样。立式开采以混合取样为宜,平式开采以分层取样为宜。

2. 取样试验组数（见表 3-2~表 3-4）

表 3-2 黏性土取样试验组数

产地储量 /10⁴m³	主要试验项目						
	天然含 水率	颗分	击实 试验	天然 密度	渗透	抗剪 强度	界限含 水率
<10	每孔每 1m一组	每孔每 2m一组	不少于 5组	不少于 3组	不少于 5个	不少于 5组	5个
10~50	每孔每 1m一组	每孔每 2m一组	不少于 8组	不少于 3组	不少于 8个	不少于 8组	不少于 8个
>50	每孔每 1m一组	每孔每 2m一组	不少于 12组	不少于 3组	不少于 12个	不少于 12组	不少于 12个

表 3-3 砾质土防渗取样试验组数

产地储量 /10⁴m³	最小组数	备　注
<10	5	测定天然的、剔去超径石的和夯实后的颗粒级配，粗、细料含水率、密度，做粒径小于 10mm 土料的击实试验，测定细料界限含水量等。渗透性除试验室试验外，宜结合碾压试验做现场双环注水试验
10~50	8	
>50	12	

注：新辟料场的复查取样组数应比以上各表增加一倍。

表 3-4 反滤料、砂砾料取样试验组数

产地储量 /10⁴m³	最小组数	备　注
<10	5	每个坑、井沿深度，每 5m 混合取样一组，做颗分及含泥量试验，成品反滤料除颗分试验外，做不少于 3 组的最大及最小干密度试验
10~50	10	
>50	15	

　　石料应取 1~3 个典型剖面，在剖面各有用层上取样。试样总组数不得少于 5~10 组。典型断面以外各点所揭示的有用层，均应采取一组试样。

三、坝料储量要求

　　根据实际施工条件及料场变化情况，对原料场勘探资料提供的有效坝料储量进行复核,扣除难以开采或必须弃置的储量部分。复核后的可开采储量与坝体填筑数量的比值一般应为:土料 2.0～2.5(砾质土取上限);砂砾料 1.5～2.0;水下砂砾料 2.0～2.5;天然反滤料不小于 3.0;石料 1.2～1.5。

四、技术报告及图表

(1)综述复查及补充试验中各种材料试验的分析成果、技术指标之变异特征、有效开采面积和实际可开采量的计算书及各类材料的储量。

(2)对原勘探成果中的疑点和新发现问题的处理措施和建议。

(3)提出料场地形图、试坑及钻孔平面图、地质剖面图(土层简单则可以省略)。

第二节 筑坝材料现场试验

特别提示 ☺

碾压试验注意事项

筑坝材料必须通过碾压试验确定合适的压实机具、压实方法、压实参数及其他处理措施,并核实设计填筑标准的合理性。试验应在填筑施工前一个月完成。

一、调整土料含水率试验

1. 增加含水率试验

(1)畦块灌水法。适用于地势平坦、浸润土层较厚、增加含水量幅度较大、采用立面开采、土料垂直渗透系数较大的料场。有时可结合钻孔注水,以增加渗透作用。

(2)表面喷水法。适用于渗透系数较大、采用平面开采的土场。喷水前,应将土场表面耙松约 0.6m;喷水后,要有足够的停置时间,使水渗透均匀,并及时采运上坝,或堆积成土堆备用。

（3）堆料加水法。为加快土料湿润速度和由于料场距坝较远，供水困难时，可选择距坝较近、供水方便的堆料场地分层铺土、分层喷水润湿来提高土料含水率，有的工程还在土堆上设畦灌水，以尽快满足增加含水率的要求。

畦块灌水试验程序如下：在料场布置畦块，坑内注水、浸泡。浸泡期间随时打检查孔，沿深度每 0.5m 测取土料的含水率变化值，并记录水深、浸泡时间、气温等。坑内水深一般为 1m 左右，浸润深度达数米，浸泡时间与土性有关，一般约 30～40d。试坑的大小以 1m×1m 或 1m×2m 为宜，坑距通过试验而定。开沟注水是畦块灌水法的一个特例。

2. 降低含水率试验

（1）翻晒法。通常使用圆盘耙或带松土器的推土机松动土层来翻晒。将料场的试验场地划分成几个翻晒区，松土与翻晒轮换作业。试验中应记录气温、风力、翻晒时间和次数、土料含水率变化、水面日蒸发量、需要设备和人力数量等，以便分析翻晒参数和效果。

（2）掺料法。即在黏土内掺入低含水率的坝料。云南阿岗坝心墙土料为重黏土，天然含水率为 33％～47％，在初设阶段曾进行采用掺料法降低土料含水率的试验。选用砂页岩石渣作掺料，其饱和吸水率为 9％，掺前含水率为 3.1％～4.6％。

（3）强制干燥法。其原理是将高含水率的黏性土，置于某稳定温度条件下进行干燥，以降低土料含水率。

二、调整级配的工艺及试验

土料通过调整级配的措施可分别或综合解决以下问题：①提高防渗体的强度和刚度；②降低土料含水率，提高施工控制含水率；③改善坝料的施工特性，提高填筑速度；④改善坝料的防渗性能；⑤节约土料，少占耕地等。

1. 掺和防渗土料试验

在土料中掺入一定数量的砂砾料时，可采取一层土料一层砂砾料，按比例逐层铺筑料堆，用挖土机立面开采混合或推土机斜面开采的混合方法制备掺和料。

掺和比例由设计确定。掺和料堆的各层厚度按公式(3-1)计算。

$$h_{\pm} = h_{砾} \times (\rho_{d砾}/\rho_{d\pm}) \times n \qquad (3-1)$$

式中：$h_{\pm}$——黏土层厚度，cm；

    $\rho_{d砾}$——砂砾料层干密度，g/cm³；

    $\rho_{d\pm}$——黏土层干密度，g/cm³；

    $h_{砾}$——砂砾料层厚度(预先确定值)，cm；

    n——土与砂砾料的比例，按质量计。

铺料时，先铺砂砾料。铺砂砾料时用进占法卸料，铺黏土时用后退法卸料。在铺料过程中，每层黏土和砂砾料取10～20个试样测定含水率和颗粒级配。

2. 宽级配砾质土级配调整(剔除粗粒)方法

(1)料场处理：推土机推集料的同时，在推土机上配置多齿耙，耙除超径粗粒。这种方法适用于含超径石不多的料层。

(2)格条筛控制，对于超径粗粒含量较多的土料，可根据实际地形布置振动格条筛，筛除超径颗粒。

三、碾压试验

筑坝材料必须通过碾压试验确定合适的压实机具、压实方法、压实参数及其他处理措施，并核实设计填筑标准的合理性。试验应在填筑施工前一个月完成。

1. 压实参数和试验组合

(1)压实参数：压实参数包括机械参数和施工参数两大类。当压实设备型号选定后，机械参数已基本确定。施工参数有铺料厚度、碾压遍数、行车速度、土料含水率、堆石料加水量等。

(2)试验组合：试验组合方法有经验确定法、循环法、淘汰法(逐步收敛法)和综合法，一般多采用逐步收敛法。试验参数的组合可参照表3-5进行。按以往工程经验，初步拟定各个参数。先固定其他参数，变动一个参数，通过试验得出该参数的最优值;然后固定此最优参数和其他参数,变动另一个参数,用试验求得第二个最优参数。依此类推,使每一个参数通过试验求得最优值;最后用全部最优参数,再进行一次复核试验,若结果满足设计、施工要求,即可将其定为施工碾压参数。

表 3-5　　　各种碾压试验设备的碾压参数组合

碾压机械	凸块振动碾(压实黏性土及砾质土)	轮胎碾	振动平碾(压实堆石和砂砾料)
机械参数	碾重(选择 1 种)	轮胎的气压、碾重(选择 3 种)	碾重(选择 1 种)
施工参数	1. 选 3 种铺土厚度; 2. 选 3 种碾压遍数; 3. 选 3 种含水率	1. 选 3 种铺土厚度; 2. 选 3 种碾压遍数; 3. 选 3 种含水率	1. 选 3 种铺土厚度; 2. 选 3 种碾压遍数; 3. 洒水及不洒水
复核试验参数	按最优参数进行	按最优参数进行	按最优参数进行
全部试验组数	10	16	9

2. 土料碾压试验

(1)场地选择与布置。场地应平坦开阔,地基坚实。用试验料先在地基上铺压一层,压实到设计标准,将这一层作为基层进行碾压试验。试验场地一般选在料场附近,黏性土每个试验组合面积不小于 4.0m×6.0m(宽×长)。试验区两侧(垂直行车方向)应预留出一个碾宽。顺碾方向的两端应预留 4.0~5.0m 作为停车和错车非试验区。场地布置实例如图 3-1 所示。

(2)土料准备。同一种土质、同一种含水率的土料,在试验前一次备足。土料的天然含水率如果接近土的标准击实的最优含水率,则应以天然含水率为基础进行备料;如果天然含水率与最优含水率相差较大,则一般制备以下几种含水率的土料:①低于最优含水率 2%~3%;②与最优含水率相等;③高于最优含水率 1%~2%(砾质土可为 2%~4%)。

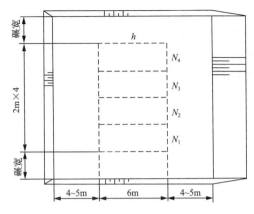

图 3-1　黏性土碾压场地布置（N_i 表示碾压组合数）

（3）碾压试验参数的选择。表 3-6 为数个工程凸块振动碾压参数实际资料,可供参考。

表 3-6　凸块振动碾压实土料参数工程实例

坝名	土料	振动碾参数					压实层厚/cm	碾压遍数	干密度/(g/cm³)	要求压实度/%
		碾重/t	振动频率/Hz	振幅/mm	激振力/kN	碾型				
鲁布革	砂页岩风化料	9	25.4	1.4	222.4	自行式	20	12	1.44～1.52	96
石头河	粉质黏土、重粉质壤土	8.1	30	1.85	190	牵引式	18	8	1.68	97
小浪底	中、重粉质壤土,粉质黏土	17	21.7	1.65	315.8	自行式	25	6	1.676～1.692	100
黑河	粉质壤土	17.5	21.8	1.65	319	自行式	20	8	1.68	99
黑河	粉质壤土	18	27.5	1.80	400	牵引式	20	8	1.68	99

注:1. 干密度栏内,鲁布革及小浪底为现场测定范围值,黑河为施工控制指标。

2. 表中碾重对于自行式为总机重,碾滚筒重约为总重的 0.65。

3. 石头河坝仅在完建期使用凸块振动碾压土料。

（4）碾压与测试。采用选定的配套施工机械，按进占法铺料。铺料厚度一般 25～50cm，其误差不得超过 5cm。用进退错距法依次碾压。测定翻松土层厚度、压实层厚度、土样含水率和干密度。取样点位距试验块边沿距不小于 4m（轮胎碾可小些）。每个试验块取样数量 10～15 个，复核试验所需则应增至约 30 个，并在现场取样，在试验室测定其渗透系数。

现场描述填土上下层面结合是否良好，有无光面及剪力破坏现象，有无粘碾及壅土、弹簧土表面龟裂等情况，碾压前后的实际土层厚度以及运输碾压设备的工作情况等。

复核试验完毕后，取样测定土的压实度、抗剪、压缩性和渗透系数。

（5）成果整理。整理含水率、干密度与渗透系数的关系，计算压实度。绘制不同铺土厚度，不同碾压遍数时的干密度与含水率的关系曲线。绘制最优参数时的干密度、含水率的频率分配曲线与累计频率曲线。对砂质土（包括掺和土），除按黏性土绘制相关曲线外，尚应绘制砾石（>5mm）含量与干密度的关系曲线。

3．堆石料或砂砾料碾压试验

（1）碾压试验参数的初选。堆石料采用振动平碾压实，一般是根据已建工程的经验选择设备型号和工作参数。压实参数的实际资料见表 3-7。

（2）试验场地。碎（砾）石土每个试验组合面积不小于 6.0m×10.0m（宽×长），堆石及漂石不小于 6.0m×15.0m（宽×长）。试验区两侧（垂直行车方向）应预留出一个碾宽。顺碾方向的两端应预留 4.0～5.0m 作为停车和错车非试验区。试验场地示例如图 3-2 所示。按要求厚度铺料后，先静压 2 遍，然后用颜色标出观测网点，测量各测点高程，计算实际铺料厚度。

（3）铺料碾压测试。按规定要求依次碾压铺料，每压 2 遍后用挖坑灌水法取样测定其干密度，每一组合至少 3 个；也可在观测点上测定其高程一次，直至沉降率基本停止增长

表 3-7　　　　　堆石料振动碾压实参数工程实例

坝名	料名	总质量 /t	铺料厚度 /cm	最大粒径 /cm	碾压遍数	压实干密度 /(t/m³)	振动碾型式
碧口			100~150	60~80	4~6	2.10	牵引式
石头河			100~150	80	6	2.13	牵引式
升钟	风化砂岩	13.5	80	55	8	1.90	牵引式
小浪底	石英细砂岩	17	100	<100	6	2.104~2.228	自行式
黑河	砂卵石	17.5	100	<60	8	2.24(水上)2.22(水下)	自行式
菲尔泽	石灰岩	13.5	200	50	4	1.83~2.12	牵引式

注：1. 自行式碾滚筒重约为总重的 0.65 倍。

2. 压实干密度栏内,小浪底及菲尔泽两坝为实测范围值,其余为施工控制值。

3. 根据碾压实验成果,已有面板堆石坝工程拟采用 20~25t 牵引式振动碾。

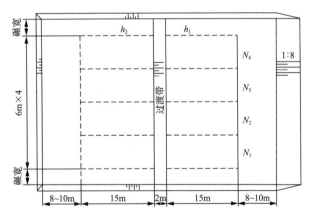

图 3-2　堆石料碾压场地布置(N_i表示碾压组合数)

为止。最后用试坑灌水法测定其压实干密度及颗粒级配。如果测定沉降量,测点方格网点距 2.0m×1.5m。

（4）成果整理。计算不同碾压遍数的沉降率、换算干密度和孔隙率;绘制各种铺土厚度的碾压遍数和干密度或沉降

土石坝工程施工

率的关系曲线。

4. 堆石料加水试验

土石坝设计及施工规范要求，堆石料要加水碾压。碾压试验中应做加水量为 0、10%、20% 的比较试验，以确定施工中采用的加水量。对软化系数大的坚硬岩石，也应通过加水与不加水的对比试验，确定加水效果。

小浪底工程堆石料为石英细砂盐，软化系数为 0.83，考虑到堆石加水与否涉及施工方法、工程质量、施工进度及合同问题，特进行了加水与不加水对比试验。

(1) 试验条件和测试内容。试验均在堆石填筑面上进行。每次试验都选定岩性近似的两块场地。第一次试验加水区 20m×30m，不加水区 10m×30m；第二次两个试验区均为 5m×30m。堆石填筑层厚按 1m 控制，每层用 17t 自行式振动平碾碾压 6 遍，加水量按填筑量的 50% 控制。测试内容，主要按 2m×2m 方格网测量各点铺料前后及加水碾压或不加水碾压后的高程，用试坑灌水法测量各块堆石压实后的密度和用筛分法测颗粒级配等数据。

(2) 试验资料的对比分析。

变形比较：第一次试验加水区和不加水区实际铺料层厚分别为 105cm、88.8cm，压实沉降分别为 4.2cm、3.9cm，沉降变形率分别为 4%、4.4%，加水比不加水沉降变形率小 0.4%。第二次试验加水区和不加水区实际铺料厚度分别为 92.1cm、86.8cm，压实沉降分别为 3.2cm、3.1cm，沉降变形率分别为 3.47%、3.57%，加水比不加水沉降变形率仅小 0.1%。

密度比较：第一次试验成果，一个试验室测定两种干密度相等，另一个试验室测定的结果是加水后密度比加水前的增加 0.006t/m³；第二次试验的两个试验室测定成果，加水比不加水密度增加值分别为 0.01t/m³ 和 0.013t/m³。两次试验结果表明，加水效果很小。

5. 碾压试验报告

碾压试验结束后，应提出试验报告，就如下几个方面提出结论性意见，并就有关问题提出建议。

（1）设计标准合理性的复核意见。

（2）应采用的压实机械和参数。

（3）填筑干密度的适宜控制范围。

（4）达到设计标准应采用的施工参数：铺料厚度、碾压遍数、行车速度、错车方式、黏性土含水率及堆石料的加水量等。

（5）上下土层的结合情况及其处理措施。

（6）其他施工措施与施工方法，如铺料方式、平土、刨毛等。

四、爆破试验

在堆石料场开采前，必须进行爆破试验，逐步调整爆破参数。爆破试验一般是结合碾压试验在施工初期进行，爆破、碾压试验的优化成果，既能指导施工，也是验证设计的依据。

一般用施工中同一型号的钻孔机具和火工材料对同一要求的石料进行试验，梯段爆破一般以2～3次为宜。洞室爆破则结合小规模的洞室爆破进行。每次施爆后应对试验效果进行检测。检测内容包括以下几个方面：

（1）检查爆破后堆渣情况，测算堆渣的体积、抛掷距离、超径块石的数量和位置等，并检查爆破后岩体的稳定性。

（2）对爆破石料进行取样筛分，每次试验应选其获得料的 0.5%～1.0% 进行筛分，统计筛分结果。根据其结果绘制颗粒级配曲线，并计算分布函数的 n 值和 X_0 值，验证其是否在坝工设计的颗粒级配曲线的包络范围内，否则要调整爆破参数，再做试验。

（3）结合现场碾压试验，检验爆破试料的压实效果。对每次试验结果和爆破设计资料应及时进行整理。试验结束后应编写试验报告，以指导施工。

第三节　料　场　规　划

一、基本原则

（1）宜根据开采作业面划分，采区道路布置，开采区供电系统、供风系统、供（排）水系统，堆料场、弃料场、各种人工制

土石方平衡原则

充分而合理地利用建筑物开挖料。根据建筑物开挖料和料场开采料的料种与品质，安排采、供、弃规划，优料优用，劣料劣用。保证工程质量，便于管理，便于施工。充分考虑挖填进度要求，物料储存条件，且留有余地，妥善安排弃料，做到保护环境。在进行土石方调配时做到料尽其用、时间匹配和容量适度。

备料加工场、装料站、运输线路和各系统、场站所需设施、设备的配置，料场分期用地计划以及备用料源开采区等进行料场规划布置设计。

（2）应根据料场高程、位置、填筑部位统一规划，合理使用料场。对因特殊原因需要一次性备存到位的材料，需要考虑工程实际条件、加工工艺、施工转运、坝面作业等的损失，保证一定的备料系数。高塑性黏上、土料、反滤料或垫层料存在备存、转运或再加工的损失，需要在备料时统一考虑。备料系数应按照工况具体确定。

（3）应充分利用符合设计要求的主体工程开挖料，且提高直接上坝的比例。不能直接上坝的合格开挖料，宜规划场地堆存待用。

（4）应根据料源供需关系、施工期河流水位流量关系、导流及蓄水引起的水位变化等综合因素制定坝料使用程序，并优先利用淹没区以下的料源。

（5）料场规划时，料场实际可开采总量与坝体填筑数量的比例应根据料场调查精度、料场天然密度与坝面压实度差值以及施工过程损失等因素确定。

料场规划与坝料填筑的数量比例：土料宜为 $2.0\sim2.5$；砂砾料宜为 $1.5\sim2$；水下砂砾料宜为 $2\sim2.5$；石料宜为 $1.2\sim1.5$；天然反滤料不宜小于 3。

（6）宜选择施工场面宽阔、料层厚、储量集中的大料场作为填筑强度较高土石坝的主料场，其他料场配合使用，并应有一定储量的备用料场。

（7）黏性土、砾质土应优先选用土质均匀、含水率适当的料场，天然含水率较高的料场可用于干燥季节施工，天然含水率较低的料场可用于多雨潮湿季节或低温季节施工。

（8）应对直接开采工艺不能满足坝料级配、含水率等质量要求的土质料场规划满足施工要求的掺配、翻晒用场地。

（9）采用分层摊铺、立面开采掺和工艺调整砾石级配及含水率时，应选择靠近料场的平坦场地。土质料含水率偏高翻晒时，场地宜分为翻松、晾晒、堆集装运三区循环作业。

（10）砂砾石料场应结合其质量、储量特征及使用条件、技术经济指标进行统筹规划，分别确定其坝料、反滤料、过渡料、混凝土骨料等开采、筛选的种类和数量以及筛余料的综合利用量，并根据开挖设备性能以及汛期防洪和撤退需要，进行水下开采规划。

（11）反滤料及过渡料宜在天然料场筛选，人工制备时其场地、工艺应满足坝料质量及上坝强度要求。

（12）应优先选用岩性单一、剥离工程量较小、开采和运输条件较好、施工干扰少的堆石料场。

（13）料场内施工便道应按料场分期开采高程与场内交通干线道路相衔接，修建的临时性建筑物应不影响料场后续使用。料场临时便道路纵坡一般不宜大于 8%，特殊部位的个别短距离地段最大纵坡不得超过 15%；最小转变半径不得小于 15m；路面宽度不得小于施工车辆宽度的 1.5 倍，且双车道路面宽度不宜窄于 7.0m，单车道不宜窄于 4.0m。单车道应在可视范围内设有会车位置等。

（14）料场规划应做好排水和防洪措施。河道采砂时，应保证河道泄洪顺畅及堤防安全。

（15）水土流失防治执行《开发建设项目水土保持技术规范》（GB 50433—2008）有关规定，环境保护见本册第九章施工安全与环境保护章节有关规定。

经统计,高塑性黏土注水法加水时施工损耗为 6%~8%,坝面施工损耗为 10%~12%,转运一次损耗为 3%~5%;翻晒和平铺洒水法加水时施工损耗在 10% 以上。一般情况下,高塑性黏土的施工损耗按照 15%~25% 考虑。

坝高 108m 的水牛家大坝工程高塑性黏土,运距 70km,坝体下游压重体部位备料,使用前少部分通过洒水方法调整含水量,施工时采用过地秤和体积法测算计量实际统计高塑性黏土损耗为 14.33%,备料系数为 114.33%。坝高 147m 的毛尔盖大坝工程高塑性黏土,运距 12km,坝体上游 1km 部位备料含水量调整后上坝,通过挖沟注水方法调整含水量,施工时采用过地秤计量实际统计高塑性黏土损耗为备料场 7.26%、坝面施工 11.87%,备料系数为 119.13%。坝高 186m 的瀑布沟大坝高塑性黏土备料系数达到 123%~125%。长河坝大坝高塑性黏土受施工条件限制,需要一次性提前备存到位,备料系数按照 123% 规划。

二、料场平面布置

1. 坝料开采区布置

(1)开采工作面布置。根据开采强度和作业方式,划定足够的开采面,布置开挖机械和运输机械的行驶线路。

(2)风、水、电线路布置。应避开爆破抛掷的方向,以免飞石损坏设备。风、水、电线路尽量避免与道路交叉,如遇交叉则应将之埋入地下或用排架高挑。风、水管路的主干线敷设至料场开挖的边线外,在干线端部设置多个接叉,改用软胶管引入作业面。

2. 料场运输路线

(1)土料场一般地势较平缓,其支线道路可设置循环式的单车道;地形狭窄处可设置直进式的双车道。采区道路变更频繁,故路面简易,需要推土机经常维护。

(2)石料场一般地势较陡,当采用潜孔钻钻孔、梯段爆破的方法开采时,往往必须由料场顶部开始施工作业。这就要求支线道路迂回盘旋爬升到尽可能高的部位,局部支线路段坡降比达 15%,但雨天要有防滑措施,拐弯处要设安全防护。对于比道路端部还高的山顶部位,可另修建一条推土机可爬升的陡坡道,将轻型钻机拉运到山顶,进行钻爆作业,用推土机推运石料供挖掘机装入汽车的方法开采。

3. 回采料及弃料场布置

(1)回采料场地。可利用的开挖料堆存场地和坝料加工场地,应设置在地形开阔、交通方便、有利防洪排水的区域,其面积应满足储量要求。

(2)弃料场地。应根据弃料数量、堆存时间,结合场地平整度设置集中的或分散的堆弃料场地。其位置应与总平面布置统一考虑,切忌沿河乱堆乱卸或与有用料混杂。

4. 料场防洪及排水

(1)料场防洪。

1)当料场靠近山坡或山沟出口时,应采取措施预防山洪或泥石流而带来的灾害。

2)洪水期开挖滩地料场时,应布置好机械设备的撤退路线,选好采砂船避风港,并设置地锚,挖掘机要设置好避洪台等设施。

3)当料场低于地平面时(尤其是地下水位较高的砂砾料场和石料场),应设水泵进行排水。采砂船开采砂砾料时,当水位上涨至安全警戒水位时,采砂船应迅速撤退到安全区停泊,水位有下落趋势时,要做好返航准备,以防船只搁浅。

4)要根据洪水规律做好河滩料场的开采规则,所有施工作业不应对防洪设施造成危害。

(2)料场排水。

1)根据料场地形、降雨特点及使用情况,确定合理的排水标准,做出全面的排水规划。

2)在料场周围布置排水沟。排水沟有梯形土质明沟和梯形砌石明沟,应有足够的过水断面。

3)顺场地地势布置排水沟,并辅以支沟。干沟大致平行,有一定纵坡,使排水通畅。

4)排水系统与道路布置相协调,主要道路两侧均设排水沟,道路与排水沟交汇处应设管涵。

三、料场优化的基本方法

土石坝工程,既有大量的土石方开挖,又有大量的土石方填筑。开挖可用料的充分利用,废弃料的妥善处理,补充料场的选择与开采数量的确定,备用料场的选择,以及物料的储存、调度是土石坝施工组织设计的重要内容,对保证工程质量,加快施工进度,降低工程造价,节约用地和保护环境具有重要意义。

土石方平衡的原则是:充分而合理地利用建筑物开挖料。根据建筑物开挖料和料场开采料的料种与品质,安排采、供、弃规划,优料优用,劣料劣用。保证工程质量,便于管理,便于施工。充分考虑挖填进度要求,物料储存条件,且留有余地,妥善安排弃料,做到保护环境。

在划分标段时,溢洪道等拟作坝料的大方量建筑物开挖工程,可考虑与大坝填筑划归同一标段,以创造开挖料直接上坝条件。与填筑不同期的开挖体,不宜直接上坝;同期同一标段的开挖工程,也应该设置足够容量的调节料场,作为挖填不能同步施工时缓冲之用。拟作坝料的大方量建筑物开挖,应尽量和坝体填筑进度协调,避免或减少因料场转运增加费用和物料损耗。

1. 填挖料平衡计算

根据建筑物设计填筑工程量统计各料种填筑方量。根据建筑物设计开挖工程量、地质资料、建筑物开挖料可用不可用分选标准,并进行经济比较,确定并计算可用料和不可用料数量;根据施工进度计划和渣料存储规划,确定可用料的直接上坝数量和需要临时存储的数量;根据折方系数、损耗系数,计算各建筑物开挖料的设计使用数量(含直接上坝数量和堆存数量)、舍弃数量和由料场开采的数量,进行挖、填、堆、弃综合平衡。

2. 土石方调度优化

土石方调度优化的目的是比选输量调度方案,降低运输费用和工程造价。土石方调度是一个物资调动问题,可用系统规划和计算机仿真技术等进行求解分析。对于大型土石坝,可进行土石方平衡及坝体填筑施工动态仿真,优化土石方调配,论证调度方案的经济性、合理性和可行性。

第四节 坝 料 开 采

经验之谈

超径石块处理方法及注意事项

★可采用钻孔爆破法或机械破碎法。采用钻孔爆破时,钻孔方向应是块石最小尺寸方向。机械破碎通过安装在液压挖掘机斗臂上的液压锤来完成。

★一般应在料场解小,不宜在坝面进行。

一、坝料开采前准备工作

(1) 划定料场范围。

(2) 设置排水系统。

(3) 按照施工组织设计要求修建施工道路。

(4) 分区分期清理覆盖层。

(5) 修建辅助设施。包括风、水、电系统以及坝料加工、堆(弃)料场地、装料站台等。

二、土料开采

土料开采主要分为立面开采及平面开采。其施工特点及适用条件见表3-8。

表3-8　　　　　　　土料开采方式比较

开采方式	立面开采	平面开采
料场条件	土层较厚,料层分布不均	地形平坦,适用于薄层开挖
含水率	损失小	损失大,适用于有降低含水率要求的土料
冬季施工	土温散失小	土温易散失,不宜在负温下施工
雨季施工	不利因素影响小	不利因素影响大
适用机械	正铲、反铲、装载机	推土机、铲运机或推土机配合装载机

三、砂砾料开采

砂砾料(含反滤料)开采施工特点及适用条件见表 3-9。

表 3-9　　　　　　　　砂砾料开采方式比较

开采方式	水上开采	水下开采(含混合开采)
料场条件	阶地或水上砂砾料	水下砂砾料无坚硬胶结或大漂石
适用机械	正铲、反铲、推土机	采砂船、索铲、反铲
冬季施工	不影响	若结冰厚，不宜施工
雨季施工	一般不影响	要有安全措施，汛期一般停产

1. 水上开采

开采水上砂砾料最常用的是挖掘机立面开采方法，应尽可能创造条件以形成水上开采的施工场面。

石头河坝坝料主要为河床砂卵(漂)石，用 $4m^3$ 电动正铲挖掘机开采，18t 自卸车运输上坝。对于胶结沉积致密的砂卵石料场，以不过度损伤斗牙和钢丝绳且生产效率高为原则，经反复试验和实践，采掘掌子面高度选定为 5m。采掘带宽度一般为 2 倍的开挖回转半径，该工程选取 15m。考虑河床天然比降、开挖场地比降及最大挖掘高度，料场分段长度安排为 800～1200m。料场开采顺序及现场布置见图 3-3。

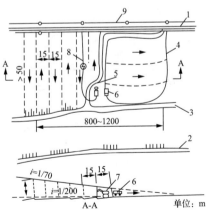

图 3-3　石头河坝料场地开采顺序及布置示意图

1—上坝道路；2—河堤；3—防洪堤；4—临时道路；5—掌子面；
6—18t 自卸汽车；7—$4m^3$ 电铲；8—电缆；9—6kV 动力线

2. 水下开采及混合开采

（1）采砂船开采。采砂船开采有静水开挖、逆流开挖、顺流开挖三种方法。静水开挖时，细砂流失少，料斗易装满，应优先采用。在流水中（流速小于 3m/s）一般采用逆流开挖，特殊情况下才采用顺流开挖。

（2）索铲挖掘机开采。一般采用索铲采料堆积成料堆，然后用正铲挖掘机或装载机装车。很少采用索铲直接装汽车的方法。

（3）反铲混合开采。料场地下水位较高时，宜采用反铲水上水下混合开挖。当开挖完第一层后，筑围堤导流，可以开采第二层。

四、石料开采

1. 爆破开采石料

用作坝体的堆石料多采用深孔梯段微差爆破。一定条件下，用洞室爆破也可获取合格的堆石料，并能加快施工进度。用作护坡及排水棱体的块石料，块体尺寸要求较高，且数量一般不大，多用浅孔爆破法开采，也有从一般爆破堆石料（侧重获取大块料进行爆破设计）筛分取得。

2. 超径石处理

（1）石料的允许最大块度。可按照挖掘机斗容或填筑要求而定。按挖掘机斗容限制的石料允许最大块度，由挖掘机设备参数决定。按填筑要求石料允许的最大块度一般为填筑层厚的 0.8～0.9 倍，特殊情况下不允许超过层厚；主堆石区应从严要求。

（2）大块发生率。采用垂直钻孔和一般钻孔间距进行梯段爆破时，大块发生率可参考表 3-10。

表 3-10 **大块发生率**

岩石硬度 f		6～8	9～11	12～14	15～17	18～20
大块 尺寸 /m	>0.75	8%	10%	12%	14%	16%
	>1.00	5%	7%	10%	12%	14%
	>1.2	3%	5%	7%	9%	10%

采用洞室爆破时,大块发生率较深孔梯段爆破法稍大。一般为表 3-10 所列数据的 1.5～2 倍。近年来,洞室爆破技术的提高已使大块发生率明显减少。

(3)超径石块处理。可采用钻孔爆破法或机械破碎法。一般应在料场解小,不宜在坝面进行。采用钻孔爆破时,钻孔方向应是块石最小尺寸方向。机械破碎是通过安装在液压挖掘机斗臂上的液压锤来完成的。

3. 爆破开采石料工程实例

(1)工程简介。水布垭水电站坝体填筑共 7 个填筑区,从上游到下游分别为盖重区(Ⅰ$_B$)、粉细砂铺盖区(Ⅰ$_A$)、垫层区(Ⅱ$_A$)、过渡区(Ⅲ$_A$)、主堆石区(Ⅲ$_B$)、次堆石区(Ⅲ$_C$)和下游堆石区(Ⅲ$_D$),填筑量 1563.74 万 m³。需要进行开采爆破控制和研究的主要填筑料有过渡料(Ⅲ$_A$)、主堆石料(Ⅲ$_B$)、次堆石料(Ⅲ$_C$)及下游堆石料(Ⅲ$_D$)。填筑料技术要求如表 3-11。

表 3-11 各填筑料技术要求

分区	名称	填料来源	干密度/ (g/cm³)	孔隙率 /%	级　配　要　求		
					d_{max} /mm	<5mm /%	<1mm /%
Ⅲ$_A$	过渡区	洞挖硬岩料、 茅口组灰岩料	2.20	18.8	300	13～30	<5
Ⅲ$_B$	主堆石区	茅口组和栖霞 组硬岩	2.18	19.6	800	4～15	<5
Ⅲ$_C$	次堆石区	栖霞组混合料	2.15	20.7	800		≤5
Ⅲ$_D$	下游堆 石区	栖霞组硬岩	2.10	22.5	1600		<5

(2)开采爆破方案的拟定。根据各部位的地形地质条件,参考前期水布垭大坝爆破和碾压试验以及其他同类岩体建筑物开挖爆破施工经验,结合现场实际情况,对各部位的所需不同填筑级配要求的坝料进行初步设计。设计的原则:满足级配,便于开采,方面操作。坝料开采的基本思路是根

据不同部位不同岩石和所需要开采级配的不同,在原有的成果和不断摸索现场施工经验的基础上,进行相应的爆破设计,通过现场施工的不断调整和优化,选择可以满足需求的爆破参数。

1) 主堆石料(ⅢB)。针对溢洪道、公山包料场和桥沟料场较为复杂的地质条件,在前期爆破试验成果的基础上,初步拟定爆破设计参数为:

① 公山包料场单耗初步定为 0.65kg/m³,桥沟料场和溢洪道单耗初步定为 0.6kg/m³。采用耦合连续装药结构。

② 根据边坡台阶高度确定梯段高度。溢洪道梯段爆破高度为 10～15m,公山包与桥沟料场开采高度为 15m。钻孔角度较陡,一般 85°左右,钻孔超深 0.5～0.8m。溢洪道钻孔孔径为 $\phi115$ 和 $\phi140$mm,公山包钻孔孔径为 $\phi115$mm 和 $\phi140$mm,桥沟钻孔孔径为 $\phi90$mm 和 $\phi105$mm。

③ 前排抵抗线 2.5～3.0m。溢洪道钻爆选用孔距 5.0m、排距 2.6～3.0m(孔径 $\phi115$mm)和孔距 6.0m、排距 3.5～3.8m(孔径 $\phi140$mm)两种;公山包开采选用孔距 4.5m、排距 3.2m(孔径 $\phi115$mm)和孔距 6.0m、排距 3.8m(孔径 $\phi140$mm)两种;桥沟料场开采选用孔距 4.0～3.5m、排距 3.5～2.9m。矩形或梅花形布孔。

④ 选择普通导爆管雷管联网,V 形起爆方式,电雷管起爆。溢洪道爆破规模控制在 4000m³ 左右,料场开采爆破规模控制在 8000m³ 左右。

2) 次堆石料(ⅢC)。次堆石料(ⅢC)初步拟定爆破设计参数为:

① 庙包、马崖三期爆破单耗 0.45kg/m³,溢洪道栖霞组爆破单耗 0.53kg/m³,溢洪道龙潭二组爆破单耗 0.45kg/m³。全部采用耦合连续装药结构。

② 梯段爆破高度为 10～15m,钻孔角度与边坡一致,钻孔超深 0.5～0.8m。溢洪道钻孔孔径为 $\phi115$mm 和 $\phi140$mm,庙包钻孔孔径为 $\phi90$mm,马崖三期钻孔孔径为 $\phi90$mm 和 $\phi115$mm。

③ 前排抵抗线 2.5～3m。溢洪道钻爆选用孔距 5.0m、排距 2.8～3.2m(孔径 ϕ115mm)和孔距 6m、排距 4.0～4.5m(孔径 ϕ140mm)两种；庙包、马崖三期钻爆选用孔距 3m、排距 3m。矩形或梅花形布孔。

④ 选择普通导爆管雷管联网，V 形起爆方式，电雷管起爆。一次爆破规模控制在 4000m³ 左右。

3) 下游堆石料(ⅢD)。庙包和马崖三期ⅢD料开采爆破参数与该部位Ⅲc料开采大致相同，其他部位下游堆石料(ⅢD)初步拟定爆破设计参数为：

① 溢洪道栖霞组硬岩爆破单耗为 0.57kg/m³，桥沟料场为 0.50kg/m³。采用耦合连续装药结构。

② 梯段爆破高度 10～15m，钻孔角度 85°左右，钻孔超深 0.5～0.8m。溢洪道钻孔孔径 ϕ115mm，桥沟钻孔孔径 ϕ90mm。

③ 前排抵抗线 2.5～3m。溢洪道钻爆选用孔距 5m、排距 2.7～3.5m；桥沟料场钻爆选用孔距 3.0m、排距 3.0m。矩形布孔。

④ 选择普通导爆管雷管联网，V 形起爆方式，电雷管起爆。溢洪道爆破规模控制在 4000m³ 左右，料场开采爆破规模控制在 8000m³ 左右。

(3) 钻孔机具。根据现场生产性试验成果，结合建筑物开挖特点及大坝填筑等各个方面的因素，钻孔设备主要为 CM351 和阿特拉斯高风压钻机，在施工前期时钻孔孔径采用 ϕ105mm、ϕ115mm、ϕ140mm。随着试验的进行及结构物的开挖，中后期的钻孔普遍采用孔径 ϕ115mm，便于单一的施工控制，进度、成本没有受到影响。料场开采采用的孔径没有受到限制，一般采用 ϕ115mm、ϕ140mm 两种，局部采用孔径 ϕ90mm 钻孔。

(4) 钻爆参数优化。根据各料场地质条件，依托现场生产性试验成果，随着单耗、梯段高度的确定以及新方法、新工艺的实施，改变孔深、孔排距、起爆网络等参数成为施工过程中不断优化的对象。

经优化后,主堆石料(III$_B$)的炸药单耗明显降低。公山包料场单耗为 0.60kg/m³,桥沟料场单耗为 0.58kg/m³,溢洪道单耗为 0.55kg/m³。以钻垂直孔为主。溢洪道钻孔孔径调整为 ϕ115mm,优化后的施工孔距 5m、排距 3.0m;公山包料场优化后的孔距 5.0m、排距 3.2m(孔径 ϕ115mm)和孔距 6.0m、排距 4.2m(孔径 ϕ140mm)。

对于次堆石料(III$_C$),庙包、马崖三期爆破参数基本上没有太大的改变。溢洪道参数优化较为明显,钻孔孔径批 15mm。栖霞组爆破单耗降低为 0.45kg/m³,孔距 5m、排距 3.5m;龙潭二组爆破单耗 0.4kg/m³,孔距 5m、排距 3.9m。

对于下游堆石料(III$_D$),除爆破单耗满足试验最低限度外,其他参数未作强行指标控制,主要按照施工手段进行控制爆破设计,满足开挖手段(如反铲)的要求。

在优化过程中,特别是一些新技术、新工艺得到广泛应用,如孔底反向起爆技术、堵塞段孔口部位破碎药包技术、堵塞工艺控制、混装炸药技术等,对爆破参数的优化起到了积极的推动作用,并在经济上取得了显著成效,使钻爆这项重要工序满足了水布垭高坝填筑的技术要求、质量要求和强度要求。

第五节 坝 料 加 工

经验之谈

超径料(颗粒)处理

★当砾石不过量且超径石含量又不多时,常用装耙的推土机先在料场中初步清除,然后在坝体填筑面上再做进一步清除。

★当超径粗粒的含量较多时,可根据具体地形布置振动算条筛(格条筛)加以筛分。

坝料加工包括土、石料含水率与级配的调整，反滤料、过渡料、排水料、垫层料等的制备。

坝料加工应遵照现场试验所提供的工艺要求和施工参数进行，但实际工作中还会遇到新的问题，要注意及时改进和不断完善。

一、调整土料含水量

土料含水量调整

	调整方法	适用范围	注意事项
含水量偏低的加水处理	喷灌灌水法	地形高差大的各种条件	1. 保持天然地面不受扰动； 2. 草皮等清理可以待加水完毕后再进行； 3. 灌水、养护需要较长的时间
	分块筑畦埂灌水法	适用于加水量较多、土场较为平坦的情况	切勿在水未将土层浸湿均匀即进行开采而造成干湿不匀的现象
	表面喷水法	适用于土料稍干且有较大面积的土场	可随喷水辅以耙耕耘，使其混合均匀
含水量偏高的干燥处理	采用排水措施	土料含水量偏大	
	分层开采、逐层晾晒、轮流开挖	土料稍湿	
	翻晒	土料过湿	

注：加水处理方式均应进行现场试验。

1. 低含水量土料的加水处理

土料天然含水量偏低，一方面是由于其成因；另一方面，尽管土场其天然含水量基本满足施工要求，但经过开挖运输、坝面散料、碾压，表层土料的含水量也会因蒸发而降低。因此，需对土料加水，土料加水应符合的要求：一是使土料含水量达到施工含水量控制范围；二是使加水后的土料含水量保持均匀。常用的加水方法有喷灌灌水法、分块筑畦埂灌水法及表面喷水法。

（1）喷灌灌水法。此法是采用农用灌溉的喷灌机进行喷灌灌水,适用于地形高差大的各种条件,且易于掌握,节约用水。为了保证喷灌效果,要保持天然地面不受扰动,以免破坏其渗透性;草皮等清理可以待加水完毕后再进行,但灌水、养护需要较长的时间,才能保证加水均匀。

(2)分块筑畦埂灌水法。此法是将待加水的土料场分块筑畦埂,再向畦块内注水,停置一周后进行使用,适用于加水量较多、土场较为平坦的情况。加水量可根据需要加水的土层厚度而定,一般 1cm 水深可湿润 6cm 土层。水在土中入渗速度随土质不同而异,一般约 1m/d,施工中应加以掌握,切勿在水未将土层浸湿均匀即进行开采而造成干湿不匀的现象。

(3)表面喷水法。此法是用水管在土场表面喷水,轮流对已加水的土场进行开采的方法。它适用于土料稍干且有较大面积的土场,以便一个或几个土场大量喷洒水,并有足够的停置时间。施工时可随喷水辅以耙耕耘,使其混合均匀。

2. 土料含水量偏高的干燥处理

当土料含水量超过施工控制含水量范围时,则需要采取降低含水量的措施,以控制上坝土料的含水量。对于土料含水量偏大的,可采用排水措施;如土料稍湿,则可采用分层开采、逐层晾晒、轮流开挖的办法;如土料过湿,可采用翻晒方法。

翻晒方法是当土壤含水量高于施工要求的含水量时,利用气象条件翻晒土料以降低含水量的方法。进行土料翻晒时,应选择合适的场地,以满足翻晒、就地堆存、装运等要求,并应注意防止雨水浸入,具体施工可分为翻晒、运、堆三个工序。翻晒法又可分为人工翻晒和机械翻晒两种方法。

(1)人工翻晒法。用齿耙将土耙碎,坚硬黏土用铁锹先切成厚 1~2cm 薄层,每层深度 10~20cm,挖后使其相互架空晾晒,待表面稍干即打碎成小于 2~3cm 的土块,继续翻晒,表层稍干用铁锹翻动一次,如此反复,直至含水量降到施工控制含水量范围为止。人工翻晒土料一般每个工日可翻晒 15~40m³。

（2）机械翻晒法。使用的机械为农用机械，拖拉机牵引多铧犁，每层犁入深度 3~7cm，然后用圆盘耙或钉耙把土块适当耙碎，并按时翻动，其台班产量可达 600m³。采用就地翻晒时，需分层取土分层晾晒。

在翻土时，当天翻晒当天收土，以免夜间吸水回潮，当土料含水量已降到施工控制含水量范围后，除一部分运到坝上填筑外，对暂时不用的土料，应在料区堆成土牛，并加以防护。

土牛位置的要求：土牛位置在易于排水的场地，周围开挖排水沟，并便于堆土取土。其堆置形式及大小一般以高 3~5m、宽 30m、长 60m、顶部排水坡度 5%，下部边坡 1：1 为宜。在堆土牛前，其底层应铺垫层，厚约 30cm，以减少或防止毛细水上升的作用。土牛两侧边坡需及时平整，外铺含水量较高的天然土料，厚约 30cm，拍打密实，对拟作较长时间储备的土牛，可在其表面涂抹 3~6cm 厚的草筋泥浆，并以麦草或稻草覆盖，进行防护。

土牛除能保证冬、雨季后及时供应黏性土料外，还可以使含水量不均匀的土在储备期间变成均匀状态。

二、防渗掺和料加工

土料与一定的掺料掺和加工成掺和料，可以减小土料压缩性，防止防渗体开裂；降低土料含水率，提高防渗体的施工控制含水量；改善防渗体填筑材料的施工特性，提高填筑速度；改善防渗体的防渗性能；节约土地，减少占地面积等问题。

1. 防渗掺和料性质及含量

防渗掺和料最好是级配良好的砂砾料，也可用风化岩石、建筑物开挖石渣，其最大粒径应不大于碾压层厚的 2/3（最大粒径可达 120~150mm）。

试验表明，当掺料（$d>5mm$）含量在 40% 以下时，土料能充分包裹粗粒掺料，这时掺料尚未形成骨架，掺和料的物理力学性质与原土相近。当掺料含量大于 60% 时，掺料形成骨架,土料成为充填物,渗透系数将随掺量的增加而显著变大。一般认为防渗体的掺料以 40%～50%为宜。

2. 掺和料的掺和方法

(1) 水平层铺料——立面(斜面)开采掺和法。掺和料堆逐层铺料,第一层铺掺料,第二层铺土料,如此相间铺料直至预计高度。掺和料各层厚度可按式(3-1)计算。铺砂砾料时用进占法,铺土料时用后退法,汽车始终在砂砾料层面上行驶。掺和料堆的高度,取决于挖掘机的掌子面高度,一般为 10～15m。各层料物的铺层厚度一般以 40～70cm 为宜。铺料过程中,每层土料和砂砾料取 10～20 个试样测定含水率和颗粒级配,以便进行质量控制。

(2) 水平单层铺掺料——立面开采掺和法。先将土料覆盖层清除,用推土机平整料场表面。在料场表面均匀铺一层掺料,铺料厚度应根据掺和料配合比及挖掘高度而定。挖掘机开挖时应沿掌子面多次挖卸掺和均匀后装车。

三、超径料(颗粒)处理

当砾石不过量且超径石含量又不多时,常用装耙的推土机先在料场中初步清除,然后在坝体填筑面上再做进一步清除。当超径粗粒的含量较多时,可根据具体地形布置振动算条筛(格条筛)加以筛分。

四、反滤料加工

1. 砂砾反滤料加工

当天然砂砾料或爆破石渣的级配不能满足要求时,可建立单一的砂砾料筛分系统,既可供混凝土所需粗细骨料,按一定比例掺配后,又能满足大坝反滤料、排水料的需求。

2. 碎石反滤料加工

(1) 从合适开挖的石渣中筛去不合需要的粒组;

(2) 用人工碎石掺河砂或用砾石掺人工砂来制备;

(3) 将采石场爆破石料进行机械破碎、筛分和掺配,再由人工制备成一定级配的反滤料。其工艺和混凝土骨料加工基本相同。

五、坝料加工设计工程实例

糯扎渡水电站和毛尔盖水电站等工程的大坝心墙土料都进行了掺和及加水处理。

1. 糯扎渡水电站大坝

糯扎渡水电站大坝为土质心墙堆石坝，最大高度261.5m，为改变土质心墙力学性能大坝心墙高程720m以下为掺砾土料，总填筑量约300万m^3，高程720m以上为不掺砾的天然混合土料，填筑量约165万m^3。砾石土料由天然的混合土料与人工加工系统生产的砾石料按重量比掺和而成，掺和比例土料：砾石料为65：35。大坝掺砾土料在掺和场制备成品回采上坝。掺和场设置4个料仓，保证2个储料、1个备料、1个开采，料仓总储量约14万m^3，可满足最大上坝月强度约15d的用量。掺砾石土料掺和工艺如下：

(1)掺砾石土料在砾石土料掺和场摊铺及掺拌。铺料方法为：先铺一层50cm厚砾石料，再铺一层110cm厚土料，如此相间铺料3个互层。

(2)掺砾石料采用进占法卸料，并用推土机及时平整，土料采用后退法卸料。

(3)砾石料与土料3个互层铺好后用4m^3正铲混合掺拌，即每个料仓备料完成后，在挖装运输上坝前，先掺拌均匀。掺拌方法为：正铲从底部装料，斗举到空中把料自然抛落，重复3次。

(4)掺拌后的合格料采用4m^3的正铲装料，由20～32t自卸汽车运输至坝体填筑作业面。

同时心墙土料在进行开采及掺和过程中对土料含水率进行控制：

(1)土料在开采之前，通过取样试验先行测定土料的含水率。土料在开采时的含水率一般比上坝控制含水率大2%～4%为最优。通过装车、运输、卸车等多道工序的含水率损失后，控制土料大坝填筑时的含水率在规定范围内。混合土料挖运过程中，一旦出现现场土料含水率偏高较多，且土层地下水位线较高且丰富时，避开该开采区域，并通过挖沟降低水位线,待其含水率在适合范围后再进行开采。如由于下雨或地下水影响导致天然土料含水率超标,则需在料场先行对含水率进行调整,以减少土料的处理时间和工序。

(2)在料场一般是对含水率超过上坝含水率控制上限的土料进行调整,当开采区域混合土料含水率较小时,避开该区域,待降雨后天晴,含水率合适时再开采。混合土料含水率稍偏低时,在掺和场备料过程中,对砾石料层适当洒水,这样可以减少砾石料对混合土料水分的吸收量,且能达到对混合土料层的补水作用。当风力和日照较强时,运输车辆设置遮阳棚。

(3)如果料场土料含水率大面积过高,可在土料开采前采用井点法降低料场地下水位,为调整土料含水率创造条件。先将采区划分为多个小区,分小区降低地下水水位。抽水井沿小区周围布置,初定每 15m×15m 凿一个 φ150mm 的大口径的抽水钻孔,井内埋设 φ125mm 的 PVC 花管,抽水钻孔内放置 φ100mm 深井潜水泵,将水抽到采区外排水沟排走,使地下水位降至开采底面以下。同时还可进行土料翻晒以降低土料中的含水率。

2. 毛尔盖水电站拦河大坝

毛尔盖水电站拦河大坝为砾石土心墙堆石坝,坝顶宽12m,坝顶长 513.77m,最大坝高为 147m,防渗土料采用团结桥料场土料,料场内有用层的颗粒级配组成中,粒径大于200mm 块石含量平均值为 6.45%;粒径 100~200mm 块石含量平均值为 5.4%。有用料中需要剔除粒径大于 150mm块石含量不小于 9.15%。最优含水率为 8.6%~18.3%,天然含水率平均为 3%~9.8%,天然含水率低于最优含水率。

团结桥土料场有用层的地质状况大体可分为以下三种:第一种,其表层为碎石土层出露,未见黏土层;第二种,表层为黏土层,其下部为基岩;第三种占大多数,表层为黏土层,其下部为碎石土层,黏土层的厚度从 0~20.11m 不等,总体呈下游薄、上游厚,上部薄、下部厚的趋势,若直接实施立采方式,料源质量无法得到保证且不能满足设计要求指标。为了确保料源的开采质量,在料场内开采的全部料源运输至在大坝附近建立的专门掺配场进行掺配后上坝填筑。通过掺配实验确定碎石土和黏土的掺配比例为 5.5∶4.5。

(1)确定掺配方案:

1)团结桥土料场的碎石土和黏土两种土料中粒径小于 5mm、0.075mm 和 0.005mm 的含量变化幅度较大。尤其是碎石土,上述三种含量中的最大值分别是其最小值的 2.89 倍、5.89 倍和 3.4 倍。说明在开采生产砾石土防渗料时,土料的开采范围和掺配的规模越小,其控制粒径含量的离差系数就越大,合格率就越低,质量将难以保证。反之,开采范围和掺配的规模越大,土料的控制粒径含量越接近其平均值,故其掺配料的合格率越高。

2)采取一层黏土、一层碎石土按比例逐层大面积摊铺、多层高堆筑的大规模的土料掺配为符合客观实际的,既能确保砾石土心墙防渗料质量、又能保证上坝施工强度且较为经济适用的掺配方案。

(2)含水量调整:

1)加水方法。从施工水池接钢管(或加强 PVC 管)明铺至上料马道顶端。为便于操作,掺配场内采用装卸方便的消防水带输水,现场人工洒水。

2)加水量计算。碎石土防渗料天然含水率平均值约为 6%,最优含水率平均值约为 12%,则加水量为 6%。按掺配强度为 10 万 m³/月(堆方)计算,则每日掺配 3334m³(约合 5000t),需加水 300t。每天加水时间按 12h 计,则每小时平均需加水 25t。

3)水池以下管道设计。干(支)管口径 80mm,长度在现场确定。干管水池端装 80SG35-20 管道增压泵和截止阀各一个,干管以下接两条支管至上料马道终端,每条支管出口端接 2×50mm 叉管,每根叉管不宜过长(不超过 1m),每根叉管上装 LXS-50 水表和截止阀各一个,出口端装 50mm 口径消防水带接口。

(3)掺配施工:

1)摊铺厚度的确定。首先试验室应测定碎石土层和黏土层的堆积密度,并按碎石土摊铺厚度为 0.45m、两者掺配比例为 5.5:4.5(重量比)时计算确定纯黏土的摊铺厚度。

2)单位面积加水量的确定。在试验室测定碎石土层和黏土层的天然含水率及其混合料的最优含水率,并由此确定其混合料的加水率,进而计算每层料单位面积加水量。

3)摊铺堆料。掺配场内分为 4 个堆料区,备料期间可将所有堆料区堆满。上坝填筑期间,堆料、贮存、混合回采三道工序将在 4 个堆料区内形成循环作业。第一层摊铺料种不限,但顶层宜为碎石土层。采用后退法摊铺黏土,采用进占法摊铺碎石土。铺料应采用推土机。掺配场摊铺土石料需用 220 型推土机 1 台。

4)加水。为准确计量现场加水量,每条水带均由水表计量。加水前宜在垂直于上料马道方向先将料面划分为 10m 宽的小区,再按每个小区的面积和该料的单位面积加水量(每平方米加水量)计算出该小区的总加水量。碎石土层和黏土层单位面积加水量的比例暂按前述的 5.5:4.5,实施过程中如发现不妥再进行改进。加水时应在该小区范围内实施总量控制,并尽量均匀加水。每个料面应同时采用两条水带分区加水。加水作业应避免与摊铺施工发生干扰,输水带的布置不应穿过摊铺作业面。

5)贮料堆含水率的检查。贮料堆成型之后,每 10d 应抽样检测料堆表面两层料(碎石土料和黏土料各一层)的含水率,每个料堆抽样 5 组。同时要观察每个探坑内黏土料层含水率是否一致、底层是否有干土存在等情况。依据上述检测成果可知加水量是否准确;可判断料堆内水分扩散是否均匀,以确定最短贮存时间;还可即时了解料堆表层含水率的变化情况,以确定料堆表面是否需要补水。

6)贮料堆的养护。根据对料堆表面含水率的检测,如发现含水率明显降低时就需马上进行补水。单位面积补水量应根据失水量计算得出。

7)混合及回采。采用推土机斜面推料混合形成料堆,液压正铲或装载机装车的方法。也可采取直接用液压正铲或装载机开挖贮料,反复混合后装车的方法。施工碎石土心墙填筑施工创造了月均上升 7.8m 的速度,月最大上升高度为 16m,实现月均填筑强度 10.2 万 m^3,月最大强度 17.9 万 m^3 的好成绩。

第四章

坝基与岸坡施工

土石坝的地基,一般分为岩石地基、土壤地基或砂砾石地基等,由于工程地质和水文地质作用的影响,天然地基往往存在一些不同程度、不同形式的缺陷,经过人工处理,使地基具有足够的强度、整体性、抗渗性和耐久性,方能作为水工建筑物的坝基。

由于各种土石坝型及工程地质与水文地质的不同,对各类型坝的坝基处理的要求也不同。因此,对不同的地质条件、不同的建筑物型式,要求用不同的处理措施和方法。

第一节 坝基处理内容、施工特点和程序

1. 坝基处理施工内容

(1)清理地表物及软弱覆盖层。

(2)坝基坡段岩石开挖和修整砂砾石坝基。

(3)防渗体部位坝基和岸坡岩面封闭及顺坡处理。

(4)明挖截水槽。

(5)基坑排水及渗水处理。

2. 坝基处理施工特点

(1)坝基和岸坡开挖处理是坝体施工关键路线上的关键工作,工期紧迫。

(2)施工程序受导流方式和坝区地形的制约,河床部分的处理需在围堰保护下进行。

(3)防渗体部位的坝基和岸坡处理技术要求高,应严格控制施工质量。

(4)施工场地一般较狭窄,工程量集中,工序多,多交叉

施工,相互干扰较大,施工受渗水和地表水的影响。因此,要合理安排开挖程序,规划布置好施工道路和排水系统。

(5) 工期安排和施工机械设备的数量要留有足够的富余,以免气象及地质情况变化,工程量增加,或因停电等意外事故延误工期。

3. 坝基处理施工程序

(1) 一般开挖是自上而下、先岸坡后河床。在河床比较开阔、上下施工干扰能够避免的场合,河床台地与岸坡亦可同时进行开挖。

(2) 施工程序要与导流方式相协调。采用一次断流施工时,可在导流洞施工期间同时处理常水位以上两岸坝肩,截流以后处理水位以下两岸及河床基础。采用分期导流施工时,河床截流前应完成一期基坑及两岸的地基处理,截流后进行二期基坑地基处理。

(3) 堆石体岸坡的开挖清理工作,宜在填筑前一次完成;对于高坝,在地形、地质及工期安排允许的情况下,可按年度分阶段进行,但要解决好开挖与填筑的相互干扰,避免边填筑边开挖现象。

(4) 要考虑水文气象条件对处理施工的影响。应充分利用枯水季节处理河床部位,尽量减少截流后的基坑工作量。

(5) 坝基开挖料可以用于坝体填筑的,应安排好填筑部位,尽量做到开挖料直接上坝填筑,减少坝外堆放、二次回采方量;不能用于坝体填筑的料物,应尽量作为围堰或其他临建工程的填方,或安排好弃料场地。

(6) 坝基固结灌浆和帷幕灌浆施工安排。

1) 坝下未设灌浆廊道的工程河床段,坝基固结灌浆、帷幕灌浆宜在坝体填筑前完成,也可在心墙填筑到一定高程时进行河床段灌浆施工。岸坡灌浆可以和下部填筑平行进行,但不得影响防渗体填筑期。还要注意将废水、废浆排至大坝以外。

2) 对设置灌浆廊道的工程,帷幕灌浆施工和填筑作业可以同时进行,但也应与水库蓄水过程相协调。

黑河坝心墙基础设计 6 排固结灌浆孔,孔深 7～9m,最大孔深 28m;双排帷幕灌浆孔,孔深 43.5～97.6m,仅河床部位灌浆工序需安排一年。为了缩短总工期,经过论证,采取了截流前穿过砂卵石覆盖层和风化岩层进行河床段心墙建基面以下的帷幕灌浆。截流后挖除覆盖层和爆破开挖建基面以上风化岩石,浇筑混凝土盖板封闭岩面进行固结灌浆,然后对爆破影响深度范围的灌浆帷幕进行复灌。通过压水试验确定爆破影响深度为 13.4m,实际复灌深度 15m,保证了工期。这是坝基灌浆施工安排的一个特例。

第二节　坝基与岸坡开挖

(1) 坝肩岸坡的开挖清理工作推荐采用自上而下一次完成的施工方法。高坝可分阶段、分区域进行。对于河面宽阔、岸坡较缓的特殊情况,也可先开挖岸坡下部,边填边挖,但必须进行论证、确保安全。

(2) 应按设计要求对地基进行清理、清除和处理。清理的废弃物的堆放、处理应当引起重视。可利用的材料应当妥善保存;需要焚烧处理的,要有可靠的消防措施,防止造成其他危害。废弃物一般包含为树木、树根、草皮、乱石、坟墓以及各种建筑物,坝基和岸坡表层的粉土、细砂、泥炭等松软土层以及风化岩石、坡积物、残积物、滑坡体等。

(3) 开挖所形成边坡应满足施工期边坡稳定要求,边坡的坡形坡度、坡面形态满足设计要求。

(4) 岩石基础开挖应按照《水工建筑物岩石基础开挖工程施工技术规范》(DL/T 5389—2007)进行,基础面应采用预裂、光面等控制爆破技术,必要时可预留保护层。

(5) 坝基、岸坡为易风化、易崩解、淤泥、腐殖土、滑坡体等。易风蚀的软岩、砂质页岩、泥质胶结类岩石及天然黏性土时,除按设计要求进行清理、开挖外,为减少暴露风化、崩解、风蚀和冲刷对岩体、土体的破坏,有时采用预留保护层并在填筑前清除的方法。

（6）高坝多在岸坡设置有多层灌浆平洞，岸坡开挖到平洞高程后，灌浆平洞才具备施工条件，灌浆平洞的开挖、衬砌、出渣、进料施工通道经常对坝体开挖、填筑造成影响，在特定的条件下，灌浆平洞的进度会制约着坝体填筑进度。

（7）深厚砂砾石覆盖层上的大型水电工程地下水抽排对施工以及坝基基础的影响是必须要高度重视的。根据统计，高山峡谷大型水电工程深厚砂砾石覆盖层基坑排水量一般在 $2000\sim20000\text{m}^3/\text{h}$，其水量大、补给条件复杂，即使在枯水期排水量也会达到 $1000\sim4000\text{m}^3/\text{h}$ 以上。根据相关工程施工经验，在基坑排水时有以下方面需要注意：

1）排水设备的选择。在选择排水设备时，要综合考虑流量、扬程、吸水高度和水位变化以及设备转移安装等因素。

2）供电负荷和备用电源。大型基坑排水负荷一般在 $1000\sim5000\text{kW}$，需要保证率为 100%，必须考虑备用电源。备用电源的选择要考虑设备匹配、容量大小和启动负荷的影响等因素。

3）排水设施、设备布置与填筑、混凝土施工的干扰。在排水设施、设备布置时需要统一规划，综合考虑排水管线布置的高程、水泵站随着施工的提升转移、不同施工时段对水位不同要求等因素。

4）防止地基与基坑边坡破坏措施。由于深厚砂砾石覆盖层基坑排水量大、排水时间长，需要在积水坑和地下水集中渗出部位设置反滤措施，保护地基基础。

第三节　坝基与岸坡处理

一、坝基与岸坡处理施工场地布置

（1）开挖断面。考虑施工排水的需要，可将设计断面适当放宽。开挖坡度视土质、渗水量、开挖深度等情况而定，一般砂层取 $1:1.5\sim1:2.0$，砂卵石层取 $1:1.0\sim1:1.5$，风化岩层取 $1:0.5\sim1:0.75$，基岩取 $1:0.1\sim1:0.5$。渗水量大的取上限值。开挖深度大的，由下而上逐级放缓开挖坡度。截水槽上下游坡面,最好每隔 5~10m 设置一条马道(宽度 1~2m),作为坡面交通和安装水泵之用。在马道边缘宜设置安全网。

(2) 运输线路布置。截水槽施工的特点是场地狭窄、工期紧迫、有地下渗水的影响。一般在截水槽开挖坡面上布置的运输线路标准比较低,以减少开挖量。

汽车道路纵坡可取 12%~15%,有些工程在基坑底部狭窄地段局部可达 20%左右,此时汽车半载出渣。道路宜修筑单行道,布置成循环式,坡面上一般不布置回头弯道。

(3) 排水系统布置。

1) 内外水分开。在截水槽以外地表设置浅截水沟、排水沟来排除地表水、雨水,以免流入基坑增大基坑排水量。在岸坡要注意做好截水、排水设施。

2) 上下游水分开。在上下游分别设置集水井,安设水泵排水,将基坑底部上下游渗水分开,以便浇筑混凝土和回填防渗土料。

二、基础面施工

应将树木、草皮、乱石及各种建筑物全部清除;表层黏土、淤泥、细沙、耕植层均应清除;风化岩石、坡积物、残积物、滑坡体等按设计要求处理;水井、泉眼、洞穴及勘探孔洞、竖井、试坑均应彻底处理。

(1) 坝壳区基础面处理。

1) 非岩基面处理。河床覆盖层按要求开挖至合适基础后,挖坑取样进行试验,然后根据规范要求用振动碾进行压实,即为坝基基础。对于土基础在对其表面清理后,按设计要求进行压实或不做压实。

2) 岩基面处理。清除植被及表面松散浮渣等以后,可以填筑基础。对于较大的凹坑、陡坎和陡坡,按设计要求予以适当处理(混凝土或浆砌石补填或者削除),填筑堆石时,注意避免大块料的集中和适当补充小粒径料。

3) 基础面验收。处理完成后,应进行验收。

(2) 防渗体基础处理。

1）表面修整。修整平顺局部的凹凸不平的岩面,即凿除明显的台阶、岩坎、反坡,清除表面岩坎、浮渣,用混凝土填补凹坎等,以达到适当的外型轮廓。对于可能风化破坏的岩土面预留保护层或进行适当的保护。岩面修整实例见图4-1。

图 4-1 某坝心墙岩石岸坡处理
1—原地面线或基岩线;2—开挖线;
3—局部凹坑回填混凝土;4—岩面喷水泥砂浆

2）岩面封闭。对于高坝和节理裂隙发育、渗水严重的低坝地基,防渗体(包括反滤)基础一般用混凝土板封闭岩面并作为基岩固结灌浆和帷幕灌浆作业的盖板。混凝土盖板上一般不设齿槽和齿墙。盖板可视基岩情况纵横变坡,但应符合设计规范的变坡规定和保证机械顺坝坡方向碾压作业。也有用喷混凝土、喷刷水泥砂浆封闭岩面的实例。刷水泥砂浆是将水泥砂浆(一般是用1份水泥、2份砂配置)用钢性刷刷入岩面裂隙和小孔洞中,以在无盖板灌浆时止浆用。

对于低坝岩石地基,当岩石较完整且裂隙细小时,在清理节理、裂隙内的充填物后冲洗干净,用混凝土或砂浆封闭处理张开的节理裂隙和断层。

碧口坝心墙地基施工时,在清洗好的岩面上涂抹一层厚度不小于2cm的稠水泥砂浆,在其未凝固前铺上并压实第一层心墙料。这样砂浆就可以封闭岩面，充填细小裂隙并形成一层黏结在岩面上的薄而抗冲蚀的土与水泥的混合层。

表4-1为国内外一些土石坝防渗体与基岩接触面的处理实例。

表 4-1   一些土石坝防渗体与基岩接触面处理实例

坝 名	国 家	心墙型式	坝高/m	基 岩	接触面处理	效果	修建年份
罗贡	苏联	斜心墙	325	砂岩、细砂岩和泥板岩互层	喷混凝土层厚10～15cm	良好	1976
努列克	苏联	心墙	300	砂岩、粉砂岩	混凝土垫层厚17～23cm，长130m，内设灌浆廊道	良好	1962—1979
奥洛维尔	美国	斜心墙	235	角闪岩	混凝土垫块	良好	1962—1967
提堂	美国	宽心墙	125.6	流纹、泥灰岩	基岩中深挖截水槽，下游面岩石张开节理未封闭，心墙为易冲蚀料	溃决	1975
卡加开	阿富汗	斜心墙	116	石灰岩	喷混凝土1.3～2.6cm，凹块回填混凝土	良好	
肯尼	加拿大	斜心墙	104	玄武岩、火山岩	喷浆1.3～2.6cm上设混凝土板	良好	1951—1952
乌鲁姆	阿根廷	心墙	67	黏土岩、粉砂岩	钢筋混凝土板厚0.4m	良好	
鲁布革	中国	心墙	101	白云岩、石灰岩	混凝土板0.5～3m，宽37.9m	良好	1984—1988
升钟	中国	心墙	79	砂岩夹黏土岩、砂质黏土岩	混凝土底板	良好	1977—1982

坝 名	国家	心墙型式	坝高/m	基 岩	接触面处理	效果	修建年份
大银甸	中国	心墙	58	砂岩与泥岩互层	河床与两岸设混凝土板厚 0.5m	良好	1978—1982
石头河	中国	心墙	114	绿泥石云母石英片岩	喷混凝土层厚 2～3cm	良好	1976—1982
小浪底	中国	斜心墙	154	砂岩、泥岩	岸坡岩石基础混凝土板厚 0.5m	良好	1994—2001
黑河	中国	心墙	130	云母石英片岩	混凝土底板中心 20m 宽板厚 1.0m,其余板厚 0.5m	良好	1999—2001

3) 断层、破碎带处理。一般断层和破碎带,按其宽度的 1～1.5 倍挖槽,用混凝土回填处理,有的工程在浇筑帷幕盖板混凝土或心墙槽喷混凝土前,跨断层布设一层钢筋网。较大断层按设计要求精心施工。

三、防渗体基础混凝土盖板施工

1. 施工方法

(1) 在基础开挖到建基面及做好断层、裂隙等缺陷处理后,人工清理浮渣,用高压风、水清洗岩面,排除积水,处理好渗水。对于砂砾石地基上的盖板,其建基面按设计要求处理。

(2) 建基面上的凹坑超过设计要求时,应用混凝土或浆砌石补填,或处理成缓坡区段。

(3) 对于坡度较缓的混凝土盖板可采用跳仓浇筑顺序,表面不立面模;当坡度较陡时应从下向上依次浇筑,或分段从下向上依次浇筑,一般当坡度大于 20°时应立面模浇筑,以保证混凝土振捣密实。

(4) 有条件时可采用吊罐、皮带机、溜槽等布料方案,浇筑小坍落度的二级配或三级配混凝土;斜坡部位也可采用混凝土泵入仓。

（5）盖板施工中要特别注意下部岩层中裂隙水的排放和盖板按接缝处理。小浪底大坝原设计灌浆盖板间结构缝是凿毛后先按施工缝要求联结，后按结构缝处理：在缝中填塞 IGAS 柔性填料，缝表面用沥青麻片粘贴，坑内用膨胀水泥砂浆回填。

2. 混凝土盖板表面处理实例

（1）小浪底坝心墙槽混凝土盖板表面处理。心墙槽基岩上覆盖的混凝面，在填筑前进行一次全面的检查和处理。特别是左岸开挖后的边坡为 1∶1，岩层近于水平，开挖后形成许多大小不等的岩坎、台阶，实施中采用混凝土回填，修补成满足心墙填筑要求的基础面。由于坡陡，施工时采用混凝土面上压模的方法，施工后在混凝土面上留下了长短不一的条状混凝土坎、凸块，及立模留下的较长的大陡坎（一般高 1m 左右）和施工用的三条马道，这些都在填筑前凿除和清理，以形成一个满足填筑要求的混凝土基础面。

1）清除回填灌浆和帷幕灌浆留在混凝土面上的水泥结石、浆渣和喷混凝土的回填料等；割除留在混凝土面上的钢筋头、钢管头；用风镐凿除混凝土面上粒径大于 2cm 的小块凸块。

2）浇筑混凝土分仓的施工缝以及由于不分结构缝而产生的温度裂缝，未张开的通过在表面粘贴 2～5 层沥青麻片处理；较大的张开缝，做成 V 形槽，内填砂浆，上覆 2～5 层沥青麻片。

3）混凝土面上较大的混凝土坎，表面凿毛，用喷混凝土修补以形成平顺混凝土面。

4）左岸坡三条施工用马道，采用膨胀法凿除。外坡铅直混凝土坎，用手风钻钻孔，在孔内安放胀裂剂，使之沿预定的凿除线开裂，然后清除混凝土渣。平台用回填混凝土填补，形成边坡不大于 20°的平缓过渡面（图 4-2）。

（2）黑河坝混凝土盖板表面处理。

1）表面不允许有裸露钢筋，钢筋头凿深 2～3cm 割除，用高强砂浆抹平。

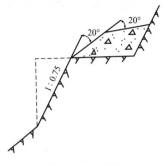

图 4-2　施工平台

2) 混凝土错台大于 3cm 的凿成 1∶1 的斜坡；3cm 以下的不处理。

3) 裂缝处理。灌浆引起的裂缝均视为贯穿性裂缝，由温度应力引起且不渗水的裂缝视为非贯穿性裂缝。宽度 $b<0.2mm$ 的非贯穿性裂缝表面贴 SR 盖片；$0.2mm \leqslant b < 0.5mm$ 的采用凿槽封闭处理，矩型槽宽 7cm，深 5cm，用石棉水泥（石棉∶水泥＝3∶7，水灰比 0.15）手锤砸实填平；$b \geqslant 0.5mm$ 的以及贯穿性裂缝用化学灌浆处理，灌浆材料为水溶性聚氨脂，HW∶LW＝6∶4。

（3）克孜尔坝盖板裂缝处理。由于分块尺寸小（9m×10m），没有发生温度裂缝，灌浆产生的裂缝进行了水玻璃灌浆处理。凿槽宽 30cm，深 5cm，手风钻沿缝打孔，灌注水玻璃至不下渗，将槽内洗刷清理干净，干燥后涂刷冷底子油，浇筑沥青混凝土与表面齐平，填土前涂刷 4mm 厚沥青玛蹄脂一道。

第四节　基坑排水与渗水处理

土石坝基坑经常性排水方法主要有明沟排水、深层（管井）排水、井点排水等方法。当从地基层直接排水无破坏性渗透变形时，可采用明沟排水法；砂砾石强透水层地基宜采用深层排水法，一定条件下，土层地基也可采用这一方法；砂层特别是"流砂"地基应采用井点排水。对渗水量大的深基坑采用幅射井排水方法可取得理想效果。填筑土料或浇筑混凝土盖板以前,基岩面裂隙和泉眼渗水要认真处理。

一、基坑排水

在截流戗堤合龙闭气以后,就要排除基坑的积水和渗水,以利于开展基坑施工工作。当然,在用定向爆破修筑截流、拦淤堆石坝,或直接向水中倒土形成建筑物时,不需要组织基坑的排水工作。

基坑排水工作按排水时间及性质,一般可分为:①基坑开挖前的初期排水,包括基坑积水、基坑积水排除过程中围堰及基坑的渗水和降水的排除;②基坑开挖及建筑物施工过程中的经常性排水,包括围堰和基坑的渗水、降水、基岩冲洗及混凝土养护用废水的排除等。

1. 初期排水

戗堤合龙闭气后,基坑内的积水应有计划地组织排除。排除积水时,基坑内外产生水位差,将同时引起通过围堰和基坑的渗水。初期排水流量一般可根据地质情况、工程等级、工期长短及施工条件等因素,参考实际工程的经验,按式(4-1)确定。

$$Q = (2 \sim 3)V/T \qquad (4-1)$$

式中:Q——初期排水流量,m^3/s;

V——基坑的积水体积,m^3;

T——初期排水时间,s。

排水时间主要受基坑水位下降速度的限制。基坑水位允许下降速度视围堰形式、地基特性及基坑内水深而定。水位下降太快,则围堰或基坑边坡的动水压力变化过大,容易引起塌坡;下降太慢,则影响基坑开挖时间。一般下降速度限制在 0.5～1.5m/d 以内,对于土围堰取下限值,混凝土围堰取上限值。初期排水时间对大型基坑可限制在 5～7d,中型基坑不超过 3～5d。

根据初期排水量即可确定所需的排水设备容量。排水设备一般用离心式水泵。为方便运行,宜选择容量不同的离心式水泵,以便组合运用。

实际工作中,有时也常用试抽法确定排水设备容量。试抽时,如果水位下降很快,显然是排水设备容量过大,这时,可关闭一部分排水设备,以控制水位下降速度;若水位基本不变,则可能是排水设备容量过小或有较大的渗漏通道存在,这时,应增加排水设备容量或找出渗漏通道予以堵塞,然后再进行抽水。还有一种情况是水位降至一定深度后就不再下降,这说明此时排水流量与渗透流量相等,只有增大排水设备容量或堵塞渗漏通道,才能将积水排除。

确定排水设备容量后,要妥善布置水泵站。如果水泵站布置不当,不仅会降低排水效果,影响其他工作,甚至水泵运转时间不长,又被迫转移,造成人力、物力及时间上的浪费。一般初期排水可以采用固定的或浮动的水泵站。当水泵的吸水高度(一般水泵吸水高度为 4.0～6.0m)足够时,水泵站可布置在围堰上,如图 4-3(a)所示。水泵的出水管口最好设在水面以下,这样可依靠虹吸作用减轻水泵的工作负担。在水泵排水管上应设置止回阀,以防水泵停止工作时,倒灌基坑。

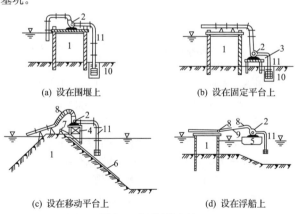

(a) 设在围堰上　　　　　　　　(b) 设在固定平台上

(c) 设在移动平台上　　　　　　(d) 设在浮船上

图 4-3　水泵站的布置

1—围堰;2—水泵;3—固定平台;4—移动平台;5—浮船;6—滑道;7—绞车;
8—橡皮接头;9—铰接桥;10—集水井;11—吸水管

当基坑较深,超过水泵吸水高度时,需随基坑水位下降将水泵逐次下放,这时可以将水泵逐层安放在基坑内较低的固定平台上,如图 4-3(b)所示;也可以将水泵放在滑道移动的平台上,如图 4-3(c)所示,用绞车操纵逐步下放;还可以将水泵放在浮船上,如图 4-3(d)所示。

2. 经常性排水

基坑内积水排干后,围堰内外的水位差增大,此时渗透流量相应增大,对围堰内坡、基坑边坡和底部的动水压力加大,容易引起管涌或流土,造成塌坡和基坑底隆起的严重后果。因此,在经常性排水期间,应周密地进行排水系统的布置、渗透流量的计算和排水设备的选择,并注意观察围堰的内坡、基坑边坡和基坑底面的变化,保证基坑工作顺利进行。

(1)排水系统的布置。通常应考虑两种不同的情况:一种是基坑开挖过程中的排水系统布置;另一种是基坑开挖完成后修建建筑物时的排水系统布置。在进行布置时,最好能两者结合起来考虑,并使排水系统尽可能不影响施工。

基坑开挖过程中布置排水系统,应以不妨碍开挖和运输工作为原则。一般常将排水干沟布置在基坑中部,以利于两侧出土。随着基坑开挖和运输工作的进展,逐渐加深排水干沟和支沟,通常保持干沟深度为 1.0～1.5m,支沟深度为 0.3～0.5m。集水井布置在建筑物轮廓线的外侧,集水井底应低于干沟的沟底。

修建建筑物时的排水系统,通常都布置在基坑的四周,如图 4-4 所示。排水沟应布置在建筑物轮廓线的外侧,距基坑边坡坡脚不小于 0.3～0.5m。排水沟的断面和底坡,取决于排水量的大小。一般排水沟底宽不小于 0.3m,沟深不大于 1.0m,底坡不小于 2‰。在密实土层中,排水沟可以不用支撑,但在松土层中,则需用木板或麻袋装石加固。

有时由于基坑开挖深度不一,基坑底部不在同一高程,这时应根据基坑开挖的具体情况来布置排水系统。有的工程采用层层截流、分级抽水的办法,即在不同高程上布置截水沟、集水井和水泵站,进行分级排水。

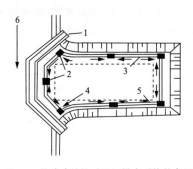

图 4-4　修建建筑物时基坑排水系统的布置

1—围堰；2—集水井；3—排水沟；4—建筑物轮廓线；5—水流方向；6—河流

水经排水沟流入集水井，在井边设置水泵站，将水从集水井中抽出。集水井布置在建筑物轮廓线以外较低地方，它与建筑物外缘的距离必须大于井的深度。井的容积至少要保证水泵停工 10～15min，由排水沟流入井中的水量不致漫溢。集水井可为长方形，边长 1.5～2.0m，井的深度应低于排水沟底 1.0～2.0m。在土中挖井，其底面应铺填反滤料以防冲刷。在密实土中，井壁可用框架支撑；在松软土中，宜用板桩加固，如板桩接缝漏水，则需在井壁外设置反滤层。集水井不仅是用来集聚水，而且还有澄清水的作用，因为水泵的使用年限与水中的含沙量多少有关。为了保护水泵，安设的集水井宜稍大、稍深一些。

为防止下雨时因地面径流进入基坑而增加抽水量甚至淹没基坑，往往在基坑外缘挖排水沟或截水沟，以拦截地面水。排水沟或截水沟的断面及底坡应根据流量及土质而定，一般沟宽和沟深不小于 0.5m，底坡不小于 2‰。基坑外地面排水系统最好与道路排水系统相结合，以便自流排水。

（2）排水量的估算。经常性排水的排水量包括围堰和基坑的渗水、降水、地层含水、基岩冲洗及混凝土养护弃水等。降水量可按抽水时段内最大日降雨量在当天抽干计算。基岩冲洗及混凝土养护弃水，由于基岩冲洗用水不多，可以忽略不计，混凝土养护弃水，可近似地按每立方米混凝土每次用水 5L、每天养护 8 次计算。但降水和施工弃水不应叠加。

3. 人工降低地下水位

在经常性排水过程中，为了保持基坑开挖工作始终在干地进行，常常要多次降低排水沟和集水井的高程，变换水泵站的位置，这会影响开挖工作的正常运行。此外，在开挖细砂土、砂壤土一类地基时，随着基坑底面的下降，坑底与地下水位的高差越来越大，在地下水渗透压力作用下，容易产生边坡脱滑、坑底隆起等事故，给开挖工作带来不利影响。

而采用人工降低地下水位，就可减轻或避免上述问题。人工降低地下水位的基本做法是：在基坑周围钻设一些井管，地下水渗入井管后，随即被抽走，使地下水位线降至开挖基坑底面以下。

人工降低地下水位的方法，按排水工作原理来分有管井法和井点法两种。管井法是纯重力作用排水，井点法还附有真空或电渗排水的作用。下面分别介绍。

（1）管井法降低地下水位。管井法降低地下水位时，在基坑周围布置一系列管井，管井中放入水泵的吸水管，地下水在重力作用下流入井中，被水泵抽走，用管井法降低地下水位，需先设置管井，管井通常由下沉钢井管而成，在缺乏钢管时也可用预制混凝土管代替。

井管的下部安装滤水管节（滤头），有时井管外还需设置反滤层。地下水从滤水管进入井管内，水中的泥沙则沉淀在沉淀管中。

滤水管是井管的重要组成部分，其构造对井的出水量和可靠性影响很大，要求过水能力大，进入的泥沙少，有足够的强度和耐久性。图 4-5 所示为滤水管节的构造图。

井管通常用射水法下沉，当土层中夹有硬黏土、岩石时，需配合钻机钻孔。射水下沉时，先用高压水冲土，下沉套管，较深时可配合振动或锤击，然后在套管中插入井管，最后在套管与井管的间隙中间填反滤层和拔套管。反滤层每填高一次，便拔一次套管，逐层上拔，直至完成。

管井中抽水可应用各种抽水设备，但主要是用离心式水

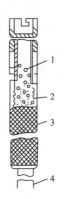

图 4-5　滤水管节构造简图

1—多孔管,钻孔面积占总面积的 20%～25%;2—绕成螺旋状的铁丝,

3～4mm;3—铅丝网,1～2 层;4—沉淀管

泵、深井水泵或潜水泵等。

　　用普通离心式水泵抽水,由于吸水高度的限制,当要求降低地下水位较深时,要分层设置井管,分层进行排水,如图 4-6 所示。

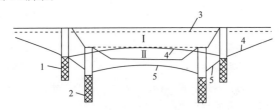

图 4-6　分层降低地下水位

Ⅰ—第一层;Ⅱ—第二层;1—第一层管井;2—第二层管井;3—天然地下水位;

4—第一层水面降落曲线;5—第二层水面降落曲线

　　在要求大幅度降低地下水位的深井中抽水时,最好采用专用的离心式深井水泵(图 4-7)。每个深井水泵都可独立工作,井的间距也可以加大。深井水泵一般适用深度大于20m,排水效果好,需要井数少。

　　管井法降低地下水位,一般适用在渗透系数为 10～150m/d 的粗、中砂土中。

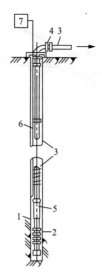

图 4-7　深井水泵管井装置

1—管井；2—水泵；3—压力管；4—阀门；5—电动机；6—电缆；7—配电盘

（2）井点法降低地下水位。井点法和管井法不同，它把井管和水泵的吸水管合二为一，简化了井的构造，便于施工。

井点法降低地下水位的设备，根据其降深能力分轻型井点（浅井点）和深井点等。

轻型井点是由井管、集水总管、普通离心式水泵、真空泵和集水箱等设备所组成的一个排水系统（图 4-8）。

轻型井点系统的井管直径为 38～50mm，间距为 0.6～1.8m，最大可到 3.0m。地下水从井管下端的滤水管借真空泵和水泵的抽吸作用流入管内，沿井管上升汇入集水总管，经集水箱，由水泵排出。轻型井点系统开始工作时，先开动真空泵，排除系统内的空气，待集水箱内的水面上升到一定高度后，再启动水泵排水。水泵开始抽水后，为了保持系统内的真空度，仍需真空泵配合水泵工作。这种井点系统也叫真空井点。

井点系统排水时，地下水位的下降深度，取决于集水箱

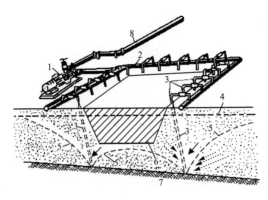

图 4-8 轻型井点系统

1—带真空泵和集水箱的离心式水泵;2—集水总管;3—井管;4—原地下水位;
5—排水后水面降落曲线;6—基坑;7—不透水层;8—排水管

内的真空度与管路的漏气和水力损失。一般集水箱内真空度为 53～80kPa(约 400～600mmHg),相应的吸水高度 5～8m,扣去各种损失后,地下水位的下降深度为 4～5m。

当地下水位降低的深度超过 4～5m 时,可以像井管一样分层布置井点,每层控制 3～4m,但以不超过三层为宜。层数太多,基坑范围内管路纵横,妨碍交通,影响施工,同时也增加挖方量;而且当上层井点发生故障时,下层水泵能力有限,地下水位回升,基坑有被淹没的可能。

真空井点抽水时,在滤水管周围形成一定的真空梯度,加速了排水速度,因此即使在渗透系数小到 0.1m/d 的土层中,也能进行工作。

布置井点系统时,为了充分发挥设备能力,集水总管、集水管和水泵应尽量接近天然地下水位。当需要几套设备同时工作时,各套总管之间最好接通,并安装开关,以便相互支援。

井管的安设,一般用射水法下沉。在细砂和中砂中,需要的射水量约为 25～30m³/h,水压力达 0.3～0.35MPa(约 3～3.5 个大气压);在粗砂中,流量需增大到 40m³/h 或更大;在夹有砾石和卵石的砂中,最好与压缩空气配合进行冲射;在黏性土中,水压需增大到 0.5~0.8MPa(约 5~8 个大气压),并回填砂砾石作为滤层。回填反滤层时供水仍不停止,但水压可略降低。在距孔口 1.0m 范围内,宜用黏土封口,以防漏气。排水工作完成后,可利用杠杆将井管拔出。

深井点和轻型井点不同,它的每一根井管上都装有扬水器(水力扬水器或压气扬水器),因此它不受吸水高度的限制,有较大的降深能力。

深井点有喷射井点和压气扬水井点两种。

喷射井点由集水池、高压水泵、输水干管和喷射井管组成(图 4-9)。

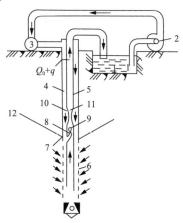

图 4-9　喷射井点装置示意图

1—集水池;2—高压水泵;3—输水干管;4—外管;5—内管;6—滤水管;
7—进水孔;8—喷嘴;9—混合室;10—喉管;11—扩散管;12—水面降落曲线

喷射井点排水的过程是:扬程为 0.6~1MPa(约 6~10个大气压)的高压水泵将高压水压入内管与外管间的环形空间,经进水孔由喷嘴以 10~50m/s 高速喷出,由此产生负压,使地下水经滤管吸入内管,在混合室中与高速的工作水头混合,经喉管和扩散管以后,流速水头转变为压力水头,将水压到地面的集水池中。高压水泵从集水池中抽水作为工作水,而池中多余的水则任其流走或用低压水泵抽走。通常一台高压水泵能为 30～35 个井点服务,其最适宜的降低水位范围为 5～18m。

喷射井点的排水效率不高,一般用于渗透系数为 3～50m/d、渗流量不大的场合。

压气扬水井点是用压气扬水器进行排水,如图 4-10 所示。排水时压缩空气由输气管送来,由喷气装置进入扬水管,于是,管内容重较轻的水气混合液,在管外压力的作用下,沿扬水管上升到地面排走。为了达到一定的扬水高度,就必须将扬水管沉入井中足够的潜没深度,使扬水管内外有足够的压力差。压气扬水井点降低地下水最大可达 40m。

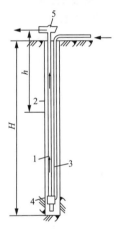

图 4-10 压气扬水井点装置示意图

1—扬水管;2—井;3—输气管;4—喷气装置;5—管口

在渗透系数小于 0.1m/d 的黏土或淤泥中降低地下水位时,比较有效的方法是电渗井点排水。电渗井点排水(图 4-11)时,沿基坑四周布置两列正负电极。正极通常用金属管做成,负极就是井点的排水井。在土中通过电流以后,地下水将从金属管(正极)向井点(负极)移动集中,然后再由井点系统的水泵抽走。正负极电源由直流发电机供应。

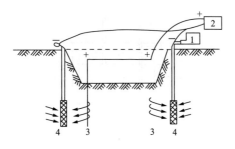

图 4-11　电渗井点排水示意图

1—水泵；2—直流发电机；3—钢管；4—井点

二、岩面裂隙及泉眼渗水处理

在截水槽回填防渗土料或浇筑混凝土盖板之前，应对基坑岩面裂隙及泉眼的渗水进行处理。渗水处理方法须根据基坑岩石节理裂隙发育情况、渗水量、渗水压力与泉眼大小而定。一般可选用下列几种方法进行处理。

（1）直接堵塞法。对于岩面的裂隙不大、小面积的无压渗水，且在岩面上直接填土的工程，可用黏土快速夯实堵塞。也有先铺适量水泥干料，再用黏土快速夯实堵塞的成功实例。若局部堵塞困难，可采用水玻璃（硅酸钠）掺水泥拌成胶体状（配合比为水∶水玻璃∶水泥＝1∶2∶3），用围堵办法在渗水集中处从外向内逐渐缩小至最后封堵。

（2）筑井堵塞法。当基岩有较大的裂隙或泉水，且水头较高时，采用在渗水处设置一直径不小于 500mm 的混凝土管，在管内填卵砾石预理回填灌浆管和排水管。回填土时用自吸水泵不间断抽水，随土料填筑上升，逐渐加高混凝土管。当回填土高于地下水位后，用混凝土封闭混凝土管口。最后进行集水井回填灌浆封闭处理，见图 4-12。

（3）盲沟排水及封堵。黑河坝黏土心墙坝基（含反滤层）宽 94m，设计为在弱风化层上浇筑混凝土盖板。坝基覆盖砂卵石层及强风化层开挖完成后，沿基坑上下游坡脚岩面设置了明沟及集水井排水系统。

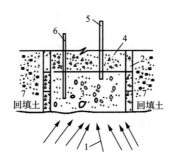

图 4-12　筑井堵塞法

1—集中渗水区；2—预制混凝土井管；3—卵石；4—混凝土；5—排水管；
6—灌浆管；7—回填土

1）盲沟集水井排水。由于岩基面积大，又无深排水井，岩面裂隙渗水分散，水头较高，为了疏干岩面浇筑混凝土盖板，采用盲沟集水井排水。在渗水范围位置较低处设置集水井，沿渗水点开挖导水沟，将分散的渗水全部集中引入集水井。在导水沟内用无纺布包裹砾石形成盲沟；集水井底部也铺填砾石，砾石中置放 Φ500mm 混凝土管，混凝土管周围砾石层面铺无纺布，并和盲沟无纺布缝合。管内放入潜水泵或自吸泵，在混凝土浇筑和凝固期不间断排水。

2）盲沟集水井封堵。采用回填灌浆封堵，沿盲沟布设灌浆孔，孔径 50mm，孔距 3m，起始（高点）孔内埋入排气（水）管，管口安装闸阀。孔深须穿透混凝土盖板和盲沟至基岩面。回填灌浆从盲沟最低点开始，逆盲沟渗水方向逐孔灌浆，回填灌浆压力为 0.2MPa，水灰比采用 0.6（0.5）：1，灌至注入率小于 1L/min 延续 30min 后结束，待凝 4～8h 后对灌浆孔采用 M20 的干硬砂浆人工回填封孔。对盲沟起始端相邻的灌浆孔灌注时，待起始端预理管中排出浆液后，关闭闸阀，再按以上标准灌至结束标准。回填灌浆 3～7d 后钻孔进行压水试验检查，当 0.2MPa 压力下，初始 10min 的注入量不小于 10L 即为合格。不合格时加密灌浆。

集水井内预埋灌浆管和排水管，依次铺填砾石和小砾石,采用微膨胀水泥混凝土封闭井口,封井混凝土盖板厚度0.5～1.0m。封井混凝土浇筑时,自吸泵不间断抽水,直至混凝土达到50%的强度,再进行集水井的回填灌浆,灌浆技术要求及工艺与盲沟灌浆相同。

盲沟集水井排水及封堵处理工艺见图4-13。

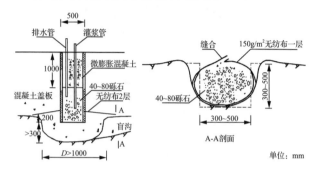

图4-13 盲沟及集水井并处理示意图

第五章

坝 体 填 筑

第一节 坝区运输道路

一、坝区运输道路布置原则及要求

（1）布置应满足运输量和运输强度的要求，并结合施工综合考虑，可采用混凝土路面或泥结碎石路面。

（2）布置前应选定坝料运输方式。优先采用自卸汽车直接上坝，特殊情况下也可以采用带式输送机、有轨运输、溜井及水运等运输方式，选用其他运输方式时应作充分论证。采用多种运输方式时，应统筹规划、合理布置，做好各运输方式之间的衔接。

（3）坝区运输线路布置应充分利用地形条件。尽量形成重车下坡、减少上坡的布置；在河床狭窄、岸坡陡峻、穿越困难等条件下，宜选用隧道方式，用竖井卸料以连接不同高程的道路，有时也是可行的。

（4）应充分利用坝面和坝内临时道路上坝，减少修建岸坡公路。每个施工时段应有相应的运输线路，与坝面填筑和物料开采状况相适应。运输线路宜自成体系，并宜与工程永久交通线路相结合。运输道路尽量与公路分离，不要穿越居民点或办公生活区，并应尽量减少对周围环境的影响。

（5）应采用环形线路，减少平面交叉，交叉路口、急弯、陡坡处应设置安全装置。连接坝体上、下游交通的主要干线，应布置在坝体轮廓线以外。干线与不同高程的上坝道路相连接，应避免穿越坝肩岸坡，以避免干扰坝体填筑。

（6）坝体内的道路应结合坝体分期填筑规划统一布置，

在平面与立面上协调好不同高程的上坝道路的连接,使坝体内临时道路的形成与覆盖(或削除)满足坝体填筑要求。运输道路跨越心墙或斜墙等重要区域时,应有可靠的保护措施。

(7)运输道路安全防护措施要求:

1)运输道路通过原有桥涵时,应事先验算,必要时采取加固措施。

2)新建桥涵应布置在地质条件较好的地段,避开泥石流区、山洪冲刷区等。桥涵宜选择结构简单、施工速度快、可回收利用的钢桁架组合桥及索桥。

3)隧洞的位置宜避开不良地质地段,其主要技术指标应满足安全行车要求。采用长隧道作交通洞时,应保证通风排烟与照明效果。必要时应设置紧急呼叫、火灾报警以及防灾避险等设施。

4)应对易发生坠石、滚石路段采取防护措施,设置警示牌;连续长下坡路段应设置避险车道,可设置制动车道或修建刹车冷却池等安全设施。

5)应在料场、坝区施工道路设置照明设施,路面照明容量不少于 3kW/km,确保夜间行车安全。

小浪底水利枢纽大坝采用 60t 自卸汽车上坝;天生桥一级、江坪河、水布垭、瀑布沟等大坝填筑采用 32t 自卸汽车上坝;糯扎渡采用 20~40t 自卸汽车上坝。

大伙房、岳城、石头河等土石坝施工,带式输送机成为主要的运输工具,瀑布沟水电站砾石土心墙坝砾石土心墙料采用近 4km 的皮带洞进行砾石土料运输。

竖(斜)井运输方式在矿山开采中用得较多,水利水电工程中已开始逐步应用,例如龙滩麻村砂石系统灰岩料场、大法坪料场采用竖井输送石料;小湾孔雀沟料场采用 2m×6m 溜渣竖井运输,单井运渣能力 1600t/h。锦屏一级印把子沟人工骨料系统毛料采用高度 280m 竖井溜渣方式,单井运输能力 2000t/h,锦屏一级大奔流料场采用长度 280m,倾角 77°、直径 6m 斜井和长度 200m,直径 6m 竖井的双井溜渣方式;20 世纪 60 年代乌江水电站、20 世纪 90 年代二滩水电站和目前锦屏水电站三滩骨料系统都采用了溜槽运输方式。神木县采兔沟水库碾压式砂坝施工中采用水力运输技术运输坝料。

二、上坝道路布置

（1）坝区坝料运输道路的布置方式,有岸坡式、坝坡式及混合式三种,其线路进入坝体轮廓线内,与坝体内临时道路连接,组成直达坝料填筑区的运输体系。

（2）上坝道路单车环形线路比往复双车线路行车效率高、更安全,应尽可能采用单车环形线路。一般干线多用双车道,尽量做到会车不减速,坝区及料场多用单车道。

（3）岸坡上坝道路宜布置在地形较为平缓的坡面,以减少开挖工程量。路的"级差"一般为 20～30m。

（4）两岸陡峻,地质条件较差,沿岸坡修路困难,工程量大,可在坝下游坡面设计线以外布置临时或永久性的上坝道路。临时道路在坝体填筑完成后削除。

（5）在岸坡陡峻的狭窄河谷内,根据地形条件,有的工程用交通洞通向坝区。用竖井卸料以连接不同高程的道路,有时也是可行的。

三、坝内临时道路布置

1. 堆石体内道路

根据坝体分期填筑的需要,除防渗体、反滤过渡层及相邻的部分堆石体要求平起填筑外,不限制堆石体内设置临时道路,其布置为"之"字形,道路随着坝体升高而逐步延伸,连接不同高程的两级上坝道路。为了减少上坝道路的长度,临时路的纵坡一般较陡,为 10% 左右,局部可达 12%～15%。

2. 穿越防渗体道路

心墙、斜墙防渗体应避免重型车辆频繁穿越,以免破坏填土层面。如上坝道路布置困难,而运输坝料的车辆必须通过防渗体,应有可靠的保护措施或者调整防渗体填土工艺,在防渗体坝面布置临时道路。

黑河黏土心墙砂卵石堆石坝,砂卵石料全部取自下游河床,采用 45t 自卸汽车运输,汽车经由坝下游坡面的永久道路上坝。坝体上游区填料运输,汽车必须穿越心墙。心墙坝面采用分两区平起填筑,在分段处铺设 0.8m 厚的砂卵石料,形成 12m 宽的过心墙道路,两区高差 5～10m。填土前临时道路应全部挖除,并将路基填土层处理合格,方可继续填土。见图 5-1。

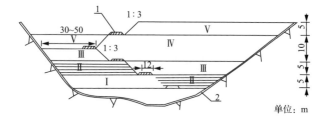

图 5-1　黑河坝穿越心墙道路布置示意图

1—道路;2—混凝土盖板;Ⅰ、Ⅱ、Ⅲ、Ⅳ、Ⅴ—心墙填筑层次序

四、土石坝施工道路技术标准

土石坝施工道路的技术等级和参数,由于工程规模、地形条件、汽车型号等的差异,当前国内土石坝工程修筑道路采用(参考)的技术标准尚不一致。有的工程采用露天矿山标准,有的采用公路标准。根据小浪底、黑河、天生桥一级等工程的施工经验,土石坝施工道路推荐采用露天矿山道路Ⅱ级及Ⅲ级技术标准修建,建议 1 级坝用Ⅱ级,2 级坝用Ⅲ级道路标准。坝区汽车运输道路技术标准应根据各路段的总运输量、运输高峰强度、使用时间、选用车型、行车密度等因素确定。部分工程施工道路技术标准见表 5-1。

表 5-1　　　　部分工程施工道路技术标准

序号	项　目	单位	小浪底	黑河	鲁布革	碧口	天生桥
1	坝体总填筑量	万 m³	4900	820	222	397	1800
2	坝体填筑高峰强度	万 m³/月	157	57	22.3	27.7	118
3	行车密度	车次/h	30～85	26～68			

序号	项　目	单位	小浪底	黑河	鲁布革	碧口	天生桥
4	汽车载重量	t	65	45	10～20	12.5	32
5	采用标准		露矿Ⅱ级	露矿Ⅱ级			露矿Ⅱ、Ⅲ级
6	路面宽	m	16.5	12	10	8	11～13
7	最大纵坡		8%	8%	6%	11%	
8	最小转弯半径	m	30	15		10	
9	路面结构		泥结碎石	泥结碎石		土路	混凝土

第二节　土料防渗体施工

特别提示

土料防渗体施工注意事项

★防渗体填筑过程中出现"弹簧土"现象、层间光面、松土层、干土层、粗粒富集层或剪切破坏等，应处理合格后铺填新土。

★防渗体的铺筑应连续作业，如因故需短时间停工，其表面土层应洒水湿润，保持含水率在控制范围之内。如需长时间停工，则应铺设保护层，复工时予以清除。

★防渗体填筑面上散落的松土、杂物应于铺料前清除。

★穿越防渗体部位道路应经常更换位置，不同填筑层道路应错开布置，对超压土体应予以处理。

一、坝面填筑作业规划

1. 结构形式及填筑材料

防渗体按结构形式分为心墙（斜心墙）、斜墙两类，其填筑材料包括黏性土、砾质土、风化料及掺和料。

2. 主要工序

防渗体坝面填筑分为铺料、压实、取样检查三道主要工序,还有洒水、刨毛、清理坝面、接缝处理等工作。

3. 坝面填筑作业规划应遵循的原则

(1) 坝面施工应保证工序衔接,分段流水作业。

(2) 流水作业方向和工作段的划分应与坝面尺寸相适应,坝面流水工作段布置形式如表 5-2 所示。为保证各工序同时工作,坝面划分的工段数目应至少等于工序数目;在坝面较大或上坝强度比较低的情况下,工作段数可大于工序数。

(3) 土料填筑工序应根据填筑面大小、铺料方式、施工强度、施工季节等因素,按基本作业内容进行划分。防渗体土料与反滤料施工配合密切,拟定施工工序时,一般应将土料与反滤料的施工工序统一考虑。

表 5-2   坝面流水工作段布置形式

工作段布置形式	图　　　示	适　用　条　件
垂直坝轴流水	① ② ③ ④	坝体底部或心墙宽度较大,一般宽度为 40～80m
平行坝轴流水	① ② ③ ④	坝体顶部或心墙宽度较小,一般宽度 10～20m
交叉流水	① ② ③ ④	心墙面长、宽、尺寸相近,一般宽度 80m 以上

注:①、②、③、④表示铺土、平土、碾压、质检工序;→表示流水作业方向。

4. 坝面填筑作业规划应符合的规定

(1) 心墙防渗体应同上下游反滤料及相邻部分坝壳料平起填筑,跨缝碾压。宜采用先填反滤料后填土料的平起填筑法施工。

(2) 斜墙防渗体宜与下游反滤料及相邻部分坝壳料平起填筑,也可滞后于坝壳料填筑,但需预留斜墙、反滤料和部分坝壳料的施工场地,已填筑坝壳料必须削至合格面,方可进行下道工序。

（3）工作段的平面尺寸应满足施工机械作业的要求，宽度应大于碾压机械错车与压实最小宽度，或卸料汽车最小转弯半径的 2 倍，长度主要考虑碾压机械作业要求，不宜小于 40m。

二、土料铺填

1. 铺料方法

铺料分为卸料与平料两道工序。选择铺料方法主要考虑以下两点：一是坝面平整、铺料层厚均匀，不得超厚；二是对已压实合格土料不过压，防止产生剪力破坏。

防渗体土料铺筑应沿坝轴线方向进行，采用自卸汽车卸料，推土机平料，宜增加平地机平整工序，便于控制铺土厚度和坝面平整。推土机平料过程中，应采用仪器或钢钎及时检查铺层厚度，发现超厚部位应立即进行处理。土料与岸坡、反滤料等交界处应辅以人工仔细平整。铺料方法有以下几种：

（1）进占法铺料。防渗体土料应用进占法卸料，即汽车在已平好的松土层上行驶、卸料，用推土机向前进占平料，如图 5-2 所示。这种方法铺料不会影响洒水、刨毛作业。

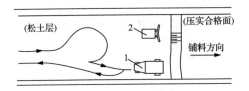

图 5-2　汽车进占铺料法

1—自卸汽车；2—推土机

（2）后退法铺料。汽车在已压实合格的坝面上行驶并卸料，如图 5-3 所示。此法卸料方便，但对已压实土料容易产生过压，对砾质土、掺和土、风化料可以选用。应采用轻型汽车（20t 以下），在填土坝面重车行驶路线要尽量短，且不走一辙，控制土料含水率略低于最优值。

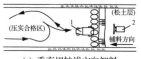 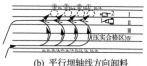

(a) 垂直坝轴线方向卸料　　　(b) 平行坝轴线方向卸料

图 5-3　汽车后退法铺料

①、②、③、④—汽车卸料顺序；Ⅰ、Ⅱ、Ⅲ、Ⅳ—推土机平料顺序；

1—自卸汽车；2—推土机

2. 进入防渗体时道路布置

(1) 布置好坝面临时施工道路,在心墙或斜墙边沿设置专门"路口",尽量减少载重车辆在土料坝面的行驶距离。运土车辆进入心墙的道路布置见图 5-4。

(2) 穿越心墙、斜墙的临时道路及运土临时"路口",应经常更换位置,不同填筑层应交错布置。

(3) "路口"超压及混入坝壳砂石料的土体,应及时挖除,按要求重新填土。可在"路口"处先铺 0.3～0.5m 厚的松土,当全工作段铺土完毕,及时挖除"路口"填土。

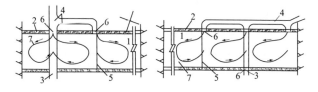

图 5-4　坝面运土汽车道路布置图

1—心墙或斜墙；2—反滤层；3—穿越心墙临时道路；4—运土道路；

5—填土工作段界限；6—专用路口；7—运土汽车行驶线

(4) 通过心墙运输坝壳料的车流量很大,或车型较大(32t 以上)时,应用砂石料铺设专用道路,路基部位填土前应清除砂石填料。

三、土料压实

1. 主要压实机械及施工特点

根据压实作用力来划分,通常有碾压、夯击、振动压实三种机具。随着工程机械的发展,又有振动和碾压同时作用的振动碾,产生振动和夯击作用的振动夯等。常用的压实机有以下几种。

(1)羊脚碾。羊脚碾的外形如图5-5所示,适于黏性土料的压实。它与平碾不同,在碾压滚筒表面设有交错排列的截头圆锥体,状如羊脚。钢铁空心滚筒侧面设有加载孔,加载大小根据设计需要确定。加载物料有铸铁块和砂砾石等。碾滚的轴由框架支承,与牵引的拖拉机用杠辕相连。羊脚的长度随碾滚的重量增加而增加,一般为碾滚直径的1/6~1/7。羊脚过长,其表面面积过大,压实阻力增加,羊脚端部的接触应力减小,影响压实效果。重型羊脚碾碾重可达30t,羊脚相应长40cm。拖拉机的牵引力随碾重增加而增加。

图5-5 羊脚碾外形图
1—碾滚筒;2—羊脚;3—杠辕框架

羊脚碾的羊脚插入土中,不仅使羊脚端部的土料受到压实,而且使侧向土料受到挤压,从而达到均匀压实的效果,如图5-6所示。在压实过程中,羊脚对表层土有翻松作用,无须刨毛就能保证土料良好的层间结合。

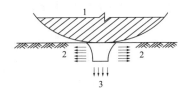

图5-6 羊脚对土料的正压力和侧压力
1—碾滚;2—侧压力;3—正压力

(2)振动碾。这是一种振动和碾压相结合的压实机械,如图 5-7 所示。它是由柴油机带动与机身相连的附有偏心块的轴旋转,迫使碾滚产生高频振动。振动功能以压力波的形式传到土体内。非黏性土料在振动作用下,土粒间的内摩擦力迅速降低,同时由于颗粒大小不均匀,质量有差异,导致惯性力存在差异,从而产生相对位移,使细颗粒填入粗颗粒间的空隙而达到密实。然而,黏性土颗粒间的黏结力是主要的,且土粒相对比较均匀,在振动作用下,不能取得像非黏性土那样的压实效果。

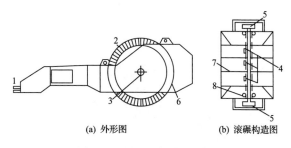

(a) 外形图　　　　　(b) 滚碾构造图

图 5-7　SD8013.5 振动碾示意图

1—牵引挂钩;2—滚碾;3—轴;4—偏心块;5—皮带轮;6—车架侧壁;
7—隔板;8—弹簧悬架

　　由于振动作用,振动碾的压实影响深度比一般碾压机械大 1~3 倍,可达 1m 以上。它的碾压面积比振动夯、振动器压实面积大,生产效率很高。国产 SD8013.5 型振动碾,全机重 13.5t,振动频率 1500~1800 次/min,效率高达 600m³/h。振动碾压实效果好,使非黏性土料的相对密度大为提高,坝体的沉陷量大幅度降低,稳定性明显增强,使土工建筑物的抗震性能大为改善。故抗震规范明确规定,对有防震要求的土工建筑物必须用振动碾压实。振动碾结构简单,制作方便,成本低廉,生产率高,是压实非黏性土石料的高效机械。

　　(3)气胎碾。气胎碾有单轴和双轴之分。单轴的主要构造是由装载荷重的金属车厢和装在轴上的 4~6 个气胎组成。碾压时在金属车厢内加载,并同时将气胎充气至设计压力。为延长气胎寿命,停工时用千斤顶将金属厢支托起来,并把胎内的气放掉,如图5-8所示。

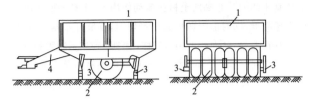

图 5-8 拖行单轴式气胎碾
1—金属车厢;2—充气轮胎;3—千斤顶;4—牵挂杠辕

　　气胎碾在碾压土料时,气胎随土体的变形而变形。随着土体压实密度增加,气胎的变形也相应增加,从而使气胎与土体的接触面积随之增大,始终能保持较为均匀的压实效果,如图5-9所示。它与刚性碾比较,气胎不仅对土体的接触压力分布均匀而且作用时间长,压实效果好,压实土料厚度大,生产效率高。

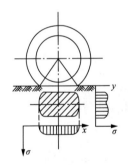

图 5-9 气胎碾压实应力分布图

　　气胎碾可根据压实土料的特性调整胎内压力,使气胎对土体的压力始终保持在土料的极限强度内。通常气胎的内压力,对黏性土以$(5\sim6)\times10^5$Pa、非黏性土以$(2\sim4)\times10^5$Pa为宜。平碾的碾滚是刚性的,无法适应土体的变形,荷载过大会使碾滚的接触应力超过土体极限强度,这就限制了这类碾朝重型方向发展。气胎碾却不然,随着荷载的增加气胎与土体的接触面增大,接触应力仍不致超过土体的极限强度。所以只要牵引力能满足要求,就不妨碍气胎碾朝重型高效方向发展。早在 20 世纪 60 年代,美国就生产了重 200t 的超重型气胎碾。由于气胎碾既适宜于压实黏性土料,又适宜于压实非黏性土料,能做到一机多用,有利于防渗土料与坝壳土料平起同时上升,用途广泛,很有发展前途。

(4) 夯板。夯板可以吊装在去掉土斗的挖掘机臂杆上,借助卷扬机操纵绳索系统使夯板上升。夯击土料时将索具放松,使夯板自由下落,夯实土料,其压实铺土厚度可达 1m,生产效率较高。对于大颗粒填料可用夯板夯实,其破碎率比用碾压机械压实大得多。为了提高夯实效果,适应夯实土料特性,在夯击黏性土料或略受冰冻的土料时,尚可将夯板装上羊脚,即成羊脚夯。

夯板的尺寸与铺土厚度 h 密切相关。在夯击作用下,土层沿垂直方向应力的分布随夯板短边 b 的尺寸而变化。当 $b=h$ 时,底层应力与表层应力之比为 0.965;当 $b=h/2$ 时,底层应力与表层应力比为 0.473。若夯板尺寸不变,表层和底层的应力差值,随铺土厚度增加而增加。差值越大,压实后的土层竖向密度越不均匀。故选择夯板尺寸时,尽可能使夯板的短边尺寸接近或略大于铺土厚度。

夯板工作时,机身在压实地段中部后退移动,随夯板臂杆的回转,土料被夯实的夯迹呈扇形。为避免漏夯,夯迹与夯迹之间要套夯,其重叠宽度为 10~15cm,夯迹排与排之间也要搭接相同的宽度。为充分发挥夯板的工作效率,避免前后排套压过多,夯板的工作转角以不大于 80°~90° 为宜,如图 5-10 所示。

2. 压实方法

(1) 错距法压实。碾压机械压实方法已趋标准化,即均采用进退错距法,此法碾压与铺土、质检等工序分段作业容易协调,便于组织平行流水作业。碾压遍数较少时也可采用一次压够遍数、再错车的方法。

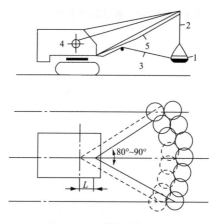

图 5-10　夯板及其工作示意图

1—夯板；2—提升索；3—操纵索；4—机房；5—支杆

（2）碾压方向。应沿坝轴方向进行。在特殊部位，如防渗体截水槽内或与岸坡结合处，应用专用设备在划定范围沿接坡方向碾压。

（3）防渗体分段碾压时，相邻两段交接带碾迹应彼此搭接，垂直碾压方向不小于 0.3～0.5m，顺碾压方向应为1.0～1.5m。

（4）碾压行车速度。一般取 2～3km/h，不得超过 4km/h。

3. 注意事项

（1）防渗体填筑过程中出现"弹簧土"现象、层间光面、松土层、干土层、粗粒富集层或剪切破坏等，应处理合格后铺填新土。

（2）防渗体的铺筑应连续作业，如因故需短时间停工，其表面土层应洒水湿润，保持含水率在控制范围之内。如需长时间停工，则应铺设保护层，复工时及时清除。

（3）防渗体填筑面上散落的松土、杂物应于铺料前清除。

（4）穿越防渗体部位道路应经常更换位置，不同填筑层道路应错开布置，对超压土体应予以处理。

四、坝面土料含水率调整及层面处理

1. 坝面土料含水率调整

土料含水率调整应在料场进行，仅在特殊情况下可考虑在坝面做少许调整。

（1）土料加水。当上坝土料的平均含水率与碾压施工含水率相差不大，仅需增加 1%～2% 时，可采用在坝面直接洒水。

加水方式分为汽车洒水和管道加水两种。汽车喷雾洒水均匀，施工干扰小，效率高，宜优先采用。管道加水方式多用于施工场面小、施工强度较低的情况。

加水后的土料一般应以圆盘耙、犁、平地机使其掺和均匀。

粗粒残积土在碾压过程中，随着粗粒被破碎，细粒含量不断增多，压实最优含水率也在提高。碾压开始时比较湿润的土料，到碾压终了可能变得过于干燥，因此，碾压过程中要适当地补充洒水。

（2）土料的干燥。当土料的含水率大于施工控制含水率上限的 1% 以内时，碾压前可用圆盘耙、犁、平地机在填筑面进行翻松晾晒。

（3）在干燥和气温较高天气，为防止填土表面失水干燥，应做喷雾加水养护。

2. 填土层接结合面处理

当使用平碾、气胎碾及轮胎牵引自行凸块碾等机械碾压时，在坝面将形成光滑的表面。为保证土层之间结合良好，对于中高坝防渗体或窄心墙，铺土前必须将压实合格面洒水湿润并刨毛深 1～2cm。对低坝，经试验论证后可以不刨毛，但仍须洒水湿润，严禁在表土干燥状态下铺填新土。

刨毛机具目前尚无定型产品，随着施工机械的不断完善，已不再使用专用刨毛机具，而在平料机械上附设刨毛耙齿。

第三节 反滤层施工

反滤层施工工序及注意事项

顺序	名称	注意事项
1	卸料	1.卸料次序应"先粗后细",即按"堆石料—过渡料—反滤料"次序卸料; 2.车型的大小应与铺料宽度相适应,卸料方式应尽量减少粗细料分离; 3.当反滤层宽度大于3m时,可沿反滤层以后退法卸料; 4.反滤料在备料场加水保持潮湿,也是减少铺料分离的有效措施
2	铺料	铺料厚度要匀,超径不合格的料块应打碎,杂物应剔除。铺料时应避免汽车穿越反滤层进入防渗体,造成防渗土料与反滤料混杂
3	界面处理	1.反滤层填筑必须保证其设计宽度,填土与反滤料的"犬牙交错"带宽度一般不得大于填土层厚的1.5倍; 2.避免界面上的超径石集中现象。采用"先粗后细"顺序铺料时,应在清除界面上的超径石后,再铺下一级料; 3.反滤层填筑采用"先砂后土法",铺一层反滤料,填筑两层土料,采用齐平碾压的施工方法进行施工。铺第二层土前可将反滤料移至设计线
4	压实	1.普遍采用振动平碾。应优先选用自行振动碾,不宜采用牵引式的拖拉机履带板; 2.当防渗体土料与反滤料,反滤料与过渡料或坝壳堆石料填筑齐平时,必须用平碾骑缝碾压,跨过界面至少0.5m

反滤层填筑与相临的防渗体土料、坝壳料填筑密切相关。合理安排各种材料的填筑顺序,既可保证填料的施工质量,又不影响坝体施工速度,这是施工作业的重点。

一、反滤层填筑次序及适用条件

反滤层填筑方法大体可分为削坡法、挡板法及土砂松坡接触平起法三种。20 世纪 60 年代以后,与机械化施工相应的反滤层宽度较大,主要与人力施工相适应的削坡法和挡板法已不再采用。土砂松坡接触平起法能适应机械化施工,已成为趋于规范化的施工方法。该方法一般分为先砂后土法、先土后砂法、土砂平起法几种,它允许反滤料与相邻土料"犬牙交错",跨缝碾压。

1. 先土后砂法

先土后砂法如图 5-11(a)所示,先填 2~3 层土料,压实时边缘留 30~50cm 宽松土带,一次铺反滤料与黏土齐平,压实反滤料,并用气胎碾压实土砂接缝带。此法容易排除坝面积水;因填土料时无侧面限制,施工中有超坡,且接缝处土料不便压实。当反滤料上坝强度赶不上土料填筑时,可采用此法。

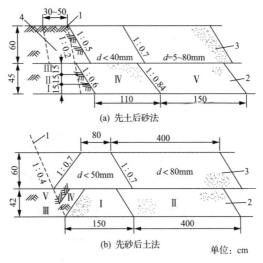

(a) 先土后砂法

(b) 先砂后土法

单位:cm

图 5-11　土、砂平起施工示意图

1—心墙设计线;2—已压实层;3—未压实层;4—松土带;
Ⅰ、Ⅱ、Ⅲ、Ⅳ、Ⅴ—填料次序

2. 先砂后土法

即先铺反滤料,后铺土料。先砂后土法如图 5-11(b)所示,先在反滤料设计线内用反滤料筑一小堤,再填筑 2~3 层土料与反滤料齐平,然后压实反滤料及土料接缝带。此法填土料时有反滤料作侧限,便于控制防渗土体边线,接缝处土料便于压实,宜优先采用此法。

二、反滤料铺填

反滤料填筑分为卸料、铺料、界面处理、压实几道工序。

1. 卸料

采用自卸汽车卸料,车型的大小应与铺料宽度相适应,卸料方式应尽量减少粗细料分离。当铺料宽度小于 2m 时,宜选用侧卸车或 5t 以下后卸式汽车运料。较大吨位自卸汽车运料时,可采用分次卸料或在车斗出口安装挡板,以缩窄卸料出口宽度。

为了减少反滤层与土料及堆石料分区界面上粗、细料的分离,方便界面上超径石的清除,自卸汽车卸料次序应"先粗后细",即按"堆石料—过渡料—反滤料"次序卸料。当反滤层宽度大于 3m 时,可沿反滤层以后退法卸料。反滤料在备料场加水保持潮湿,也是减少铺料分离的有效措施。

2. 铺料

一般较多采用小型反铲(斗容 1m³)铺料,也有使用装载机配合人工铺料,当反滤层宽度大于 3m 时,可采用推土机摊铺平整。

3. 界面处理

(1)反滤层填筑必须保证其设计宽度,填土与反滤料的"犬牙交错"带宽度一般不得大于填土层厚的 1.5 倍。

(2)为了保证填料层间过渡,要避免界面上的超径石集中现象。采用"先粗后细"顺序铺料时,应在清除界面上的超径石后,再铺下一级料。使用小型反铲将超径石移放至与本层相邻的粗料区或坝壳堆石区。

(3)反滤层填筑采用"先砂后土法",铺一层反滤料,填筑两层土料,齐平碾压的施工方法已趋规范化。为了使第二层土界面靠近防渗体设计线,铺第二层土前可将反滤料移至设计线。

4. 压实

（1）压实机械。普遍采用的是振动平碾,压实效果好,效率高,与坝壳堆石料压实使用同一种机械。因反滤层施工面狭小,应优先选用自行振动碾,牵引式的拖拉机履带板易使不同料物混杂。

（2）反滤料碾压的一般要求。当防渗体土料与反滤料,反滤料与过渡料或坝壳堆石料填筑齐平时,必须用平碾骑缝碾压,跨过界面至少 0.5m。

（3）反滤层压实工程实例。见表 5-3。

表 5-3　　　　　　　　反滤层压实工程实例

工程名称	施工方法	压实机具	压实施工要点	土砂接合部填土质量
碧口（心墙）	先砂后土或先土后砂法（1 砂 3 土）	砂:13.5t 振动碾;土:16.4t 羊足碾;土、砂接缝:2.5t 夯板	1. 先用振动碾碾压,再用夯板夯打接缝填土; 2. 土砂混合料在上新料前要用人工进行清理并置于心墙边30cm 范围内,与新料一同压实	达到 1.62～1.82t/m³（设计填土密度1.7t/m³）
石头河（心墙）	先砂后土法（1 砂 2 土）	砂:14.0t 振动碾;土:羊足碾和气胎碾	1. 每压实一层土料后,人工挖除土砂合部位不合格土料; 2. 振动碾碾压 6～8 遍,并骑缝压实土砂结合带,压实土料宽度不小于 0.5m	土、砂接缝设计填土干密度 1.65t/m³,合格率为70.3%
升钟（心墙）	挡板法	砂:HZR250 型平板振动打夯机;土:靠反滤砂 0.8m 宽范围内用蛙夯夯实	1. 在挡板保护下先夯实心墙土料,并给砂料洒水,洒水量为填砂量的 25%～30%; 2. 拔出挡板,夯砂料 7～9 遍	

工程名称	施工方法	压实机具	压实施工要点	土砂接合部填土质量
鲁布革（心墙）	先砂后土法（1 砂 2 土）	砂：碾重 10.6t，自行振动平碾；土：碾重 8.7t，自行振动凸块碾	1. 心墙土料压实层厚 25cm；2. 结合带用装载机轮胎补压	
小浪底（斜心墙）	先砂后土法先土后砂法	砂：碾重 17t，自行振动平碾；土：碾重 17t，自行振动凸块碾	1. 反滤料与土料铺层厚度相同（0.25m），振动平碾骑缝碾压；2. 2 层反滤料与 1 层过渡料齐平，2 层过渡料与 1 层堆石齐平跨缝碾压	

第四节　坝壳料施工

特别提示

坝壳料碾压一般要求

★除坝面特殊部位外，碾压方向应沿坝轴线方向进行。一般均采用进退错距法作业。在碾压遍数较少时，也可一次压够后再行错车的方法。

★施工主要参数铺料厚度、碾压遍数、加水量等要严格控制；还应控制振动碾的行驶速度，符合规定要求的振动频率、振幅等参数。振动碾应定期检测和维修，始终保持在正常工作状态。

★分段碾压时，相邻两段交接带的碾迹应彼此搭接，垂直碾压方向，搭接宽度应不小于0.3～0.5m，顺碾压方向应不小于1.0～1.5m。

土石坝坝壳料按其材料分为堆石、风化料、砂砾（卵）石三类。不同材料由于其强度、级配、湿陷程度不同，施工采用的机械及工艺亦不尽相同。

一、坝面填筑作业规划

坝面填筑作业包括铺料、碾压、取样检查三道主要工序，还有洒水、超径石处理等工作。坝壳特殊部位，如分期填筑接缝、靠近岸坡结合带及坝体上下游坡面应采用专门施工方法进行处理。

为了提高施工效率，避免相互干扰，坝面各工序应按流水作业法连续进行。

（1）根据坝体填筑分期规划，将同一期填筑坝面按主要工序数目划分为几个面积大致相等的填筑区段，在各区段依次完成填筑的各道工序。为便于碾压机械操作，区段长度取 $50 \sim 100 \mathrm{m}$ 为宜。

（2）坝壳料的填筑始终应保证防渗体的上升。少雨期填筑与防渗体相邻的坝壳料，多雨期或负气温期填平补齐上下游坝壳料。

（3）坝壳料填筑应与拦洪度汛要求密切结合，汛前安排填筑坝体上游部分断面，满足拦洪度汛高程，汛期则可继续填筑下游部分坝休，尽可能实现均衡施工。

（4）坝壳料区可以根据需要设置上坝临时施工道路，填料分区应与临时道路布置统盘规划，以减少不同工序施工机械相互干扰。

二、坝壳料铺填

1. 坝壳料铺填机械选择

（1）自卸汽车运输直接上坝。总结国内外土石坝施工经验可以得出，坝体方量在 500 万 m^3 以下的，以 30t 级以下自卸汽车为主，大于 500 万 m^3 的应以 45t 级以上自卸汽车为主。

（2）坝面用以摊铺、平料的推土机，为了便于控制层厚，不影响汽车卸料作业，其动力应与石料最大块径、级配相适应，功率一般不宜小于 200hp（1hp＝745.70W），300hp 以上也是可取的。

2. 坝壳料铺填方法

(1) 坝壳石料铺料基本方法分为进占法、后退法、混合法三种，其铺料特点及适用条件见表5-4。

表5-4　　　　　　汽车运输不同铺料方法比较

铺料方法	图　示	特点及适用条件
进占法		推土机平料容易控制层厚，坝面平整，石料容易分离，表层细粒多，下部大块石多，有利于减少施工机械磨损，堆石料铺填厚度1.0m
后退法		可改善石料分离，推土机控制不便，多用于砂砾石和软岩；层厚一般小于1.0m
混合法		适用铺料层厚大（1.0～2.0m）的堆石料，可改善分离，减少推土机平整工作量

(2) 堆石料一般应用进占法铺料，堆石强度在60～80MPa的中等硬度岩石，施工可操作性好。对于特硬岩（强度＞200MPa），由于岩块边棱锋利，施工机械的轮胎、链轨节等损坏严重，同时因硬岩堆石料往往级配不良，表面不平整影响振动碾压实质量，因此施工中要采取一定的措施，如在铺层表面增铺一薄层细料，以改善平整度。

(3) 级配较好的石料，如强度30MPa以下的软岩堆石料，砂砾（卵）石料等，宜用后退法铺料，以减少分离，有利于提高密度。

(4) 不管用何种铺料方法，卸料时要控制好料堆分布密度，使其摊铺后厚度符合设计要求，不要因过厚而难以处理。尤以后退法铺料更需注意。

3. 坝面超径石处理

(1) 对于振动碾压实，石料允许最大粒径可取稍小于压实层厚；气胎碾可取层厚的1/2～2/3。

(2) 超径石应在料场内解小，少量运至坝面的大块石或漂石,在碾压前应做处理。一般是就地用反铲挖坑将之掩埋在层面以下,或用推土机移至坝外坡附近,作护坡石料。少量超径石也可在坝面用冲击锤解小。

(3) 坝壳料铺填工程实例。见表5-5。

表 5-5　　　　　　部分土石坝坝壳料铺填实例

工程名称	坝高/m	坝型	坝体填筑量/万 m³	料物类别	自卸汽车吨位/t	卸料方式	铺层厚/m	铺料推土机动力/hp*	振动平碾碾重/t
碧口	101.8	心墙	97	砂砾石堆石	12.5	进占法	1.0～1.5	120	13.5(拖)
石头河	114	心墙	835 (614)	砂砾(卵)石	18	后退法	1.0	100	13.5(拖)
鲁布革	103.8	心墙	396	堆石	20	进占法	0.8～1.0	320	10.6(自)
小浪底	154	斜心墙	4900 (3163.8)	堆石	60	进占法	1.0	287	17(自)
黑河	130	心墙	825 (603)	砂砾(卵)石	45	后退法	1.0	520	17.5(自)

注:1. 坝体填筑量栏为填筑总量,括弧内为坝壳料填筑量。

2. 表中碾重对于自行式为总机重,(拖)为牵引式振动平碾,(自)为自行式振动平碾,自行式碾总重约为碾滚重的1.5倍。

* 1hp=745.7W。

三、坝壳料压实

坝壳透水料和半透水料的主要压实机械有振动平碾、气胎碾等。

振动平碾适用于堆石与含有漂石的砂卵石、砂砾石和砾质土的压实。振动碾压实功能大,碾压遍数少(4～8 遍),压实效果好,生产效率高,应优先选用。气胎碾可用于压实砂、砂砾料、砾质土。

1. 坝壳料碾压一般要求

(1) 除坝面特殊部位外,碾压方向应沿坝轴线方向进行。一般均采用进退错距法作业。在碾压遍数较少时,也可一次压够后再行错车的方法。

（2）铺料厚度、碾压遍数、加水量等施工主要参数要严格控制；还应控制振动碾的行驶速度，符合规定要求的振动频率、振幅等参数。振动碾应定期检测和维修，始终保持在正常工作状态。

（3）分段碾压时，相邻两段交接带的碾迹应彼此搭接，垂直碾压方向，搭接宽度应不小于 0.3～0.5m，顺碾压方向应不小于 1.0～1.5m。

2. 加水

为提高堆石料、砂砾石料的压实效果，减少后期沉降量，一般应适当加水，但大量加水需增加工序和设施，影响填筑进度。

（1）加水的作用。堆石料加水的主要作用，除在颗粒间起润滑作用以便压实外，更重要的是软化石块接触点，在施工期间造成石块尖角和边棱破坏，使堆石体更为密实，以减少坝体后期沉降量。砂砾料在洒水充分饱和条件下，才能达到有效的压实。

（2）加水量。堆石、砂砾料的加水量还不能给出一个明确的标准，一般依其岩性、细粒含量而异。对于软化系数大、吸水率低（饱和吸水率小于 2%）的硬岩，加水效果不明显，经对比试验确定，也可不加水碾压。对于软岩及风化岩石，其填筑含水量必须大于湿陷含水量，最好充分加水，但应视其天然含水量及降水情况而定。如加水碾压将引起泥化现象时，其加水量应通过试验确定。堆石加水量依其岩性、风化程度而异，一般约为填筑量的 10%～25%；砂砾料的加水量宜为填筑量的 10%～20%，对小于 5mm 含量大于 30% 及含泥量大于 5% 的砂砾石，其加水量宜通过试验确定。

（3）加水方法。一般多用供水管道人工洒水，此法费用较低，但坝面施工机械运行对管道的安装及供水干扰很大，管道损坏也比较严重，作业面大时人工洒水难以覆盖，影响加水效果。汽车洒水机动灵活，洒水方便，白溪坝采用高位水池结合用 32t 自卸汽车改装的水车在坝面加水，效果较好。有的工程采用在自卸汽车运输途中用水箱对车厢中的石料进行加水湿润，以减少坝面作业工序。用车载的高压水枪加水，覆盖面大，也可使用。

对砂砾料或细料较多的堆石，宜在碾压前洒水一次，然后边加水、边碾压，力求加均匀。对含细粒较少的大块堆石，宜在碾压前洒水一次，以冲掉填料层面上的细粒料，改善层间结合。但碾压前洒水，大块石裸露不利于振动碾碾压。对软岩堆石，由于振动碾压后表面产生一层岩粉，碾压后也应洒水，尽量冲掉表面岩粉，以利层间结合。有些特殊物料，需进行洒水效果及洒水工艺试验。

第五节 接合部位施工

一、接缝处理

1. 坝壳与岸坡接合部的施工

坝壳与岸坡或混凝土建筑物接合部位施工时，汽车卸料及推土机平料，易出现大块石集中、架空现象，且局部碾压机械不易碾压。该部位宜采用如下施工技术措施：

（1）与岸坡接合处 2m 宽范围内，可沿岸坡方向碾压。不易压实的边角部位应减薄铺料厚度，用轻型振动碾或平板振动器等压实机具压实。

（2）在接合部位可先填 1～2m 宽的过渡料，再填堆石料。

（3）在接合部位铺料后出现大块石集中、架空处应予处理。

2. 坝壳填料接缝处理

坝壳分期分段填筑时，在坝壳内部形成了横向或纵向接缝。由于接缝处坡面临空，压实机械作业距坡面边缘留有 0.5～1.0m 的安全距离，坡面上存在一定厚度的松散或半压实料层。另外，铺料过程中难免有部分填料沿坡面向下溜滑，这更增加了坡面较大粒径松料层的厚度，其宽度一般为 1.0～2.5m。坝壳料接缝部位压实宜采用留台法和削坡法。

二、铺盖填筑

（1）铺盖地基处理完成，经验收后方可填筑。

（2）铺盖在坝体内与心墙或斜墙连接的部分，应与心墙或斜墙同时填筑。坝外铺盖的填筑，应于库内充水前完成。

（3）铺盖完成后，应及时按设计设计要求铺设保护层，已建成铺盖内不得打桩、挖坑、埋设电杆等。

三、截水槽回填

（1）在槽基处理完成，将渗水排除，进行地质描述，并经验收后进行回填。

（2）槽基填土应从低洼处开始，填土面宜保持水平，不得有积水。

（3）槽内填土在 50cm 之内，采用轻型压实机具薄层碾压；厚度达 50cm 以上时，采用选定的压实机具和碾压参数压实。

四、防渗体与坝基接合部位的填筑

（1）对于黏性土、碎（砾）石土坝基，应将表面含水率调整至施工含水率上限，用凸块振动碾压实，再铺土压实。

（2）对于无黏性土坝基铺土前，坝基应洒水压实，经验收后可根据设计要求回填反滤料和第一层土料。第一层土料的铺土厚度可适当减薄，含水率应调整至施工含水率上限，宜采用轻型压实机具压实，压实干密度可略低于设计干密度要求。填至 0.50~1.00m 以上时，可选用碾压试验选定的压实机具和碾压参数正常碾压。

（3）饱和抗压强度小于 10MPa 的软弱地基，表层第一层填土应采用轻型机具压实，填筑至 1m 以上时可采用振动凸块碾、气胎碾压实。

五、防渗体与复合土工膜接合部位的填筑

（1）复合土工膜施工完成经验收后进行回填。

（2）宜使用粒径偏细的防渗土料。

（3）宜选择小型运输设备进占法卸料。

（4）复合土工膜上铺土厚度在 0.5m 之内，宜分层采用轮胎薄层静压；厚度达 0.5m 以上时，宜采用选定的压实机具薄层静碾压；0.8～1.2m 以上可采用选定的压实机具和碾压参数正常碾压。

（5）复合土工膜上 0.2～1.2m 范围压实标准宜按照低于设计标准 2%～3%控制。

六、防渗体与混凝土面或岩石面接合部位填筑

（1）混凝土防渗墙顶部局部范围用高塑性黏土回填，其回填范围、回填土料的物理力学性质、含水率、压实标准应满足设计要求。

（2）防渗体与混凝土齿墙、坝下埋管、坝基廊道、混凝土防渗墙两侧及顶部一定宽度和高度内土料回填宜选用黏性土，且含水率应调整至施工含水率上限，采用轻型碾压机械压实，两侧填土应保持均衡上升。

（3）填土前，混凝土表面乳皮、粉尘及其上附着杂物应清除干净。

（4）在混凝土或岩石面上填土时，应洒水湿润，并边涂刷浓泥浆、边铺土、边夯实，浓泥浆涂刷高度应与铺土厚度一致，并应与下部涂层衔接，不得在泥浆干涸后铺土和压实。泥浆土与水质量比宜为 1∶3.0～1∶2.5，宜通过试验确定；填土含水率控制应大于最优含水率 1.0%～3.0%，并用轻型碾压机械碾压，适当降低干密度，待厚度在 0.8m 以上时方可用大型压实机具和碾压参数正常压实。

（5）压实机具可采用振动夯、蛙夯及小型振动碾等。

（6）填土与混凝土表面、岸坡岩面脱开时必须予以清除。

七、防渗体与岸坡接合部位填筑

（1）防渗体与岸坡接合带的填土宜选用黏性土，其含水率应调整至施工含水率上限，选用轻型碾压机具薄层压实，局部碾压不到的边角部位可选用小型机具压实，严禁漏压或欠压。

（2）防渗体结合带填筑施工参数应由碾压试验确定。

（3）防渗体与其岸坡接合带，垂直方向碾压搭接宽度不应小于1m。

（4）岸坡过缓时，接合处碾压后土料因侧向位移出现"爬坡、脱空"现象，应将其挖除。

（5）接合带碾压取样合格后方可继续铺填土料。铺料前压实合格面应洒水并刨毛。

第六节　雨季填筑和负温下填筑

一、雨季填筑

土石坝防渗体土料在雨季施工，总的原则是"避开、适应和防护"。一般情况下应尽量避免在雨季进行土料施工；选择对含水量不敏感的非黏性土料以适应雨季施工，争取小雨日施工，以增加施工天数；在雨日不太多、降雨强度大、花费不大的情况下，采取一般性的防护措施也常能奏效。

1. 施工总体安排

（1）分析当地水文气象数据，确定雨季各种坝料施工天数，合理选择施工机械设备数量，制定雨季施工措施。

（2）根据水文气象预报，合理安排填筑时段，提前做好防雨准备，把握好雨后复工时机。

（3）宜将心墙坝的心墙和两侧反滤料与部分坝壳料在晴天筑高，雨天继续填筑坝壳料，保持坝面稳定上升。

2. 土料填筑

（1）土料宜安排在少雨季节施工。在雨季或冬季进行土料掺和时，应研究施工的可靠性和防雨、保温措施。

（2）心墙和斜墙的填筑面应面向上游倾斜，宽心墙和均质坝填筑面应中央凸起并向上下游倾斜，以利排泄雨水和避免局部积水，倾斜坡度可取 $2.0\%\sim4.0\%$。

（3）应适当缩小防渗体填筑区域，土料应及时平整、压实。

（4）降雨来临之前，应将已平整但尚未碾压的松土层，用振动平碾快速碾压形成光面，防止雨水渗入，并将防渗体填筑面上的机械设备撤离停至坝壳区。

（5）雨后复工，首先人工排除防渗体表层局部积水，若防渗体未压实ま土含水率过大，可分别采用翻晒、晾晒或清除处理；应将被泥土混杂和污染的反滤料予以清除，不得在有积水、泥泞的坝面上填土。

（6）对多雨地区的土料施工，可适当安排施工程序。在雨季心墙停工，填筑坝壳料，旱季集中力量填筑心墙及相邻的反滤料与坝壳料，也可收到良好效果。

3. 砂砾石及堆石料填筑

砂砾石及堆石料雨季可以继续施工，应防止降雨期间重型汽车对泥结石路面严重破坏以及轮胎带进泥沙污染填筑坝料，并应保证汽车安全行驶。

二、负温下填筑

我国北方的广大地区，每年都有较长的负气温季节。为了争取更多的作业时间，需要根据不同地区的负气温条件，采取相应措施进行负气温下填筑。

负气温下土料填筑可分为露天施工和暖棚法施工两种。暖棚法施工所需器材多，一般只是在小范围内进行。露天施工可在大面积进行，需要严格控制填筑质量。负气温下土料填筑工作效率低，成本高，质量较难保证，如非十分必要，以停工为宜。

1. 施工总体安排

（1）编制专项施工措施，并根据气象预报，做好坝料选择、保温、防冻措施。

（2）应在坝基冻结前预先填筑 1.0～2.0m 松土层或采取其他防冻措施，坝基冻结后无显著冰夹层和冻胀现象，可进行填筑。

（3）如因下雪停工，复工前应清理坝面积雪，检查合格后复工。

2. 负温下土料露天填筑

（1）应缩小露天土料施工填筑区，并使铺土、碾压、取样作业快速连续,压实时土料温度应在−1℃以上。当日最低气温低于−10℃,或低于0℃以下且风速大于10.0m/s时,应停止施工。

(2)黏性土的含水率应不大于塑限的90%。

(3)土料不允许夹有冰雪、冻块,且不得加水。在未冻结的黏性土中,允许含有少量小于5cm的冻块。冻块在填筑土层中须均匀分布,其允许含量与土温、土料性质、压实机具及压实标准有关,需通过试验确定。负温下土料填筑,必要时采取减薄层厚、加大压实功能等措施,保证质量要求。

(4)必须对填土表面风干冻土进行清除处理。含水率合适、未风干的轻微冻土,可迅速翻耙、整平,并用凸块碾击碎后,快速铺填。

(5)应做好压实土层的防冻保温工作,避免土层冻结。停止填筑时,防渗料表面应加以保护,防止冻结,在恢复填筑时清除。

3. 负温下堆石和砂砾料露天填筑

(1)砂砾料中粒径小于5mm的细料含水率应小于4%。最好采装地下水位以上或较高气温季节堆存的砂砾料。

(2)在负气温下填筑砂、砂砾料及堆石,冻结后压实层的干密度仍能达到设计要求可继续填筑。

(3)负温下填筑砂砾料与堆石不应加水,可采取减薄层厚、增加遍数、加大压实功能等措施,以保证达到设计要求。

(4)填筑层面不得有积雪及冰冻层。

4. 暖棚法填筑

暖棚法是在日最低气温低于−10℃时,利用简易的结构和保温材料,将需要填筑的坝体工作面临时封闭起来,使之在正温条件下施工。暖棚法施工费用较高,生产效率低,只有在经过技术、经济论证以后,确认其对加快施工进度具有不可替代的效益时,方可考虑采用。

暖棚内的增温,可用焦炭或锅炉管道系统等。不论采用何种供热方法,均需注意安全防火。

第七节　土石坝加高

一、土石坝加高形式

土石坝加高形式随原坝体结构的不同而异。一般情况下，当加高的高度不大时，在坝体稳定的前提下，常用"戴帽"的形式，原坝轴线位置不变，具体形式如图5-12；当加高的高度较大，用"戴帽"的形式不能满足其稳定要求时，一般是坝后培厚加高，原坝轴线下移，上游设置土质斜墙或混凝土面板与老坝体心墙（混凝土防渗墙）相连接，如图5-13、图5-14所示。特殊情况下，也有从坝前培厚加高者。

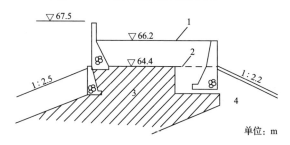

图 5-12　某坝坝顶加高断面图
1—加高坝顶；2—原坝顶；3—斜墙；4—砂砾

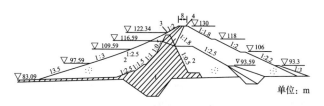

图 5-13　某坝扩建加高断面图
1—心墙坝；2—原砂壳；3—原坝顶；4—加高坝顶

二、施工技术要求

1. 地基处理

（1）拆除在施工范围内的建筑物（如水电站、变电所、输

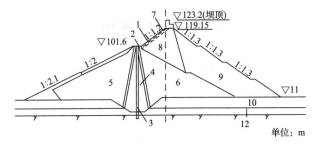

图 5-14 某坝扩建加高断面图

1—混凝土面板；2—混凝土趾板；3—混凝土防渗墙；4—老坝黏土心墙；
5、6—老坝砂砾石坝壳；7—垫层及过渡层；8—主堆石区；9—下游堆石区；
10—地基砂砾石层；11—堆渣；12—地基强风化层

水道出口、坝下公路、桥涵等)以及原有的排水体。

(2) 坝基加宽部分需拆除的人工填层及堆置的弃料，应全部清除并挖至砂砾层顶面，其表层干密度应不低于原坝基的自然干密度。

(3) 坝基施工排水和永久排水设施设置有其特殊性，要审慎安排。

(4) 两坝肩的清理与新建工程相同。

2. 原坝拆除及坝体填筑

(1) 拆除原坝顶防浪墙、灯座及路面等。一般采用松动爆破开挖，人工或挖掘机装汽车运出。

(2) 为防止原心墙发生干缩裂缝，坝顶可预留 0.5m 厚的保护层，心墙临空面应全部覆盖，并加强表层养护工作，防止暴晒、雨淋和冻融破坏。随着新填筑体的上升，逐层对原心墙进行刨毛洒水，改善与新填土体的结合条件。如暴露的心墙临空面高差太大，需开挖成安全边坡，以防坍塌。

(3) 原坝壳拆除之砂砾料，如符合设计标准，可直接用于铺筑新坝体；否则，可按代替料使用。

(4) 大坝填筑要尽可能使土、砂、石平衡上升，按不同的料物及运距，配置一定比例的挖运机械，安排好轻重车辆行驶线路和平起施工方法，以满足大坝平衡上升填筑强度的要求。

（5）防渗体雨季施工时，需采取相应的雨季填筑措施，填筑面应有适当的排水坡度。

3. 坝体观测设备的恢复和补设

为了监测土石坝的工作状况及其变化，保证其加高前后观测数据的连续性，对各种观测设备必须及时恢复与补设。特别是对浸润线观测管，既要对原管进行检查和鉴定，确定哪些管需要报废重设，哪些管需要保留加高，又要考虑需要增设必要的观测断面，重新布孔和施工。

【实例】　丹江口左岸土石坝加高工程

丹江口左岸土石坝加高工程有初期工程坝顶混凝土（含防浪墙）和房屋拆除、坝面清理、左坝头局部开挖、土石坝加高工程扩大部分和延长部分坝基开挖、坝体填筑（含坝脚排水棱体）、上游混凝土护坡（含预制混凝土加糙墩）及坝顶混凝土防浪墙混凝土浇筑、止水片施工、坝顶公路路基和混凝土路面、坝顶人行道预制混凝土构件制作和安装、人行道砖砌体施工、埋件施工、下游护坡排水沟砌筑、下游护坡工程施工、初期工程左坝头接头部位防渗体高喷补强、土石坝延长部分坝基帷幕灌浆（包括压浆板施工）、坝顶房屋建筑等施工项目。施工时段为 2005 年至 2010 年。土石坝由 162m 加高到 176.6m。

丹江口左岸土石坝加高工程总计工程量为：土石方开挖为 18.76 万 m^3，坝体填筑 197.60 万 m^3，现浇混凝土 4.65 万 m^3，预制混凝土 1.17 万 m^3，草皮护坡 5.26 万 m^3 等。主要加高断面见图 5-15。

填筑施工特点、难点及对策：

（1）本工程填筑施工工具有量大、填筑面狭窄、填筑项目多的特点。

本工程填筑总方量约 197.6 万 m^3；填筑部位主要为原土石坝贴坡加厚、加高及其延长坝段加高、新建左坝头副坝等；填筑物料包括黏土料、反滤料、坝壳砂卵石料、坝壳石渣料、棱体排水等，搭接部位多且处理工程量较大，工艺复杂。

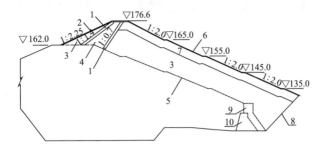

图 5-15 丹江口左岸土石坝加高断面图

1—反滤层；2—现浇混凝土护板，砂砾石垫层；3—砂卵石；4—黏土；

5—初期加固工程下游坡面线；6—草皮混凝土格栅护坡，格栅内填壤土；

7—石渣；8—原地面线；9—加固下挡墙；10—初期下挡墙

为此采取如下措施：

1）加大设备之间协调力度，合理、配套使用设备；

2）尽量加大每一填筑单元面积，以减少接头处理工程量，同时提高填筑质量；

3）汛期加大备料力度，尤其是坝壳砂卵石料、反滤料，其料源开采受泄洪影响较大。

（2）黏土料填筑受雨季影响较大。

为此采取如下措施：

1）黏土填筑是土石坝施工重点，应高度重视，严格施工工艺，填筑面应采取可靠保护措施，严格按照设计、规范及业主、监理工程师指示进行施工；

2）在与混凝土、基岩相接部位，严格按照设计要求进行填筑施工；

3）合理安排填筑施工时段，汛期尽量避开填筑高峰期。

（3）与一般的水利工程不同，本工程为大坝加高项目，土石坝加高大方量填筑集中在原坝顶高程162m以下坝后贴坡，受场地影响，坝体填筑强度相对较高，难度较大。

为此采取如下措施：

1）充分利用现有地形，对开挖部位简单、方量较少的区

域优先开挖施工,合理安排施工部位,尽早进行填筑施工,以降低填筑施工强度;

2) 分段提前进行原土石坝背水侧坡面处理,以加快填筑进度;

3) 合理选用填筑运输设备,方便在较窄部位施工;

4) 合理选用碾压设备,根据碾压试验,尽量加大填筑层厚,减少填筑循环,加快填筑施工进度。

第八节 排水设施与护坡施工

一、排水设施施工

1. 排水体施工

(1) 应选择质地坚硬,其抗水性、抗冻性、抗压强度及排水能力均满足设计要求的石料,严格控制细粒含量和含泥量,不得超出设计允许范围。

(2) 可在排水堆石体内设置施工纵缝和横缝,宜采用预留平台方式逐层收坡。

(3) 坝内竖式排水体宜与两侧防渗体平起施工。也可先填防渗体,将防渗体挖槽后再填排水体,每层排水体回填厚度应不超过 600mm。

(4) 水平排水带铺筑的纵坡及铺筑厚度、透水性应符合设计要求。施工时,反滤料和排水料应严格按设计图纸施工。

(5) 坝内排水管路的地基应夯实,排水管材、管径、间距及排水管路纵坡应符合设计要求。排水管滤孔及接头部位应仔细铺设反滤层。

2. 减压井施工

(1) 减压井的位置、井深、井距、井径结构尺寸及所用滤料级配及其他材料均应符合设计要求。

(2) 减压井及深式排水沟的施工应在库水位较低时期内进行。

(3) 减压井钻进过程中应进行地质描绘、绘制柱状图,如发现原地层资料有较大出入,应及时回馈并做相应处理。

(4) 钻孔验收后方可安装井管,井管应连接顺直牢固,并封好底管,反滤料回填宜采用导管法以避免分离。

(5) 装好井管后,应采用鼓水法和抽水法进行洗井工作。洗井后,应进行抽水试验。

(6) 施工过程中和抽水结束后,应及时做好井口保护设施。

二、护坡施工

坝体上下游护坡施工,一般包括坡面修整、垫层铺设、护坡施工三道主要工序,还有马道(或下游上坝道路)、排水沟等项目施工。护坡施工安排,以稍滞后于坝体填筑,与坝体同步上升为宜。

1. 护坡类型及施工特点

(1) 堆石护坡。堆置层厚大,施工工艺简单,适于机械化作业,护坡与坝体填筑同步上升。

(2) 干(浆)砌石护坡。工期安排和现场布置灵活,耗用护坡石料数量比堆石护坡少。主要为人工操作,用劳力多。有的工程从堆石料中挑选大块石,运至坡面码放,用人力或机械略加整理,效果良好。

(3) 混凝土护坡。用于缺乏护坡石料的地区。分为砌筑预制板(块)和现场浇筑两种类型。后者一般采用滑动模板施工。

(4) 沥青混凝土护坡。沥青混凝土为热施工,需专用设备,施工工艺要求高,一般不用。

(5) 水泥土护坡。用于缺乏护坡石料地区和均质坝,施工除制备(拌和)水泥土料外,其他工艺与碾压土料相同。也可用水泥土预制块砌筑。

(6) 草皮护坡。适用于温暖湿润地区中小型坝的下游护坡,主要由人力施工。

(7) 卵石、碎石护坡。用于小型坝下游护坡,能充分利用工程开挖料及筑坝弃料,施工工艺简单。也有用混凝土梁做成框格,在其空间填筑卵石、碎石的护坡型式。

2. 坝坡坡面修整

在铺设坝体上下游垫层前,应先对坡面填料进行修整。修整的任务是,削去坡面超填的不合格石料,按设计线将坡面修整平顺。

修整方法分为反铲、推土机、人工操作三种。人工操作多作为辅助工作配合施工。

(1) 反铲修整。坝壳料每填筑 2~4 层,在坝面用白灰示放出坝坡设计线,反铲沿线行走,逐条削除设计线以外的富裕填料,将其放置在已压实合格的坝面上。反铲操作灵活,可适应各种坝料,容易与坝体填筑协调,同步上升。

(2) 推土机修整。对于黏性土料、砾质土、砂砾料,且坡度缓于 1:2.5 的坝,可直接采用推土机削坡及修整。推土机作业可分为以下两种方式。

1) 自下而上修整。削坡料可推至坝面进行填筑。坝体每填筑到适当高度(如 10~15m),即进行一次修整。

2) 自上而下修整。对于低坝往往采用此种方式。推土机由坝顶向坝脚修整,削坡料弃在坝脚适当部位或转运上坝填筑。推土机作业不能一次削至设计线,应分次削坡、整平,并需要人工配合修整。

3. 混凝土护坡施工

(1) 现浇混凝土护坡施工。

1) 碧口坝。上游混凝土护坡采用滑动模板浇筑,面板厚 0.3m,分块宽度为 10m,不设水平缝,接缝填塞沥青木板条。

2) 丹江口左岸土石坝。上游护坡现场浇筑混凝土,板块厚 0.2m,分块 5m×5m,混凝土用汽车运输上坝,用滑槽入仓,平板振动器振捣及人工插扦振捣。垂直缝涂 1cm 厚黄泥浆,水平缝面涂刷沥青,为加快施工进度,水平缝采用预制混凝土板条、板面涂沥青隔块浇筑。排水孔间距 1m,孔径 6cm。排水孔曾用 3 种方法施工:①埋入内径为 6cm 的竹管;②埋设有预留孔的混凝土预制块,上部尺寸 12cm×12cm,下部尺寸 16cm×16cm,高度与板厚相同;③护坡混凝土浇筑后用风钻打孔。

3）黑河坝。上游护坡原设计为干砌块石护坡，因采石场场地狭小，开采不便，且运距近 40km，后改为现浇混凝土护坡。

混凝土护坡厚 0.4m，横向分块宽度为 10m，沿坡面 24.2m 设水平缝，接缝嵌置厚 15m 的低发泡聚氯乙烯塑料板，排水管为直径 10cm 塑料管，其间距为 2m。垫层料为小于 80mm 的砂砾石，厚为 40cm。

施工程序及方法是：坝体每填筑 3m 高，用 1m³ 反铲削坡，修整坡面→20t 自卸汽车沿坡面卸垫层料→反铲按标示桩铺料→坝体升高 10～20m（坡长 30～50m），用 10t 斜坡振动碾压实垫层料→滑动模板浇筑混凝土。混凝土用搅拌车运输，用铁溜槽沿坝坡面输送。

护坡水平分缝高程是根据坝体度汛高程、马道位置等因素综合分析而定。

根据试验确定垫层料超铺 20cm（水平宽），作为振动碾压实余量。

现场浇筑混凝土护坡宜采用无轨滑膜进行浇筑，应按设计要求分缝并做好排水孔，其厚度应符合设计要求。

（2）预制混凝土块（板）护坡施工。预制块（板）在坡面上用卷扬机牵引平板车向下运输，人工砌筑。升钟坝上游护坡为两层干砌混凝土块，混凝土块尺寸为 0.4m×0.4m×1.0m，预制块下部用砾石或碎石调平，预制块之间留 1～2cm 的缝隙，用细粒石填塞。

预制混凝土块（板）护坡宜预制生产，在坡面上用卷扬机牵引平板车向下运输，人工自下而上砌筑。

4．块石护坡施工

块石护坡施工包括铺设垫层和堆（砌）块石两道工序。其施工安排宜采取与坝体同步上升，边填筑坝体边进行护坡施工；对于低坝或施工机械不足的情况，可采取在坝体填筑完毕后，再进行护坡施工。

（1）护坡与坝体同步施工。

1）机械作业。坝体填筑每升高 2～4m，铺设垫层料前放出标明填料边界和坡度的示坡桩,每隔 10m 左右设一个。按示坡桩进行坡面修整后,先铺筑垫层料再填筑护坡石料。两种料均采用自卸汽车沿坡面卸料,用反铲摊铺。反铲能将大小块石均匀铺开、充填缝隙,并沿垂直坡面方向击打护坡料,以压实、挤密堆石。这种方法填筑护坡料密实、坡面平整、填筑偏差小。

对于堆石坝坡,也可将堆石料中的超径石或大块石用推土机运至坡面,大头向外码放,辅以机械和人工整理平顺填实,形成摆石护坡与坝面填筑同步上升。近期修建的堆石坝多有应用。

2) 人工操作。坝体上升一定高度后进行,其高度结合坝坡马道或下游上坝道路的设置确定,一般为 10m 左右。垫层料与块石坝面运输可采用钢板溜槽自上而下送到填料部位。垫层料用人工铺料,人工或轻便机夯夯打,充分洒水,分层填筑;块石为人工撬移、码砌。

(2) 坝体填筑完毕后的护坡施工。对于低坝或坝坡较缓(大于 1 : 2.5)的坝,垫层料和护坡石料在坡面运输,可采用拖拉机牵引小型自卸汽车沿坡面下放至卸料点,也可用钢板溜槽自上而下输送。垫层料的铺筑,可用推土机自下而上摊铺、压实,人工辅助作业。护坡块石采用人工砌筑。

5. 草皮护坡施工

在黏性土坝坡上先铺腐殖土,施肥后再撒种草籽或植草。草种应选择爬地矮草(如狗爬草、马鞭草等)。升钟坝坝壳为砂岩石渣,下游坝坡修整好后,自卸汽车将土从坝顶倾卸至下游坝面,用推土机均匀铺 20cm 厚的土层,在铺好的土层上撒种草籽。为防止暴雨对坡面的冲刷,应在坡面设置横向和纵向排水沟,排水沟用混凝土预制板干砌,断面尺寸为 30cm×30cm。

6. 碎石、卵石护坡施工

碎石、卵石护坡一般用于下游坡的护面。碎石从采石场开挖,也可用筛分的卵石。护坡铺设简单、造价低。卵石护坡一般用浆砌石(或混凝土)在坝坡筑成棱型或矩形格网,格网内铺筑垫层料和卵石。碎石护坡因碎石咬合力强,可不设格网。坡面施工主要使用人力作业,宜采用稍滞后于坝体填筑并与坝体同步上升的方式,以节省坡面料物运输人力消耗。

第六章

非土质材料防渗体施工

第一节　沥青混凝土防渗体施工

一、施工方法分类及特点

1. 施工方法分类见表6-1。

表6-1　　　　沥青混凝土防渗体施工方法分类

类别	简述
碾压法	将热拌沥青混合料摊铺后,经碾压成型,可用于大中型土石坝的面板或心墙施工。该方法比较成熟,在国内外应用较广
浇筑法	此法所用热拌沥青混合料,沥青含量较多,高温时流动性较好,靠自重密实,一般适用于严寒地区土石坝心墙和混凝土坝上游面及砌石坝上游面的防渗面板

2. 施工特点

(1) 沥青混凝土面板和心墙共同的施工特点。

1) 防渗体较薄,工程量小,机械化程度高,施工速度快。施工需专用施工设备和经过施工培训的专业人员完成。

2) 高温施工,施工顺序和相互协调要求严格。

3) 防渗体不需分缝分块,但与基础、岸坡及刚性建筑物的连接需谨慎施工。

4) 相对土防渗体而言,沥青混凝土防渗体不因开采土料而破坏植被,利于环保,但需外购沥青。

(2) 沥青混凝土面板和心墙不同的施工特点。

1) 面板铺筑与坝体填筑不同时进行,互相干扰小;而心墙铺筑与坝体填筑同时进行,互相干扰较大。

2) 面板大面积薄层斜坡铺筑,铺筑设备较复杂且保温性较差,受雨季、低温等气候条件影响大;而心墙小面积厚层平面铺筑,保温性较好,铺筑设备较简单且受气候条件影响较小。

3) 面板施工缺陷较易检查与处理,而心墙较难。

4) 面板一般不能边施工边蓄水;而心墙可随坝高连续施工,可边施工边蓄水。

二、铺筑强度

1. 沥青混合料的铺筑强度

$$P = W k_c k / D t \qquad (6-1)$$

式中:P——沥青混合料的铺筑强度,t/h;

$\quad W$——防渗体沥青混合料的工程量,t;

$\quad D$——有效铺筑天数,d;

$\quad t$——日工作时数,h/d,为保证施工质量和安全,一般夜间不施工;

$\quad k_c$——铺筑超量系数,取决于施工技术水准和施工设备,对于面板一般取 1.05,对于心墙一般取 1.07~1.15;

$\quad k$——均匀系数,可取 1.2~1.4。

2. 有效铺筑天数

$$D = d_0 - d_1 - d_2 + d_3 \qquad (6-2)$$

式中:D——有效铺筑天数,d;

$\quad d_0$——铺筑工期,d,可按日平均气温 5℃以上的日历天数计;

$\quad d_1$——因雨、低温停工的天数(日平均气温低于 5℃,日降雨量大于 5mm),d;

$\quad d_2$——放假天数,d;

$\quad d_3$——雨日、低温日与假日重迭天数,d。

3. 摊铺设备能力和施工条件

(1) 沥青混合料的铺筑强度应考虑摊铺机的台数及摊铺机的铺筑能力。铺筑水工沥青混合料的摊铺机行驶速度为 1~3m/min,面板摊铺宽度一般为 3~5m,心墙摊铺宽度为 0.5~1.2m。心墙铺筑一般每天两层,最多三层,每层 20cm。

（2）面板与基础、岸坡及刚性建筑物连接处施工，铺筑强度将会降低，条件限制时这些部位需人工铺筑。心墙与基础和岸坡的联接部位需人工铺筑。对于较窄的坝基，沥青混合料的铺筑强度会受到一定的影响。

三、原材料

（1）沥青。沥青混凝土面板所用沥青主要根据工程地点的气候条件选择，而心墙所用沥青主要根据工程的具体要求选择。一般采用水工沥青，也可采用道路沥青、改性沥青。

（2）粗骨料。粗骨料是指粒径大于 2.5mm 的骨料。粗骨料应满足坚硬、洁净、耐久等技术要求。粗骨料以宜采用碱性骨料（石灰岩、白云岩等）破碎的碎石粗骨料，当采用天然卵石时不应超过总量的 1/2，采用酸性碎石必须经过论证。

（3）细骨料。细骨料是指粒径小于 2.5mm 且大于 0.075mm 的骨料。细骨料可以是碱性岩石加工的人工砂或小于 2.5mm 的天然砂，也可以是两者的混合，天然砂总量不宜超过总量的 1/2。细骨料应满足坚硬、洁净、耐久和适当的颗粒级配等技术要求。

（4）填料。填料是指粒径小于 0.075mm 的用碱性岩石（石灰岩、白云岩等）磨细得到的岩粉填料，一般可从水泥厂购买，其技术要求见有关施工规范，滑石粉、普通硅酸盐水泥和粉煤灰等在论证后也可作为填料。

（5）掺料。为了改善沥青混凝土的高温热稳定性或低温抗裂性，或提高沥青与矿料的黏结力，可在沥青中加入掺料。掺料的品种、掺量和沥青混凝土性能的改善程度需经试验研究确定。

四、沥青混合料的制备与运输

1. 沥青混合料制备工艺及生产布置

（1）沥青混合料拌和场位置的选择原则：①宜靠近铺筑现场，运距在 3km 内；②应在工程爆破危险区以外，远离易燃品仓库，不受洪水威胁，排水条件良好；③应远离生活区及其他作业区，并宜设在施工区的下风处。

（2）沥青混合料拌和系统工艺流程。水工沥青混合料制备工艺流程目前主要有循环作业式和综合作业式。循环作业式多用于中小型工程和浇筑式沥青混凝土,工程示例见图6-1。综合作业式多用于大中型工程,示例见图6-2、图6-3。

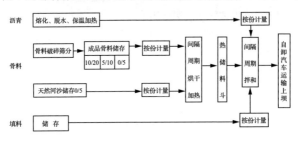

图 6-1　坎尔其沥青混凝土心墙坝简易沥青混合料拌和系统工艺流程

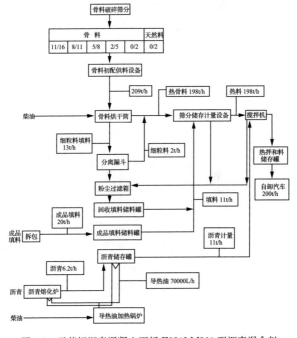

图 6-2　天荒坪沥青混凝土面板 E250LM260 型沥青混合料拌和系统工艺流程

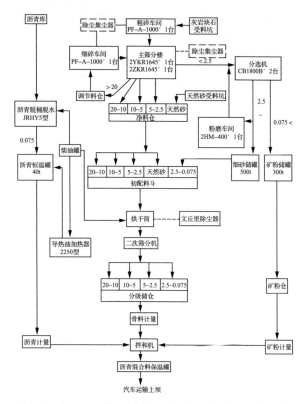

图 6-3　茅坪溪沥青混凝土心墙坝 LB1000 型沥青混合料拌和
系统工艺流程

（3）拌和场设备选择。拌和场设备的选择主要取决于工
程规模、工期和坝址气候条件。在确定水工沥青混凝土拌和
生产能力时，需注意到拌和设备的额定生产能力是以道路沥
青混凝土为物件的。用以制备水工沥青混凝土时，其生产能
力由于特定要求和条件限制而有所下降，水工沥青混凝土拌
和设备的额定生产能力应为设备用于道路沥青混凝土拌和
时的生产能力的50%～70%。M系列和LB系列强制间歇
移动式沥青混合料搅拌设备的基本性能见表 6-2。沥青混合
料搅拌设备主要技术参数见表 6-3。

表 6-2

沥青混合料搅拌设备的基本性能

产品型号	M750	M1500	M2000	M3000	LB500	LB1000	LB2000	LB3000
生产能力/(t/h)	45~60	90~120	120~160	180~240	30~40	60~80	120~160	180~240
每锅容量/kg	750	1500	2000	3000	500	1000	2000	3000
计量精度 砂石料（四种料累计）	±0.5%	±0.5%	±0.5%	±0.5%	±0.5%	±0.5%	±0.5%	±0.5%
计量精度 粉料（两种料累计）	±0.5%	±0.5%	±0.5%	±0.5%	±0.5%	±0.5%	±0.5%	±0.5%
计量精度 沥青	±0.3%	±0.3%	±0.3%	±0.3%	±0.3%	±0.3%	±0.3%	±0.3%
温度整制精度/℃	≤±5	≤±5	≤±5	≤±5	≤±5	≤±5	≤±5	≤±5
除尘效率/[mg/(N·m³)]	≤100	≤100	≤100	≤100	≤400	≤100	≤100	≤100
总装机容量/kW	182	390	470	725	130	348	510	750

表 6-3　　　　沥青混合料搅拌设备主要技术参数

产品型号	配料器		集料胶带机		干燥筒	
	长×宽 /(m×m)	斗容量 /m³	宽 /mm	功率 /kW	直径×长度 /(m×m)	功率 /kW
M750	2.0×2.75	6.9	500	4.0	1.6×5.5	15
M1500	2.2×3.6	9.5	650	5.5	1.8×7.0	30
M2000	2.2×3.6	9.5	650	7.5	2.2×7.0	45
M3000	2.4×3.6	11.5	800	7.5	2.8×9.5	30×4
LB500	2.0×2.5	3.5	500	2.2	1.2×5.2	7.5
LB1000	2.0×2.75	6.9	500	4.0	1.5×6.5	18.5
LB2000	2.4×3.6	11.5	650	5.5	2.2×8.0	15×4
LB3000	2.4×3.6	11.5	800	7.5	2.8×9.5	30×4

产品型号	筛网		称量斗容量			拌和锅	
	长×宽 /(m×m)	功率 /kW	石料 /kg	粉料 /kg	沥青 /kg	容量 /kg	功率 /kW
M750	1.5×2.6	7.5	750	150	113	750	18.5
M1500	1.5×4.0	7.5	1500	300	225	1500	37
M2000	1.8×5.0	15	2000	400	420	2000	45
M3000	2.1×6.0	18.5	3000	600	480	3000	75
LB500	0.9×2.22	2.2×2	500	100	100	500	22
LB1000	1.5×4.0	5.5×2	1000	200	150	1000	30
LB2000	1.8×5	11×2	2000	400	300	2000	75
LB3000	2.1×6.0	18.5	3000	600	480	3000	75

2. 沥青系统

(1) 沥青的供应与储存。沥青有桶装、袋装和散装三种。现水利工地多用桶装和袋装沥青。沥青场外运输及保管损耗率(包括一次装卸)可按 3% 计算,且每增加一次装卸按增加 1% 计。

桶装沥青不得横放或倒置。每桶沥青重 200kg(桶重约 25kg),桶的直径 60cm,高 90cm,一般放 1~2 层。袋装沥青应平放。每袋沥青重 50kg,一般码放 4~6 层。

（2）沥青熔化和脱水。对于桶装沥青或袋装沥青，现多用热油加热法和蒸汽加热法进行熔化。现在有专门的以导热油为介质来熔化、脱水、加热沥青的联合装置。

对于沥青中残留的水分，需在熔化、加热过程中进行脱水。沥青脱水是和熔化、加热结合进行的。沥青的脱水温度一般控制在110~130℃。

（3）沥青加热与输送。

沥青的加热温度和输送温度取决于沥青的针入度。针入度大则温度低，反之亦然。如针入度为70（1/10mm）的沥青，其泵送温度为110~120℃，拌和温度为150~160℃。恒温时间不得超过6h。

输送沥青多采用外部保温的双层管道，内管为沥青输送管，外管为导热油或蒸汽套管。抽送沥青的沥青泵视拌和厂系统而定。

3. 砂石料系统

（1）砂石料破碎。符合质量要求的碱性块石石料，其块度应符合破碎机对块石粒径的要求，块度一般要求小于20cm。破碎机应能生产粒形好和级配连续的矿料。破碎后的混合矿料应按设计要求进行筛分分级，一般要求分成10~20mm、5~10mm和小于5mm三级。小于5mm是否再分级取决于该级级配是否满足设计级配曲线要求和具体工程的要求。

天然河砂可以用作沥青混合料的骨料，但其质量和级配等应符合规定的技术要求。

（2）砂石料堆存。砂石料的贮存数量以满足10d左右的铺筑用量为宜，其堆放要求和堆场面积的计算与水泥混凝土拌和系统的砂石料堆场类似。

（3）砂石料初配加热。一般采用燃油内热式烘干机进行砂石料加热。烘干机干燥筒的倾角为3°~6°。砂石料的加热温度根据沥青混合料的机口温度确定，一般在170~190℃。加热1t砂石料约需重油8~12kg。

在砂石料加热过程中，应注意以下几点：①砂石料的级配应按其各粒径级配比例均匀投入烘干机;②根据砂石料的含水量,调整烘干机的喷油量和空气流量到最佳位置;③充分利用加热砂石料时回收的细料作填料用;④经二次筛分,贮存在热料仓中的各级砂石料应尽量均衡。

4. 填料系统

填料一般采用从水泥厂购买的碱性岩石粉料和破碎石料回收的粉料。填料应尽量采用罐装,也可采用袋装,放在防潮的棚内贮存。其存放要求和贮存设施的大小与水泥的存放要求类似,堆放量可按 $1.5 \sim 2t/m^2$ 计算。

填料一般不加热,而是通过高温的砂石骨料与比表面积较大的填料干拌以迅速提高填料的温度。若填料需加热,则加热温度一般为 $60 \sim 80℃$。

5. 沥青混合料拌制

(1)搅拌机。一般采用双轴强制式搅拌机,其额定生产能力如表 6-2 所示。细料比例较大时,拌和时间需相应延长,生产率将降低。

(2)搅拌时间。先加入骨料、填料干拌约 15s,然后喷入沥青拌和 $30 \sim 45s$,以拌和均匀、不出花白料为原则。

(3)出机温度。沥青混合料拌和后的出机温度,应使其经过运输、摊铺等热量损失后的温度能满足起始碾压温度的要求,并不得超过 $180℃$。不同针入度的沥青,其适宜的出机温度可参考表 6-4。

表 6-4   不同针入度沥青适宜的出机温度

针入度/0.1mm	拌和温度/℃	针入度/0.1mm	拌和温度/℃
$40 \sim 60$	$175 \sim 160$	$80 \sim 100$	$160 \sim 140$
$60 \sim 80$	$165 \sim 150$	$125 \sim 150$	$155 \sim 135$

6. 沥青混合料运输

(1)热拌沥青混合料应采用自卸汽车或保温料罐运输。自卸汽车运输时应防止沥青与车厢黏结。车厢应清扫干净,车厢侧板和底板可涂一薄层油水(柴油与水的比例可为 $1:3$)混合液。从拌和机向自卸汽车上装料时,应防止粗细骨料离析,每卸一斗混合料应挪动一下汽车位置。保温料罐运输时,底部卸料口应根据混合料的配合比和温度设计得略大一些,以保证出料顺畅。在转运或卸料时,出口处沥青混合料自由落差应小于 1.5m。

(2)运料车应采取覆盖篷布等保温、防雨、防污染的措施,夏季运输时间较短时,也可不加覆盖。

(3)沥青混合料运输车或料罐运输的运量应比拌和能力或摊铺速度有所富余。保温料罐可装混合料 $1.0 \sim 2.0 m^3$。

(4)位于坝面上的垂直起吊设备应配备专用接料斗或吊运料罐设施,并将接料斗或料罐中的混合料直接卸入摊铺机料斗或喂料车料斗。若用喂料车接料时,再由喂料车将混合料运输到摊铺机。

(5)沥青混合料运至摊铺地点后应检查拌和质量。不符合规定或已经结成团块、已被雨淋湿的混合料不得用于铺筑。

(6)心墙两侧的过渡料一般由自卸汽车运输上坝,按量倒在心墙一侧或两侧,或直接卸入挖掘机拖动的专用拖斗内,然后再由挖掘机将过渡料转运到摊铺机的过渡料受料斗内。

五、沥青混凝土面板施工

1. 沥青混凝土面板施工的准备工作

(1)趾墩和岸墩是保证面板与坝基间可靠连接的重要部位,一定要按设计要求施工。岸墩与基岩连接,一般设有锚筋,并用作基础帷幕及固结灌浆的压盖。其轴线应平顺,拐角处应曲线过渡,避免倒坡,以便于和沥青混凝土面板的连接。

(2)与沥青混凝土面板相连接的水泥混凝土趾墩、岸墩及刚性建筑物的表面在沥青混凝土面板铺筑之前必须进行处理。表面上的浮皮、浮渣必须清除,潮湿部位应用燃气或喷灯烤干,使混凝土表面保持清洁、干燥。然后在表面喷涂一层稀释沥青或乳化沥青,用量约 $0.15 \sim 0.20 kg/m^2$。待稀释沥青或乳化沥青完全干燥后,再在其上面敷设沥青胶或橡胶沥青胶。沥青胶涂层要平整均匀，不得流淌。如涂层较厚，可分层涂抹。

（3）与齿墙相连接的沥青砂浆或细粒沥青混凝土楔形体，一般可采用全断面一次浇筑施工，当楔形体尺寸较大时，也可分层浇筑施工，每层厚约 30~50cm，与岸墩相连接的楔形体必须采用范本，从下向上施工。范本每次安装长度以 1m 为宜。楔形体浇筑温度应控制在 140~160℃，边浇筑边用钢钎插捣。拆模时间视楔形体内部温度的降低程度而定，一般要求温度下降到沥青软化点以下方可拆模。

（4）对于土坝，在整修好的填筑土体或土基表面应先喷洒除草剂，然后铺设垫层。堆石坝体表面可直接铺设垫层。垫层料应分层填筑压实，并对坡面进行修整，使坡度、平整度和密实度等符合设计要求。垫层表面需用乳化沥青、稀释沥青或热沥青喷洒，乳化沥青喷洒量一般为 2.0~4.0kg/m²，热沥青一般为 1.0~2.0kg/m²。

2. 沥青混合料摊铺

（1）沥青混合料摊铺方法。土石坝碾压式沥青混凝土面板多采用一级铺筑。当坝坡较长或因拦洪度汛需要设置临时断面时，可采用二级或二级以上铺筑。一级斜坡长度铺筑通常不超过 120~150m。当采用多级铺筑时，临时断面顶宽应根据牵引设备的布置及运输车辆交通的要求确定，一般不小于 10~15m。

沥青混合料的铺筑方向多采用沿最大坡度方向分成若干条幅，自下而上依次铺筑。当坝体轴线较长时，也有沿水平方向铺筑的，但多用于蓄水池和管道衬砌工程。

（2）沥青混合料摊铺设备。典型的沥青混凝土面板铺筑设备如图 6-4 所示。

1）斜坡喂料车。喂料车的容量应大于保温料罐或专用卸料斗的容量，并保证摊铺机的连续摊铺。喂料车的容量一般为 1~5m³。

2）摊铺机。摊铺机是沥青混合料拌制、运输、摊铺和碾压整个施工过程的核心。摊铺机一般应具备以下功能：①具

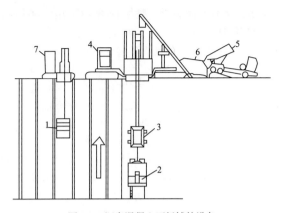

图 6-4 沥青混凝土面板铺筑设备

1—振动碾；2—摊铺机；3—喂料车；4—卷扬机台车；5—沥青混合料运输车
（保温料罐）；6—吊车；7—辅助卷扬机台车

有自动或半自动方式调节摊铺厚度及找平的装置，厚度一般
为 5～10cm；②具有足够容量的受料斗，在喂料车运料时能
连续摊铺，摊铺速度一般为 1～3m/min；③具有可加热的振
动熨平板或振动夯等初步压实装置；④摊铺机的宽度可以调
整，一般为 3.0～5.0m。

我国生产的履带式和轮胎式沥青混合料摊铺机主要性
能见表 6-5。

表 6-5 沥青混合料摊铺机主要性能

产品型号	履带式		轮胎式		
	GTLY750	LT700	LTY8	LT500	LT6E
基本摊铺宽度/m	2.50	2.50	2.50	2.80	2.80
最大摊铺宽度/m	7.50	7.00	7.25	5.00	4.50
运输重量/kg	21500	21500	15000	12000	10000
发动机额定功率/kW	89	89	89	46	35
理论摊铺能力/(t/h)	400	400	400	180	100
料斗容量/t	15	15	15	7	6
配置熨平板	机械加宽	液压伸缩	液压伸缩	液压伸缩	液压伸缩或机械加宽

（3）摊铺生产率。沥青混合料的摊铺生产率按摊铺机的生产率计算，一台摊铺机的生产率可按下式计算：

$$P = 60bvk \qquad (6-3)$$

式中：P——摊铺机的摊铺强度，m^2/h；

　　　　b——摊铺宽度，m；

　　　　v——摊铺速度，m/min；

　　　　k——时间利用系数，一般可取 0.8。

沥青混合料铺筑分层，根据目前的施工经验，整平胶结层和排水层多采用单层铺筑，而防渗层采用单层或二层铺筑。当多层铺筑时，上下层条幅错缝距离应大于 50cm。

（4）摊铺厚度。沥青混合料的松铺系数应根据混合料的配合比、施工机械和施工工艺等由现场试铺确定。机械摊铺时，松铺系数可取 1.15～1.30，人工摊铺时，取 1.25～1.50。

3. 沥青混合料压实

（1）沥青混合料应采用振动碾碾压，待摊铺机从摊铺条幅上移出后，用 2.5～8t 振动碾进行碾压。条幅之间接缝，当铺设沥青混合料后应立即进行碾实以获得最佳的压实效果。

（2）振动碾碾压时，应在上行时振动、下行时不振动。

（3）振动碾在碾压过程中有沥青混合料沾轮现象时，可向碾压轮洒少量水或加洗衣粉的水，严禁涂洒柴油。

（4）振动碾重量和碾压工艺的选择应根据现场环境温度、风力、摊铺条幅的宽度和厚度、摊铺机的摊铺速度经现场试验确定。

（5）碾压的初始温度和终止温度及碾压遍数应根据现场试验确定。当没有试验资料时，可参考表 6-6 选用。

表 6-6　　　　沥青混合料碾压温度　　　　（单位：℃）

项目	针入度/0.1mm		一般控制范围
	60～80	80～120	
碾压最佳温度	150～145	135	
初次碾压温度	125～120	110	150～120
二次碾压温度	100～95	85	120～80

4. 沥青混凝土面板接缝处理

（1）为提高整体性，接缝边缘通常由摊铺机铺筑成45°。

（2）当接缝处沥青混合料温度较低时（＜60℃），对接缝处的松散料应予清除，并用红外线或燃气加热器将接缝处20～30cm范围加热到100～110℃后再铺筑新的条幅进行碾压。有时在接缝处涂刷热沥青以增强防渗效果。

（3）对于防渗层铺筑后发现的薄弱接缝处，仍需用加热器加热并用小型夯实器压实。

5. 沥青混凝土面板封闭层施工

（1）封闭层一般由热沥青玛蹄脂（30％沥青、70％矿粉）或冷沥青乳剂涂刷而成。

（2）热沥青玛蹄脂封闭层厚约2mm，用带有橡胶刮板的涂刷机分二遍涂刷，涂刷第一遍的热沥青玛蹄脂会使防渗层表面潮气气化产生气泡，涂刷第二遍沥青玛蹄脂封堵气泡产生的针孔。

（3）热沥青玛蹄脂一般在气温10℃以上施工，温度控制在170～200℃。

（4）为防止流淌，有时在沥青玛蹄脂中掺入一些如纤维素等掺料作稳定剂。

6. 天荒坪工程实例

天荒坪抽水蓄能电站上水库利用天然洼地修建，四周布置有一座主坝和四座副坝。主、副坝均为沥青混凝土面板堆石坝，最大坝高72m。库底和坝坡沥青混凝土面板防渗总面积28.5万 m²。防渗面板工程从1995年5月8日开工至1997年8月26日通过验收，历时2年3个月。

沥青采用沙特沥青B80和B45，粗骨料为石灰岩碎石，细骨料为石灰岩人工砂和天然砂，填料为当地生产的石灰岩岩粉。此外，还有高分子聚酯网加筋材料、常规混凝土的接缝材料IGAS等塑性材料和乳化沥青、沥青涂料等涂层材料。

沥青混凝土面板施工工艺主要如下：

1）在验收合格后的下卧垫层表面喷洒阳离子乳化

沥青。

2）沥青混合料采用 20t 自卸汽车运输，供料最多时使用 5 辆。采用 2 台 ABG280 型摊铺机摊铺，摊铺宽度 3～5m。该摊铺机具有初压功能的加热熨平装置，既可用于平面也可用于斜坡摊铺。在库底采用 4.5t 的双轮振动碾压实，振压 3 遍，静压 2 遍。坝坡上采用 2 台 2.5t 振动碾压实，振压 4 遍，静压 2 遍。坝坡上采用 6m³ 喂料车从受料斗接料并送往摊铺机。

3）防渗层在库底和库坡上的厚度均为 10cm。库底用 4.5t 振动碾振压 4 遍，静压 3 遍；库坡用 2.8t 振动碾振压 6 遍，静压 3 遍。

4）防渗层与胶结层条幅错距大于 50cm。对防渗层的条幅冷接缝进行特殊处理。先将先铺筑条幅 45° 的边缘涂热沥青，再铺下一条幅。再用红外线加热器将接缝处混合料加热后用热夯器夯实。

5）在坡面和库底的过渡曲面上，及沥青混凝土与混凝土结构的连接部位有一层聚酯网格和 5cm 厚的沥青混凝土加厚层（配合比同防渗层）。将聚酯网格铺设在整平胶结层上，条幅之间搭接 15～20cm，然后喷涂阳离子乳化沥青，再在上面摊铺沥青混合料并压实。

6）混凝土与沥青混凝土的连接部位，先将表面凿毛并清理干净，待其干燥后涂一层沥青涂料，涂量 1.5kg/m²，干燥后再铺 3mm 厚 IGAS 塑性止水材料，在其上铺防渗层沥青混合料，局部沟槽用人工填实。对人工摊铺部位用 1t 振动碾或手扶动力夯压实。

7）沥青玛蹄脂封闭角厚 2mm，采用带有橡胶刮板的涂刷机涂刷 2 遍，工地还配备了用液化气加热的移动式沥青玛蹄脂搅拌机。施工质量检查项目及要求按施工规范结合具体情况制定。

六、碾压式沥青混凝土心墙施工

1. 施工的准备工作

（1）与沥青混凝土相接的水泥混凝土基座和岸坡垫座

应按设计要求施工。基座、垫座与基岩的连接一般设有锚筋,并用作基础帷幕灌浆的压盖。垫座应与岸坡平顺设置,坡度一般小于 $75°$。变坡处应曲线过渡。

(2) 与沥青混凝土心墙相连接的水泥混凝土基座、岸坡垫座等表面在沥青混凝土心墙铺筑之前必须进行处理。表面上的浮皮、浮渣必须清除掉,使表面保持平坦、粗糙、清洁、干燥。表面可进行打毛处理,必要时采用稀盐酸清洗。

(3) 为了使沥青玛蹄脂与混凝土表面结合紧密,可在表面涂刷热沥青、稀释沥青或阳离子乳化沥青等沥青涂料,用量约 $0.15\sim0.20\mathrm{kg/m^2}$。当沥青涂料中的水分完全挥发后,再在上面涂刷 $1\sim2\mathrm{cm}$ 厚砂质沥青玛蹄脂;或在混凝土表面涂刷掺入硬脂酸的砂质沥青玛蹄脂。

2. 混合料摊铺

沥青混合料摊铺分为机械摊铺和人工摊铺。沥青混凝土心墙大部分采用专用摊铺机摊铺,摊铺机摊铺不到的部位如心墙基座和与岸坡连接处的扩大头部,则采用人工摊铺。

专用摊铺机沿坝轴线方向将沥青混合料和心墙两侧过渡料同时摊铺,沥青混合料摊铺每层约 $23\sim25\mathrm{cm}$ 厚,由于过渡料与沥青混合料的压实性能不同,过渡料摊铺厚度稍大,摊铺速度一般为 $1\sim3\mathrm{m/min}$。

心墙摊铺宽度按设计要求从下向上可调,一般为 $1.20\sim0.60\mathrm{m}$,过渡料一般为 $2\sim4\mathrm{m}$ 宽度。不随摊铺机摊铺的过渡料则用其他设备摊铺。

每铺一层都要用金属细丝定位心墙中心线。摊铺操作者可通过监视系统驾驶摊铺机沿标定的心墙中心金属细线前进,中心线左右偏差控制在 $5\mathrm{mm}$ 以内。

摊铺机前部安装有吸尘器和燃气式红外加热器或电热式红外线加热器。在摊铺上一层前,必要时可对下面一层表面进行吸尘和加热,保证上下层结合紧密。

德国某公司心墙摊铺机作业工艺、挪威沥青混凝土心墙摊铺工艺和西安理工大学研制的沥青混凝土心墙摊铺机铺筑工艺的施工布置见图 6-5、图 6-6 和图 6-7。

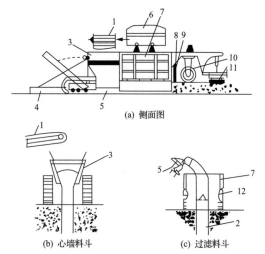

(a) 侧面图

(b) 心墙料斗　　　　　　　(c) 过滤料斗

图 6-5　德国某公司心墙摊铺机作业工艺

1—沥青混合料装料；2—心墙；3—沥青混合料料斗；4—红外加热器；5—滑动钢模；6—过渡料装料；7—过渡料料斗；8—过渡料刮板；9—沥青混合料预压装制；10—碾压机；11—三块振动板（中间块压心墙，可加热）；12—心墙保护罩

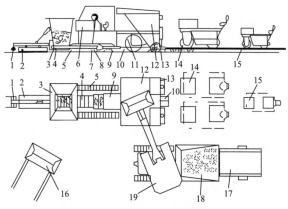

图 6-6　挪威沥青混凝土心墙摊铺工艺

1—吸尘器；2—红外加热器；3—沥青混合料料斗；4—刮板运输机；5—履带；6—动力装置及传动系统；7—驾驶控制台显示器；8—摄像头；9—沥青混合料预制装制和滑动钢模；10—心墙保护罩；11—过渡料斗承重轮；12—过渡料斗；13—过渡料层激光扫描控制刮板；14—过渡料振动碾；15—心墙振动碾；16—装载机；17—自卸车；18—专用过滤料斗；19—反铲

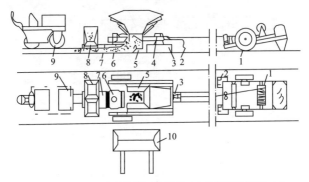

图 6-7　西安理工大学简易沥青混凝土心墙摊铺机铺筑工艺

1—牵引桥；2—定标指针；3—红外加热器；4—方向控制；5—沥青混合料料斗；

6—振动滑膜；7—稳定模；8—过渡料斗；9—振动碾；10—转载机

对于心墙底部和两端的扩大部分，沥青混合料的人工铺筑工艺可按立模→毡布护面→过渡料摊铺初碾→层面处理→混合料摊铺→拆模→混合料和过渡料压实施工工艺。

3. 混合料压实

热沥青混合料最好由带有初压装置的摊铺机进行初步压实。两台 2～3t 的振动碾同时平行碾压心墙两侧过渡料，以提供心墙的横向支撑。随后用一台 0.5～1t 振动碾碾压心墙沥青混合料。心墙振动碾应比心墙宽约 10cm。沥青混合料宜先静压两遍，再振动碾压 4～6 遍，最后再静压 2 遍。

沥青混合料的碾压温度可根据不同的混合料和现场条件经试铺确定。碾压温度一般为 140～180℃，不超过 185℃，并且不低于 120℃。

4. 心墙铺筑与坝体的施工顺序

沥青混凝土心墙应与坝体填筑均衡上升，而每层心墙与两侧过渡料需同时铺筑。在施工期间，心墙与过渡料铺筑应在高于相邻坝体两层或低于相邻坝体两层之间。当雨季、冬季等原因造成心墙施工、停工时，心墙和两侧过渡料层应高于相邻坝体 1～2 层。心墙与过渡层和坝体的施工顺序见图 6-8。

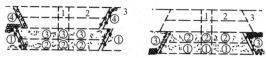

(a) 机械铺筑心墙

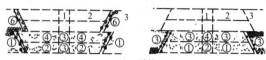

(b) 人工铺筑心墙

图 6-8　碾压式心墙与过渡层、坝体的施工顺序

1—沥青混凝土心墙；2—过渡层；3—坝体；②、③、④、⑤、⑥—施工顺序

在心墙铺筑中因故中间停工时，则应设横向接缝，横缝应做成约 1∶3 的坡度。心墙上下两层横缝应错缝至少 2m。

心墙两侧坝壳料的运输车辆不得直接横跨心墙，必须从跨越心墙的可移式钢便桥上通过。便桥处的沥青混凝土心墙需用塑料膜或毡布保护。

七、浇筑式沥青混凝土心墙施工

1. 沥青混凝土配合比

浇筑式沥青混凝土心墙沥青含量较大，主要靠在 160～180℃ 高温下的自重流动密实，一般适用寒冷地区，其常用配合比如表 6-7 所示。

表 6-7　　　　　　浇筑式心墙沥青混凝土配合比

材料	碎石	砂	填料	沥青
粒径/mm	5～15	<5	<0.075，占 70%	
含量	35%～45%	35%～45%	10%～20%	12%～20%（占矿料含量）

2. 工艺流程

浇筑式沥青混凝土心墙施工工艺流程见图 6-9。

图 6-9　浇筑式沥青混凝土心墙施工工艺流程图

3. 模板型式

当有条件时,以采用钢模为宜。钢模需涂刷脱模剂。可用柴油、废机油、掺有石墨粉的黄油、聚乙烯乳液等作为脱模剂。浇筑式心墙沥青混凝土的钢模板型式。一般为 $0.5cm\times$（$40\sim45$）$cm\times$（$100\sim200$）cm,层高 $40\sim50cm$。

混凝土预制块或块石砌筑式防渗副墙可兼作模板。砌筑副墙砌体用的沥青砂浆的配合比可用 $1:1:4$（沥青：填料：砂）。

4. 沥青混合料运输与浇筑入仓

沥青混合料运输采用汽车拉运料罐。运至坝面后,用起重机吊立料罐卸料入仓。也可采用自卸汽车运输沥青混合料上坝卸入卧罐,再由起重机吊卧罐卸料入仓,这种方法可使混合料起到一定的重新混合作用。

第二节 土工膜防渗体施工

一、土工膜

复合土工膜是一种比较理想的防渗材料,其结构常有一布一膜、二布一膜、一布二膜、二布二膜等,工程应用很广（如本节无特别说明,土工膜均指复合土工膜）。

根据土工膜在坝体中的部位分为心墙式和斜墙式（或称面板式）,其特点见表6-8。

表 6-8　　　　　　　　斜墙式、心墙式土工膜特点

名称	土工膜位置	优点	缺点
斜墙式	土工膜铺设于上游坡面	1. 土工膜施工与坝体填筑互不干扰; 2. 土工膜施工速度快	1. 土工膜用量较大; 2. 在上游面需专门设置土工膜保护层及相应护坡结构
心墙式	土工膜设置于坝体中部	土工膜用量省	土工膜铺设随坝体填筑上升,相互存在干扰

斜墙土工膜施工

★斜墙土工膜铺设方法

以"两布一膜"铺设为例,其顺序为:铺设→对正、搭齐→缝底层布→擦拭主膜尘土→主膜焊接或黏结→检测→修补→缝上层布→验收。

心墙土工膜施工

★心墙土工膜铺设方法

1.土工膜沿竖直方向"之"字形布置,折皱高度为50～75cm,与坝体分层碾压厚度1.0～1.5m相适应。

2.为防止膜料被拉裂,土工膜与刚体连接处要设置折皱伸缩节,伸缩节展开长度约1m。

3.心墙复合土工膜铺设中的搭接、检测要求与斜墙土工膜相同。

1. 一般规定

(1)所用土工膜的性能指标应满足《水利水电工程土工合成材料应用技术规范》(SL/T 225—1998)要求和工程实际需要,主膜无裂口、针眼,主膜和土工织物结合较好,无脱离或起皱。

(2)土工膜的厚度根据具体基层条件、环境条件及所用土工膜材料性能确定。根据国内坝工实践经验,土石坝防渗土工膜主膜厚度不小于0.5mm。承受高应力的防渗结构,采用加筋土工膜。

(3)土石坝防渗土工膜应在其上面设防护层、上垫层,在其下面设下垫层和支持层。

(4)土工膜铺设常用形式见表6-9

(5)土工膜防渗系统的计算应进行稳定性验算及膜后排渗能力校核。

1）稳定性验算仅针对防护层、上垫层与土工膜之间的抗滑稳定。验算的最危险工况为库水位骤降。

2）膜后排渗能力核算是针对膜后无纺土工织物平面排水或砂垫层导水能力。上游水位骤降时，坝体中部分水量将流向上游，沿土工织物流至坡底，经坝后排水管或导水沟导向下游排走。应先估算来水量，校核自上而下各段土工织物的导水率，并考虑一定的安全系数。

表 6-9　　　　　　　　　　土工膜铺设常用形式

序号	1	2	3
形式	平直坡形		
图示	土工膜	土工膜	土工膜
适用范围	用于斜墙、薄保护层的低水头坝，作心墙，或用于已建堤坝的加固		
序号	4	5	6
形式	锯齿形	台阶形	折坡形
图示	土工膜	土工膜	土工膜
适用范围	用于斜墙	用于斜墙	用于斜墙，较高水头的坝要设马道

（6）土工膜防渗施工属于隐蔽工程，作业人员应持证上岗，施工过程应严格执行"三检制"。

（7）土工膜质量管理包括工厂制作、运输、仓储、工地临时存放、现场铺设、连接以及保护等较多环节，各环节都必须严格把关。

2. 土工膜的性能指标

用于坝体防渗的土工膜的各项性能指标，根据工程的具体情况提出要求，并按《水利水电工程土工合成材料应用技术规范》（SL/T 225—1998）进行复核。土工膜和土工织物的指标测定试验主要项目见表 6-10。

表 6-10

土工膜性能指标表

序号	指标名称	该指标所包含内容
1	物理性指标	单位面积质量、厚度、等效孔径(EOS)(及其与压力的关系)等
2	力学性指标	断裂强度、断裂伸长率、CBR 顶破强力、撕破强力
3	水力学指标	垂直渗透系数(或透水率),平面渗透系数(或导水率),梯度比(GR)等。土工膜的渗透系数一般为 $10^{-12} \sim 10^{-11}$ cm/s,可认为它是不透水的,其透水量主要为缺陷透水量。土工膜的耐水性也较好,能够承压较大水头而不被击穿
4	耐久性	抗老化性、抗化学腐蚀性

这些评价土工膜和土工织物的指标均与所用材料的品种、性质、加工工艺、孔径、厚度有关。根据工程具体需要,选择材料的测试项目。测试方法应符合有关标准。

二、土工膜防渗斜墙施工

1. 斜墙土工膜施工技术要求

(1) 土工膜应尽量用宽幅,减少拼接量。

(2) 土工膜铺设前,基础垫层要碾压密实、平整,不得有突出尖角块石露出。做好排渗设施,挖好固定沟。

(3) 防渗土工膜顶部应埋入坝顶锚固沟内。其底部必须嵌入坝底。如为透水地基,土工膜与上游防渗铺盖或截水槽、岸坡和一切其他防渗体紧密连接,构成完全封闭体系。土工膜封闭体系的具体结构可根据地基土质条件和结构物类型分别采用以下型式:

1) 与土质地基连接。土工膜直接埋入锚固槽,填土应予夯实,槽深 2m,宽 4m,见图 6-10(a)。

2) 与砂卵石地基连接。应清除砂卵石,直达不透水层。浇混凝土底座,埋入土工膜。对新鲜和微风化基岩,底座宽为水头的 1/20～1/10。对半风化和全风化岩,底座宽为水头的 1/10～1/5,所有裂缝要填实,见图 6-10(b)。当砂卵石太厚,不能开挖至不透水层,可将土工膜向上游延伸一段,形成水平铺盖，长度通过计算确定；如用混凝土防渗墙处理，则将土工膜埋入防渗墙中。土工膜下设排水、排气措施。

3) 与岩石地基连接，见图 6-10(c)。

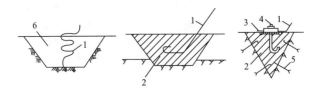

(a) 与土质地基的连接　(b) 与砂卵石地基的连接　(c) 与岩石地基或混凝土地基的连接

图 6-10　土工膜与地基的连接

1—土工膜；2—混凝土；3—氯丁橡胶垫片；4—锚栓；5—锚筋；6—回填黏土

4) 与结构物连接。如与输水管、溢洪道边墙、廊道等连接，相邻材料的弹性模量不能差别过大，要平顺过渡，并充分考虑结构物可能产生的位移。

(4) 土工膜坡面铺设时，将土工膜卷材装在卷扬机上，自坡顶徐徐展开放至坡底，人工拖拉平顺，松紧适度，使布膜同时受力；土工膜铺设做到以下几点：

1) 在干燥和暖天气进行铺设。

2) 铺设不应过紧，留足够余幅（30～50cm），以便拼接和适应气温变化。

3) 接缝与最大拉力方向平行。

4) 坡面弯曲处注意剪裁尺寸，务使妥帖。

5) 随铺随压，以防风吹。

6) 施工中发现损伤，及时修补。

7) 施工人员穿无钉鞋或胶底鞋。

8) 施工中注意防火，禁止工作人员吸烟。

(5) 土工膜的搭接。土工膜各条幅间现场搭接宽度不小于 10cm，搭接方法有焊接法、黏结法、折叠法、重叠法，最常用的是焊接法和黏结法。搭接方法应根据施工现场的实际情况和复合土工膜的材质、有无甩边来确定，但工程中多用膜焊布缝进行搭接。

1）焊接法是借助热焊机等加热设备，将塑料膜加热软化、机械滚压或人工加压贴合在一起的方法。PVC膜和PE膜均可用焊接法搭接。焊接工具有ZPR-210D自动爬行热合机和电熨斗。热合焊机由两块电烙铁供热，胶带轮通过耐热胶带施压、滚压塑料膜，焊成两条粗为10mm的焊线，两线净距16mm，焊接效果比较好。电熨斗也是焊接工具之一，在特殊场合也是适宜的，但焊接时人工加压，劳动强度大，膜厚时不可使用。

焊缝抗拉强度较高，应根据膜材种类、厚度和现有工具等优先采用焊接法。

2）黏结方法是将塑料膜搭接处擦干净，一次或两次以上均匀刷涂胶黏剂，滚压贴合的方法。胶黏剂有固体热熔胶和溶剂型胶。PVC膜可采用黏结法，而PE膜可以使用热熔固体胶搭接，不能使用溶剂性胶搭接。要根据气温情况确定刷涂长度，一般不超过4m，干燥2～4min即可迅速黏合，黏合后用手压铁棍滚压数次或用木锤打压数次即可。

塑膜搭接好后，再进行土工布的搭接。土工布的搭接多采用手提缝纫机缝合，也可采用黏合剂搭接。若采用土工布胶（如氯丁橡胶、乳化沥青等）黏结，可先黏结下层土工布，再黏结PVC主膜，最后再黏结上层土工布。黏结法应在无雨情况下施工。

（6）接缝检测方法有目测法、现场检漏法和抽样测试法。

1）目测法。观察有无漏接，接缝是否无烫损、无褶皱，是否拼接均匀等。

2）现场检漏法。应对全部焊缝进行检测，常用的有真空法和充气法。

真空法：利用包括吸盘、真空泵和真空机的一套设备。检测时将待检部位刷净，涂肥皂水，放上吸盘，压紧，抽真空至负压0.02～0.03MPa，关闭气泵。静观约30s，看吸盘顶部透明罩内有无肥皂水泡产生，真空度有无下降。如有下降，表示漏气，应予补救。

充气法:焊缝为双条,两条之间留有约 10mm 的空腔。将待测段两端封死,插入气针,充气至 0.02～0.05MPa(视膜厚选择),静观 0.5min,观察压力表,如气压不下降,表明接缝合格。

3) 抽样测试法。约 1000m² 取一试样,做拉伸强度试验,要求强度不低于母材的 80%,且试样断裂不得在接缝处,否则接缝质量不合格。

(7) 上垫层的上料铺填、夯实一般用人工,避免用机械运输及碾压。保护层常采用推土机自上而下填筑,一次达到设计厚度并压实。

2. 斜墙土工膜铺设方法

以"两布一膜"铺设为例,其顺序为:铺设→对正、搭齐→缝底层布→擦拭主膜尘土→主膜焊接或黏结→检测→修补→缝上层布→验收。

(1) 铺膜。斜墙土工膜自上而下铺设,底部将脱布后的主膜与趾板中所夹的高强塑料布焊接,铺设时注意张弛适度,避免人为损伤。为防止土工膜拉裂,铺设时每增高 5m 打一个 Z 形折。

(2) 焊膜。焊接前清除膜面砂子、泥土等脏物,膜与膜接头处铺设平整后用自动爬行热合机施焊。焊接施工时需 3～4 人配合,1 人持机,1 人清理待焊面,1 人持电源并观察焊缝质量,对有问题的做记号,1 人在后面修补。一般焊膜温度调到 250～300℃,速度 1～2m/min。

土工膜若为黏结,按黏结的施工技术要求进行拼接。

(3) 接缝检查。用目测法和现场检漏法进行质量检测。

(4) 缝布。布的缝合采用手提封包机,用高强纤维涤纶丝线。缝合施工需 3 人。缝合时针距在 6mm 左右,连接面要求松紧适度,自然平顺,确保膜布联合受力。

3. 注意事项

(1) 土工膜防渗斜墙铺设前,基础垫层应用斜坡振动碾将坡面碾压密实、平整,不得有突出尖角块石。

(2) 土工膜防渗斜墙现场铺设应从坝面自上而下翻滚,

人工拖拉平顺,松紧适度。

（3）土工膜防渗斜墙铺设后,应及时喷射水泥砂浆或回填防护层。

三、土工膜防渗心墙施工

1. 土工膜心墙结构

心墙式土工膜置于坝体中部,下接基础防渗设施,上与防浪墙连接,两侧与岸坡连接,在膜两侧各设一定厚度的细砂保护层,随坝体填筑上升铺设连接,土工膜心墙堆石坝结构布置形式如图6-11所示。

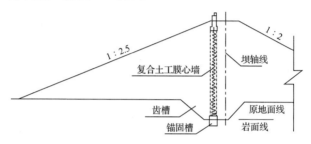

图 6-11　复合土工膜心墙大坝剖面示意图

2. 心墙土工膜施工技术要求

（1）心墙土工膜宜采用"之"字形布置,折皱角度根据过渡料边坡稳定休止角确定。因土工膜在施工和运行中可能产生拉应力和剪应力,铺设时应使其保持松弛状态,并在水平和垂直方向每隔一定距离留一定折皱量,折皱高度应与两侧垫层料填筑厚度相同。土工膜施工速度应与坝体填筑进度相适应。

（2）土工膜防渗心墙两侧回填材料的粒径、级配、密实度及与土工膜接触面上孔隙尺寸应符合设计要求。

（3）土工膜铺设前,垫层料边坡应人工配合机械修整,并用平板振动器振平,不得有尖角块石与其接触。

（4）土工膜与地基、岩坡的连接及伸缩节的结构型式,必须符合设计要求。在开挖后的设计岩面上开凿梯形锚固槽,在槽中浇筑混凝土的同时,将主膜呈"S"状分层埋入混凝土中。

（5）土工膜施工时，现场应清除尖角杂物，做好排渗措施并注意防火；土工膜铺设时不应过紧，应留足够余幅，铺设时随铺随压，并加以回填保护；寒冷季节施工时，膜铺好后应及时加以覆盖。

（6）土工膜铺设过程中应注意防止块石和施工机械损坏土工膜，特别是自卸汽车穿越土工膜心墙时，通过铺设钢板等措施对土工膜加以保护。

（7）加强施工过程的检验，防止搭接宽度不够、脱空、收缩超皱、扭曲鼓包，如发现土工膜损坏、穿孔、撕裂等，必须及时补修，经监理工程师同意后方可覆盖。

3. 心墙土工膜铺设方法

（1）土工膜沿竖直方向"之"字形布置，折皱高度为50～75cm，与坝体分层碾压厚度 1.0～1.5m 相适应。

（2）为防止膜料被拉裂，土工膜与刚体连接处要设置折皱伸缩节，伸缩节展开长度约 1m。

（3）心墙复合土工膜铺设中的搭接、检测要求与斜墙土工膜相同。

第七章

安 全 监 测

第一节 简 述

土石坝施工阶段应由设计单位提出施工详图和详细技术要求。实施单位应做好仪器设备的检验、率定、安装埋设、调试和保护；应安排专人进行监测工作，并保证监测设施完好及监测数据连续、准确、完整；应及时对监测资料进行整理、分析，评价施工期工程性状，提出施工阶段工程安全监测实施和资料分析报告。工程竣工验收时，实施单位应将监测设施和竣工图、埋设记录、施工期监测记录以及整理、分析等全部资料汇编成正式文件（包括电子文档），移交管理单位。

要有一个优化、合理、可靠的且满足规范要求的安全监测系统设计，要在施工中有成功率很高且十分精确的、满足规范要求的仪器埋设和安装，且埋设完成后受到有效的保护而不被别的施工项目或其他原因所损坏。

土石坝工程使用年限都很长，原则上安全监测工作应贯彻其整个施工和运行期。根据我国目前的实际情况，一般认为监测仪器设备可靠的运行时间应至少 10 年，并应尽可能延长使用年限。

一、安全监测的分类

（1）土石坝安全监测按监测方法分为巡视检查和仪器监测。

（2）按仪器埋设安装的位置和工作位置，总体上可把土石坝监测分为外部监测和内部监测两部分。其外部监测有表面标点的垂直位移和水平位移监测，渗流量和渗透状态的监测等。内部监测一般有内部垂直和水平位移监测、渗透压力、土压力、浸润线位置、绕坝渗流等。

（3）按其作用和性质可分为巡视监测、变形监测、渗流监测、压力(应力)监测和环境量监测以及一些特殊要求的监测,如地震、冰凌、波浪监测等。

知识链接

内部监测设施至少应沿坝轴线的一个纵断面和最大坝高处（或其他有代表性的断面）的一个横断面布置，必要时可增设横断面。

——《水利工程建设标准强制性条文》
(2016年版)

二、土石坝的安全监测工作应遵循原则

（1）监测仪器、设施的布置,应密切结合工程具体条件,突出重点,兼顾全面。相关项目应统筹安排,配合布置。

（2）监测仪器、设施的选择,要在可靠、耐久、经济、实用的前提下,力求先进和便于自动化监测。

（3）监测仪器、设施的安装埋设,应及时到位,专业施工,确保质量。仪器、设施安装埋设时,宜减少对主体工程施工影响;主体工程施工应为仪器设施安装埋设提供必要的条件。

三、仪器设备的选用原则

（1）简单有效,可靠准确,坚固耐用,并且应力求先进和便于实现自动化监测。

（2）对同一个工程,各种监测项目在能满足技术要求的条件下,尽可能的选用由同一个原理制造的仪器设备。

（3）仪器的最大量程应满足工程项目的实际需要,并有一定的富余量。一般应有约30％的富余量。

（4）在满足仪器量程的条件下,仪器的分辨率不能受影响。仪器选择时,不能无限制的选择大量程的仪器,否则,其分辨率将受到影响。

（5）注意动态、静态工作方式的选择。一般土石坝内埋

设的压力计属静态式的传感器,若要测定动态压力,如脉动水压力等,可选择动态式传感器。

(6) 根据工程的大小、类型、新建和补设、监测目的等实际情况选择。如作用水头低于 20m 的土石坝,渗透系数大于 10^{-4} cm/s 等的土石坝,渗流压力宜选用测压管,坝高大于 20m,渗透系数小于 10^{-4} cm/s 等情况下宜选用振弦式孔隙水压力计;已建工程补设监测项目时,宜采用易于钻孔埋设的仪器等。

第二节　仪器的埋设与安装

一、编制施工组织设计

施工前应编制工程安全监测项目的施工组织设计,其内容应包括工程概况、技术要求、施工组织机构和人员,施工机械、施工条件分析、施工顺序、施工工艺技术、质量检验程序、施工后的仪器设备保护和施工期监测、资料整理、规章制度等。

二、仪器埋设安装的组织机构和人员

监测仪器设备埋设安装是集多学科技术为一体的工作,埋设后有问题很难补救,因此,应由专业化队伍来进行。施工人员应有丰富的埋设安装施工经验和水工、电学、机械等学科方面的基础知识并经有关部门技术培训,考核合格后方可上岗。从埋设安装施工开始,应有工程管理单位承担监测的人员参加。

三、仪器埋设前的施工条件分析和工艺研究

埋设前应按照施工图纸、有关规定、工程实际(如河床覆盖层厚度、岩石性质、断层分布、坝体结构、水位变化以及已选定的仪器设备类型等)情况,进行仪器准备和埋设安装工艺的研究,如电缆的联接方法、预留长度、检验方法,钻孔、挖坑的技术要求和机械类型,电缆过沟、过路、过断层、过混凝土伸缩缝的办法,满足工期进度要求的时限等。

四、仪器设备埋设前的检验与率定

埋设前的认真检验是保证埋设成功率十分重要的环节。

除《土工试验仪器 岩土工程仪器振弦式传感器 通用技术条件》(GB/T 13606—2007)标准外,埋设前主要是按照厂家生产合格证和产品说明书上的技术指标进行检验和率定。电缆检验的内容主要有:电缆绝缘性能检验、密封性能检验、接头检验、抗拉强度检验、水下电缆接头和电缆在水压力作用下的绝缘性能检验;钢弦式传感器的主要检验项目有分辨率、非直线度、滞后、不重复度、综合误差等,具体可按GB/T 13606—2007进行操作;土压计等仪器用水压法、气压法、砂压法进行灵敏度和稳定性的校检验,以及水管式沉降计测量精度的检验、测斜管的外观检验等。

五、仪器埋设前的仪器准备

仪器埋设前一定的时段内,进行仪器的埋前准备工作,如仪器与电缆的联接、电缆的编号和每1～2m的标识、渗压计透水石的饱和及饱后的密封等。

六、主要种类仪器的现场埋设安装和初始值的监测

1. 表面变形标点设施的埋设安装

(1) 水平位移监测网及视准线标点埋设见图7-1。

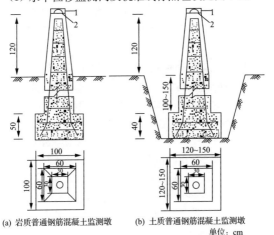

(a) 岩质普通钢筋混凝土监测墩　(b) 土质普通钢筋混凝土监测墩

单位:cm

图7-1　水平位移监测网及视准线标点埋设结构示意图

1—保护盖;2—强制对中基座

（2）水准点标石埋设见图 7-2。

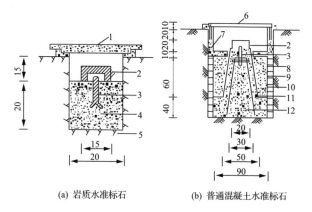

(a) 岩质水准标石   (b) 普通混凝土水准标石

图 7-2　水准点标石埋设结构示意图

1—混凝土保护盖；2—内盖；3—水准标志；4—浇筑混凝土；5—基岩；
6—加锁金属盖；7—混凝土水准保护井；8—衬砌保护；9—回填砂土；
10—混凝土石柱；11—钢筋；12—混凝土盘石

2. 沉降管的埋设安装

沉降管由硬质塑料管和沉降环组成，沉降环有环式、板式和叉簧片式，沉降管可随坝体填筑或钻孔埋设，随坝体填筑又可分为坑式或非坑式埋设。

随坝体填筑坑式埋设，应在坝基钻孔深 1.5m，将装有管座（带沉降环）的塑料管下入孔内，用水泥浆回填封孔，孔口以上回填筑坝材料（应剔除大于 8cm 的粗粒料），管口采用带铁链的临时保护管盖盖住，每当填筑面超过管口 2.0m 时，将塑料管挖出，并上接一根塑料管，连接处应密封牢固，并保持铅直。沉降环（板）穿过塑料管，并水平安放在预定深度，再以人工回填夯实，使其压实度与坝体填筑料相近，坑式埋设见图 7-3(a)，非坑式埋设相对简单，见图 7-3(b)。

钻孔埋设，在坝顶钻孔至设计深度，孔径应满足沉降环直径要求，孔底宜深入至稳定岩（土）体不少于 2m，并灌浆固结；以上则应采用粗砂回填至孔口，适量冲水密实。

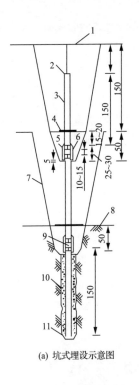

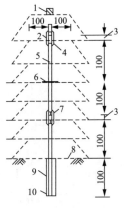

(a) 坑式埋设示意图

(b) 非坑式埋设示意图

单位：cm

图 7-3 沉降管随坝体填筑坑式埋设与非坑式埋设示意图

（a）1—铁链；2—管盖；3—沉降管；4—沉降板（环）5—连接管；6—无纺土工织物；7—开挖线；8—岩基面；9—连接管上滑槽；10—水泥砂浆；11—管座

（b）1—管盖；2—连接管；3—预留沉降段；4—无纺土工织物；5—沉降管；6—沉降板（环）；7—连接管上的滑槽；8—岩基面；9—水泥砂浆；10—管座

3. 斜测管安装埋设

测斜管可选择 ABS 工程塑料和铝合金等稳定性较好的材质，测斜管导槽应平整、顺直，可随坝体填筑埋设，也可钻孔埋设。

测斜管随坝体填筑埋设与沉降管埋设相似，但测斜管其中一对导槽应垂直于坝轴线方向，接管时，要对正导槽，每节测斜管垂直度偏差不应大于 1°。

测斜管钻孔埋设时,钻孔深度应使测斜管底端深入基岩或相对稳定区约 2m。钻孔直径宜大于测斜管外径 50mm;钻孔铅直度偏差应满足 50m 孔深内不大于±3°。下入孔内的测斜管其中一对导槽应垂直于位移预计最大方向,管接头要密封,以防泥浆渗入。测斜管与钻孔孔壁间隙,在岩体或混凝土防渗墙埋设时,宜采用自下而上灌浆固结,在坝体或覆盖层埋设时,宜采用粗砂回填,并适量冲水密实。测斜管钻孔埋设见图 7-4。

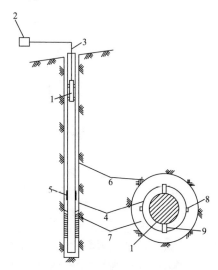

图 7-4　测斜管钻孔埋设示意图

1—测头;2—读数仪;3—电缆;4—测斜管;5—管接头;6—钻孔;

7—水泥或砂填充;8—导槽;9—导轮

混凝土防渗墙内埋设时,可随混凝土浇筑埋入或采用墙内预留孔埋设。

4. 水管式沉降仪与引张线式位移计的埋设安装

水管式沉降仪和引张线式水平位移计通常采用挖沟法埋设,沟槽开挖深度宜 1～3m(粗粒料坝体用上限)。对粗粒料坝体,应以过渡层形式人工压实整平基床;对细粒料坝体,避免超挖,在埋设测点处宜浇筑厚约 10cm 的混凝土基座。若为沉降仪则在其测头周围现场浇筑 20cm 厚的钢筋网混凝土保护;若为水平位移计锚固板,则浇筑包裹锚固板的混凝土块体。粗粒料坝体中以过渡层形式,人工压实回填至测头(锚固板)顶面 1.8m;细粒料坝体中回填原坝料,人工压实至测头顶面以上 1.5m 时,坝体才可按正常碾压施工。

各测点安装完成后,将其管(线)路汇集牵引至坝后监测房的测量装置上。水管式沉降仪和引张线式水平位移计安装埋设见图 7-5 和图 7-6。

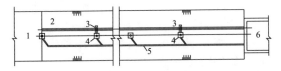

图 7-5 水管式沉降仪和引张线式水平位移计安装埋设平面示意图
1—斜垫层(或心墙);2—过渡料;3—水平位移计锚固板;4—水管式沉降测头;
5—管线;6—检测房

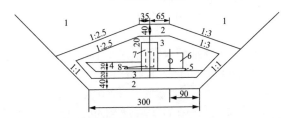

图 7-6 水管式沉降仪和引张线式水平位移计安装埋设横剖面示意图
1—堆石料;2—保护用过渡料;3—保护用垫层料;4—细砂;5—素混凝土基座;
6—水平位移计;7—水管式沉降仪;8—管线

5. 孔隙水压力计(渗压计)埋设安装

钻孔埋设应符合以下规定:

(1) 钻孔直径宜采用直径 110mm,在 50m 深度内的钻孔倾斜度不应大于 3°,不允许泥浆护壁。应测记初见水位及稳定水位,描述各土(岩)层岩性,提出钻孔岩芯柱状图。

(2) 埋设前将孔隙水压力计饱水 24h 后,提至水面,测记零压状态下的读数。

（3）将装有孔隙水压力计的砂袋置于孔内厚度约 1.0m 的反滤料中，其上用膨胀泥球封孔。泥球应由直径 5～10mm 的不同粒径组成。应风干，不宜日晒或烘烤。封孔厚度不宜小于 4.0m。

就位后采用薄层铺料、专门压实的方法回填，控制填料含水率及干密度与周围坝体一致，孔隙水压力计以上填方覆盖厚度应不小于 1.0m。敷设时，仪器电缆应单根平行引出、间距 5cm 以上。当经过防渗体时应加截水环，连接电缆应松弛留有裕度。

测压管内安装采用不锈钢丝绳悬吊孔隙水压力计，将其放至管内设计高程，在管口固定钢丝绳，管口应留有通气孔。仪器测量结果与实测水压差值应小于孔隙水压力计的准确度。

6. 土压力计埋设安装

宜在土体填筑面高于测点埋设高程 1m 时，开挖仪器埋设坑。

平整仪器埋设基床面，基床表面应平整、均匀、密实，并符合规定的埋设方向，在堆石体内，仪器基床面应按过渡层要求制备。

在土压力计埋设部位铺放 10cm 厚的细砂，水平埋设的土压力计应将压力感应面平放在砂层上，并用水平尺校正膜面的水平。垂直或倾斜埋设的土压力计应使压力感应面的中心点位于设计高程，在感应面的两侧先填 10cm 厚的砂，然后回填黏土并压实，使压力计逐渐面定并不断校正其倾角。

接触式土压力计应置于刚性接触面上，使土压力计承压感应面朝向土体一方，可在混凝土浇筑后在测点处挖槽或预埋一个木模。

回填时应至少先填 10cm 厚以上的细砂，再填中粗砂和砂砾料。

仪器电缆敷设时应松弛，在防渗体内埋设时应单根平行引出，间距 5cm 以上，同时应加截水环。

7. 电缆铺设

各类仪器的电缆，在埋设前的准备和铺设中在长度上应留有富余量,一般为设计长度的 5%～10%。应采用沟槽式埋设方法。在防渗体(如黏土心墙或斜墙)需加止水环;在堆石中需加保护管或用砂子在电缆周围铺填,其厚度不小于 10～20cm,后用堆石料回填沟槽。进入监测房时应用钢管保护。电缆之间严禁交绕,在沟槽中应蛇形摆放。在黏土中电缆回填至 0.5m 以上,堆石中回填至 1.0m 以上时,方可转入正常碾压施工。

七、埋设安装考证表的填写

考证表的填写方法和格式按照《土石坝安全监测技术规范》(SL 551—2012)操作。

八、埋设后的保护

仪器埋设完毕,应有专人 24h 看守保护,并设置有明显标志的保护设施。

第三节 施工期监测

土石坝施工期安全监测的内容主要有巡视检查、变形监测、渗流监测和压力(应力)监测等。根据建筑物级别,按照表 7-1 要求必设、选设监测项目。施工期监测项目测次要求见表 7-2。土石坝主要监测方法和要求可参见表 7-3、表 7-4、表 7-5、表 7-6。

表 7-1　　　　安全监测项目分类和选择表

序号	监测类别	监测项目	建筑物级别		
			1	2	3
一	巡视检查	坝体、坝基、坝区、输泄水洞(管)、溢洪道、近坝库岸	●	●	●
二	变形	1. 坝体表面变形	●	●	
		2. 坝体(基)内部变形	●	●	
		3. 防渗体变形	●	●	●
		4. 界面及接(裂)缝变形	●	●	○
		5. 近坝岸坡变形	●	○	
		6. 地下洞室围岩变形	●	○	

序号	监测类别	监测项目	建筑物级别		
			1	2	3
三	渗流	1. 渗流量	●	●	●
		2. 坝体渗流压力	●	●	○
		3. 坝体渗流压力	●	●	○
		4. 绕坝渗流	●	●	○
		5. 近坝岸坡渗流	●	○	
		6. 地下洞室渗流	●	○	
四	压力(应力)	1. 孔隙水压力	●	○	
		2. 土压力	●	○	
		3. 混凝土应力应变	●	○	
五	环境量	1. 上、下游水位	●	●	●
		2. 降水量、气温、库水温	●	●	●
		3. 坝前泥沙淤积及下游冲刷	○	○	
		4. 冰压力	○		
六	地震应力		○	○	
七	水力学		○		

注：1. ●为必设项目；○为一般项目，可根据需要选设。

2. 坝高小于 20m 的低坝，监测项目选择可降一个建筑物级别考虑。

表 7-2　　　安全监测项目测次表

监测项目	施工期
日常巡视检查	8～4 次/月
1. 坝体表面变形	4～1 次/月
2. 坝体(基)内部变形	10～4 次/月
3. 防渗体变形	10～4 次/月
4. 界面及接(裂)缝变形	10～4 次/月
5. 近坝岸坡变形	4～1 次/月
6. 地下洞室围岩变形	4～1 次/月
7. 渗流量	6～3 次/月

监测项目	施工期
8. 坝体渗流压力	6～3 次/月
9. 坝体渗流压力	6～3 次/月
10. 绕坝渗流	4～1 次/月
11. 近坝岸坡渗流	4～1 次/月
12. 地下洞室渗流	4～1 次/月
13. 孔隙水压力	6～3 次/月
14. 土压力	6～3 次/月
15. 混凝土应力应变	6～3 次/月
16. 上、下游水位	2～1 次/月
17. 降水量、气温、库水温	逐日量
18. 坝前泥沙淤积及下游冲刷	
19. 冰压力	按需要
20. 坝区平面监测网	取得初始值
21. 坝区垂直监测网	取得初始值

注：1. 表中测次，均系正常情况下人工测法的最低要求。如遇特殊情况（如高水位、库水位骤变、特大暴雨、强地震以及边坡、地下洞室开挖等）和工程出现不安全征兆时应增测次。

2. 若坝体填筑进度快，变形和土压力测次可取上限。

3. 相关监测项目应力求同一时间监测。

表 7-3　表面竖向位移监测方法和技术要求

监测法	依据规范	监测部位	水准等级	误差要求
水准法	GB/T 12897—2006 GB/T 12898—2009	工作基点	三等水准测量	$\pm 1.4\sqrt{n}$ mm，n 为测站数
		水准基点	二等水准测量	$\pm 0.72\sqrt{n}$ mm
三角高程测量		工作基点和水准基点		测距误差不应超过 3mm

注：依据规范为：《国家一、二等水准测量规范》（GB/T 12897—2006）和《国家三、四等水准测量规范》（GB/T 12898—2009）。

表 7-4　　　　表面水平位移监测方法和技术要求

所用仪器	监测条件	技术方式	误差要求
J_1 经纬仪	视准线长度不宜超过 500m;视准线应旁离障碍物 1m 以上,距离地面高度不宜小于 1m 以上	测小角度法	正镜或倒镜两次读数差 ≤2mm;2 测回观测值之差 ≤1.5mm
视准线仪		活动觇标法	正镜或倒镜两次读数差 ≤4″;2 测回观测值之差 ≤3″
全站仪	交汇角应在 40°~100° 之间,固定点至距离监测点距离不宜超过 500m	角度交汇法	方向 3 测回,两次读数限差为 2″,测回间限差 3″
	交汇角应在 30°~150° 之间,固定点至距离监测点距离不宜超过 500m	距离交汇法	距离 3 测回,两次读数差为 1mm,测回间限差 1.5mm
	交汇角应在 30°~150° 之间,当交汇角接近极限值时,其最大边长不宜超过 800m	边角交汇法	方向 3 测回,两次读数差为 2″,测回间限差 3″
			距离 3 测回,两次读数限差为 1mm,测回间限差 1.5mm
	变形监测点与测站点之间高差不宜过大,监测距离宜 150m 以内		要求同边角交汇法
GPS 接收机	固定基准站及监测点上部对空条件良好,高度角 15° 以上范围无障碍物遮挡,应远离大功率无线电信号干扰源		两次比较差值不应大于 1mm

表 7-5　　　　　　　　　内部变形监测方法和要求

监测项目	仪器类别	测次	误差要求
垂直位移	电磁式沉降仪	平行测定两次	误差 2mm
	干簧管式沉降仪		
	水管式沉降仪		
	水平固定式测斜仪	测次与精度应符合相关规定	
	坝基沉降仪		
水平位移	引张线式水平位移计	平行测定两次	两次读数误差小于 2mm
	垂向滑动测斜仪	同一位置测点正反两个方向测读	监测精度应符合仪器厂家要求
防渗墙挠度变形	测斜仪（滑动式或固定式）		监测精度应符合仪器厂家要求
	电平器		
界面接缝变形	土体位移计、单项杆式位移计、两向或三向测缝计		监测精度应符合仪器厂家要求
地下洞室洞壁收敛变形	收敛计	平行测读三次	读数误差不应大于仪器精度范围

表 7-6　　　　　　　　　坝体渗流压力监测方法和要求

项目监测	所用仪器或监测方法	选用仪器条件	测量要求	误差要求
渗流压力监测	测压管	作用水头大于 20m 的坝、渗透系数小于 10^{-4} cm/s 的土体、监测不稳定渗流过程以及不适宜埋设测压管的部位宜采用孔隙水压力计；	测压管水位监测宜采用电测水位计，每次应平行测度两次，施工期每隔 3~6 个月校正一次测压管的管口高程	两次读数误差不应大于 1cm
	孔隙水压力计	作用水头大于 20m 的坝、渗透系数小于 10^{-4} cm/s 的土体、渗压力变幅小的部位，监视防渗体裂缝等，宜采用测压管或孔隙水压力计	测量物理量宜用渗流压力水位表示	两次读数误差不应大于 2 个读数单位

项目监测	所用仪器或监测方法	选用仪器条件	测量要求	误差要求
渗流量监测	容积法	流量小于 1L/s 时	充水时间不应小于 10s	平行两次测量的误差不应大于均值的 5%
	量水堰法	流量在 1～300L/s 时	水尺的水位读数应精确至 1mm，测针的水位读数应精确至 0.1mm	堰上水头两次监测值之差不应大于 1mm
	流速法	流量大于 300L/s 或受落差限制不能用量水堰法时	可采用流速仪法或漂浮法	两次流量测量值之差不应大于均值的 10%

第八章

施工质量控制及验收标准

第一节　施工质量控制原则及要点

一、质量控制原则

（1）土石坝质量控制应按工程设计、施工图、合同技术条款、国家和行业颁发的有关标准要求进行。

（2）土石坝施工中应建立满足施工需要的坝区施工控制网。

（3）土石坝施工放样控制应以预加沉降量的土石坝断面为标准。

（4）应在施工前施测坝基原始纵、横断面，放定坝脚清基及填筑起坡的边线。填筑前应测绘清基地形图和横断面，按清基完成后的地形设填筑起坡桩。

（5）应定期进行纵、横断面进度测量，各类填料界限应放线加以区分，并将施测成果绘制成图表。

（6）应及时汇总、编录、分析并妥善保存质量检查记录，禁造假、涂改和自行销毁；对隐蔽工程和工程关键部位的摄影、录像等档案资料应妥善保存供质量追溯和备查；质量问题、事故处理原始资料、记录必须齐全。

（7）应按有关规定进行施工测量、试验检测工作及仪器、设备管理与使用。

（8）应按照相关规定进行土工合成材料施工与质量控制。施工现场宜用充气法或真空法对复合土工膜全部焊接缝进行检测，土工格栅宜用拉伸法对其力学指标进行检测。

（9）对于隐蔽工程和关键部位，从事工程施工的相关人员，应严格过程管理，规范施工；从事质量控制人员应做好试验、检验、检查、验收等工作，保证工程质量。

二、施工质量控制要点

（1）施工单位在土石坝施工中积极推行全面质量管理，并加强人员培训，建立健全各级责任制，以保证施工质量达到设计标准、工程安全可靠与经济合理。

（2）施工人员必须对质量负责，做好质量管理工作，实行自检、互检、交接班检查的制度。施工单位必须建立健全施工质量保证体系，设立在施工主要负责人领导下的专职质量检查机构，并不断检查质量保证体系落实情况及人员、仪器设备等情况。

（3）教育质检人员和施工人员都必须树立"预防为主"和"质量第一"的观点；双方必须密切配合，控制每一道工序的操作质量，防止发生质量事故。

（4）施工单位在制定施工技术措施、确定施工方法和施工工艺时，应根据现场实际情况同时制定每一工序的质量指标。施工中必须使前一工序向下一工序提交合格的产品，从而保证成品的总体质量。施工单位应组织施工、质检以及设计、地质等有关人员逐项落实施工技术措施后，方可开工。

（5）质量控制应按国家和部颁发的有关标准、工程的设计和施工图、技术要求以及工地制定的施工规程进行。质量检查部门对所有取样检查部位的平面位置、高程、检验结果等均应如实记录，并逐班、逐日填写质量报表，分送有关部门和负责人。质检资料必须妥善保存，防止丢失，严禁自行销毁。

（6）施工单位质量检查部门应在有业主、监理单位代表参加的验收小组领导下，参加施工期的分部验收工作，特别是隐蔽工程，应详细记录工程质量情况。

知识链接 😊

> 对隐蔽工程，必须在施工期间进行验收，并应在合格后再进入下一道工序施工。
> ——《水利工程建设标准强制性条文》
> **（2016年版）**

（7）在施工过程中，施工单位对每班出现的质量问题、处理经过及遗留问题，在现场交接班记录本上详细写明，并由值班负责人签字。

（8）质量检验的仪器及操作方法，应按照规范进行。

（9）试验及仪器使用应建立责任制，仪器应定期检查与校正，并作如下规定：

1）环刀每半月校核一次质量和容积，发现损坏时即停止使用。

2）铝盒每月检查一次质量，检查时应擦干净并烘干。

3）天平等平衡器应每班校核一次，并随时注意其灵敏度。

4）灌砂法使用的砂料应保证其级配与表观密度稳定，并每隔一定时间校核一次。

5）工地使用的测量黏性土和砂表观密度的环刀体积应为 500cm³ 以上，环刀直径应不小于 100mm，高度不小于 64mm。

（10）在质量分析时，宜应用数理统计方法，定出质量指标，用质量管理图进行质量管理，以提高质量管理水平。

第二节　土石坝工程质量控制

一、坝基与岸坡处理质量控制

（1）土石坝基及岸坡处理进行质量检验应符合《水利水电工程单元工程质量验收评定标准——土石方工程》（SL 631—2012）的规定，应采用观察检查与查看地质报告、施工记录的检验方法。

（2）应按照《水电工程施工地质规程》（NB/T 35007—2013）、《水利水电工程测量规范》（SL 197—2013）进行施工现场测量地质工作，通过现场测绘、缺陷地质描绘和查看摄影、录像、取样、试验资料以及抽检坝基开挖与处理数据等形式进行坝基验收，对坝基及岸坡与设计、规范要求符合程度做出评价。

（3）岸坡清理边线偏差按人工 0～0.50m、机械 0～1.00m 控制，边坡不陡于设计边坡；采用经纬仪与拉尺检查，所有边线均需量测，每边线测点不少于 5 点；边坡每 10 延米用坡度尺量测一个点；高边坡应测定断面，每 20 延米测一个断面。

（4）应按设计要求进行防渗体岩基及岸坡开挖，基础面应无松动岩块、悬挂体、陡坎、尖角等，且无爆破影响裂隙。

（5）防渗部位的坝基岩面边坡、开挖实际轮廓与设计允许偏差值应符合表 8-1 的要求。

表 8-1　坝坡岩面边坡、开挖实际轮廓与设计允许偏差

项次	项目	允许偏差/mm	检验方法
1	标高	−100～300	水准仪检查
2	坡面局部超欠挖，坡面斜长 15m 以内	−200～300	拉线与水准检查
	坡面斜长 15m 以上	−300～500	
3	长、宽边线范围	0～500	用经纬仪与拉线检查

注：－为欠挖，＋为超挖。

（6）应采用观察检查，用水准仪、经纬仪、坡度尺、拉线测量对防渗体岩基及岸坡开挖与设计要求符合性进行评价。检测点数量，采用横断面控制；防渗体坝基部位间距不大于 20m，岸坡部位间距不大于 10m，各横断面点数不小于 6 点，局部突出或凹陷部位（面积在 0.5m² 以上者）应增设检测点。

（7）裂隙与节理充填物应冲洗干净，回填水泥浆、水泥砂浆、混凝土应饱满密实。断层或构造破碎带应按设计要求处理。应按《水工建筑物水泥灌浆施工技术规范》（SL62—2014）相关规定和设计要求进行坝基及岸坡地质构造处理的灌浆工程。

（8）非岩石坝基应布置方格网（边长 50～100m）在每个角点取样，检验深度一般应深入清基表面 1m。若方格网中土层不同，亦应取样。对地质情况复杂的坝基，应加密布点取样检验。

（9）坝基及岸坡渗水处理均应保证坝基回填土和基础混凝土在干燥状态施工。

1）坝基处理过程中，必须严格按设计和有关规范要求，认真进行质量控制，并在事先明确检查项目和方法。

2）坝体填筑前，应按规范规定对坝基进行认真检查。

二、坝料质量控制

（1）必须加强料场的质量控制，并在料场设置质控站，不合格材料应在料场处理合格后上坝。

（2）料场质量控制应按设计要求与规范有关规定进行。主要内容应符合以下规定：

1）料区开采符合规定，草皮、覆盖层等杂物清理干净。

2）坝料开采、加工按照规定进行。

3）坝料性质、级配、含水率符合设计要求。

4）排水系统、防雨措施、负温下施工措施完善。

（3）设计应对各种坝料提出一些易于现场鉴别的控制指标与项目。其每班试验次数可根据现场情况确定。试验方法应以目测、手试为主，并取一定数量的代表样本进行试验。控制项目执行表 8-2 的规定。

表 8-2 坝料现场鉴别控制项目

坝料类别		鉴别项目
防渗土料	黏性土	含水率，黏粒含量
	碎（砾）石土	允许最大粒径，砾石含量，含水率
反滤料、垫层料、排水料		级配，含泥量，风化软弱颗粒含量
过渡料		级配，允许最大粒径，含泥量
坝壳砾质土		小于 5mm 含量，含水率
坝壳砂砾土		级配，砾石含量，含泥量
堆石料	硬岩	允许最大块径，小于 5mm 颗粒含量，含泥量，软岩含量
	软岩	单轴抗压强度，小于 5mm 颗粒含量，含泥量

（4）反滤料铺筑前应取样检查，规定每200～400m³应取样一组，检查颗粒级配、含泥量。如不符合设计要求和规范规定时，应重新加工，经检查合格后方可使用。

三、坝体填筑质量控制

（1）坝体填筑质量应重点检查的项目。

1）填筑边界控制及坝料质量。

2）与防渗体接触的岩面上石粉、泥土以及混凝土面的乳皮等杂物是否清除，涂刷浓泥浆等。

3）接合部位的压实方法及施工质量。

4）防渗体层面有无光面、剪切破坏、弹簧土、漏压或欠压土层、裂缝等，铺土前压实土体表面处理。

5）防渗体与反滤料、部分坝壳料的平起关系。

6）铺料厚度和碾压参数。

7）碾压机具体规格、质量，振动碾压振动频率、激振力，气胎碾的气胎压力等。

8）过渡料堆石料有无超径石、大块石集中和夹泥。

9）坝坡控制。

（2）施工前应检查碾压机具体的规格、重量。施工期间对碾重应每半年检查一次；气胎碾的气胎压力每周检查1～2次。

（3）施工单位对碾压、平土操作人员进行培训，统一施工操作方法，经考试合格后，方可操作。

（4）防渗体压实控制指标采用干密度、含水率或压实度；反滤层、过渡层、垫层料及砂砾料的压实控制指标采用干密度或相对密度。堆石料的压实控制指标采用孔隙率。

（5）坝体压实质量应以压实参数和指标检测相结合进行控制。过程压实参数应有检测记录；当采用实时质量监控系统进行质量控制，抽样指标检测频次应减少，且宜布置在过程参数指标不满足要求的部位。

（6）可根据不同坝料采用表8-3的检测方法检测密（密实）度、含水率。现场试验、室内试验应按照《水电水利工程土工试验规程》（DL/T 5355—2006）、《水电水利工程粗粒土试验规程》(DL/T 5356—2006)的规定进行。

表 8-3　　坝料密(密实)度、含水率检测方法

坝料类型		现场密(密实)度检测方法	现场含水率检测方法
防渗土料	黏性土	挖坑灌水(砂)法、环刀法、三点击实法、核子水分—密度仪法	烘干法、烤干法、核子水分—密度仪法、酒精燃烧法、红外线烘干法、微波烘干法
	碎(砾)石土	挖坑灌水(砂)法、三点击实法、碎(砾)石土最大干密度拟合法、核子水分—密度仪法	烘干法、烤干法、核子水分—密度仪法、红外线烘干法
反滤层、过渡料、垫层料、排水层料、砂砾石料		挖坑灌水(砂)法、附加质量法、瑞雷波法、压沉值法	烤干法、烘干法
堆石料		挖坑灌水(砂)法、附加质量法、瑞雷波法、压沉值法	烤干法、烘干法

(7) 堆石料、过渡料采用挖坑灌水(砂)法测量密度,试坑直径不小于坝料最大粒径的 2～3 倍,最大不超过 2.00m,试坑深度为碾压厚层。试坑尺寸与试样最大粒径的关系见表 8-4。

表 8-4　　试坑尺寸与试样最大粒径的关系

试样最大粒径/m	试坑尺寸		套环直径/m
	直径/m	深度	
≤0.8	不小于 1.60	碾压层厚	2.00
≤0.3	0.90～1.20		1.20

(8) 坝体压实检查项目及取样试验次数见表 8-5,取样试坑必须按坝体填筑要求回填后,方可填筑。

(9) 防渗体压实质量控制除在每个压实段有代表性地点取样检查外,尚必须在所有压实可疑处(如土料含水量过高过低、土质可疑、碾压不足、铺土厚度不匀等)及坝体所有

表 8-5　　　　　　　　　　**坝体压实检查次数**

坝料类别及部位		检查项目	取样(检测)次数
防渗体	黏性土 边角夯实部位	干密度、含水率	2～3 次/层
	黏性土 碾压坝		1 次/(100～200m³)
	黏性土 均质坝		1 次/(200～500m³)
	砾质土 边角夯实部位	干密度、含水率、大于 5mm 砾石含量	2～3 次/层
	砾质土 碾压面		1 次/(200～500m³)，每层至少一次
反滤料		干密度、颗粒级配、含泥量	1 次/(200～500m³)，每层至少一次
过渡料		干密度、颗粒级配	1 次/(500～1000m³)
坝壳砂砾(卵)料		干密度、颗粒级配	1 次/(5000～10000m³)
坝壳砾质土		干密度、含水率、小于 5mm 砾石含量	1 次/(3000～6000m³)
堆石料*		干密度、颗粒级配	1 次/(5000～15000m³)

* 堆石料颗粒级配试验组数可为干密度试验的 30%～50%。

接合处(如坝与基础、岸坡、刚性建筑接合处、坝体纵横向接缝、观测仪器埋设处等)抽查取样,测定干容重、含水量。这类样品的试验结果应标明"可疑"或"接合"字样,但不作为数理统计和质量管理图的资料。

(10)防渗体填筑时,一般每层经压实和取样测定干容重合格后(当压实土层厚度大于 40cm,应沿深度每 20cm 取样一组,最后一组取样应深入接合处为止),方可继续铺土填筑,否则应补压至合格为止。个别情况,经采取措施,如补压无效,但符合(12)中规定,经监理同意可不作处理,否则应进行返工,必要时,可挖坑复查。

(11)现场含水量对黏性土、砾质土以手试测定的同时,应取样用烘干法或其他方法测定,并以此来校正干表观密度。

取样时应注意操作上有无偏差,如有怀疑,应立即重新取样。测定表观密度时应取至压实层的底部,并测量压实土层的厚度。

(12)堆石料、砂砾料干密度平均值不应小于设计值,标准差不应大于0.10t/m³。当样本数小于20组时,检测合格率不应小于90%,不合格数值不得小于设计值的95%。防渗土料干密度或压实度合格率不应小于90%,不合格数值不得小于设计值的98%。

(13)反滤层、过渡层、坝壳等无黏性土的填筑,除按有关的规定取样检查外,主要应控制压实参数,如不符合要求,施工人员应及时纠正。每层压实后,即可继续铺土填筑,其测定的铺土厚度、碾压遍数应经常进行统计分析,研究改进措施。反滤料、过渡料级配应在筛分现场进行控制,填筑时应对接头、防护措施等加强检查。

反滤料、过渡料级配应筛分现场进行控制,填筑时应对接头、防护措施等加强检查。

(14)汽车经常进入心墙或斜墙填筑面上的道路处,应取样检查土层有无剪力破坏等,一经发现必须彻底返工处理。

(15)应根据坝址地形、地质及坝体填筑土料性质、施工条件,对防渗体选定若干个固定取样断面,沿坝高每5~10m取代表性试样进行室内物理力学性能试验,作为核对设计及工程管理之依据。必要时应留样品蜡封保存,竣工后移交工程管理单位。

(16)雨季施工,应检查施工措施落实情况。雨前应检查坝面松土表层是否已适当压实和平整;雨后复工前应检查填筑面上土料是否合格。

(17)负温下施工应增加以下检查项目。

1)填筑面防冻措施。

2)冻块尺寸、冻土含量、含水量等。

3)填筑面上的冰雪是否清理干净。

4)气温、土温、风速等观测记录资料。

5)春季应复查冻结深度以内的填土层质量。

（18）砌石护坡应检查以下项目：

1）石料的质量和块体的尺寸、形状是否符合设计要求。

2）砌筑方法和砌筑质量，抛石护坡块石是否稳定等。

3）垫层的级配、厚度、压实质量及护坡块石的厚度。

四、土石坝碾压式沥青混凝土防渗墙

1. 对材料的质量控制要点

（1）水工沥青混凝土使用的沥青应采用石油沥青，其品种和牌号应根据设计要求经试验确定，一般可选用道路石油沥青 60 号和 100 号，质量应符合《沥青路面施工及验收规范》（GB 50092—1996）规定的要求。

（2）沥青的运输和保管，应遵守下列事项：

1）按不同产地、品种和牌号分别储存，防止混杂。

2）桶装沥青要堆放整齐，防止装卸时碰坏铁桶，若发现漏桶，应及时采取措施防止沥青外流并尽先使用。对混入土块等杂质的外流沥青不得直接使用。

3）罐装沥青的储存和运输设备应有加热设施。

4）堆放场地宜尽量靠近沥青混合料拌和厂（站），注意防火、防洪，避免杂质混入和水分浸入。

（3）粗骨料宜采用碎石。制备时以用反击式碎石机为宜。当用天然卵石加工碎石时，卵石的粒径宜为碎石最大粒径的 3 倍以上。若需用小卵石、砾石作粗骨料，应通过试验作充分论证。

（4）粗骨料宜采用碱性岩石。当需用酸性岩石时，必须采取有效措施（如掺用消石灰、水泥等）改善与沥青的黏附性能，并应有充分的试验论证。

（5）粗骨料的最大粒径，对防渗沥青混凝土，不得超过压实后的沥青混凝土铺筑层厚度的 1/3，且不得大于 25mm；对非防渗沥青混凝土，不得超过层厚的 1/2，且不大于 35mm。

（6）粗骨料可根据其最大粒径分成 2～3 级进行配料。在施工过程中应保持粗骨料级配稳定。

（7）对碎石的技术要求：

1）质地坚硬，不因加热引起性质变化，不得使用风化岩

石加工,比重不小于 2.5,吸水率不大于 3%。

2) 洁净,含泥量不大于 0.5%。

3) 针片状颗粒含量不大于 10%;

4) 级配良好,粒径组成应符合设计、试验提出的级配曲线的要求,超逊径含量应按下列两种方法之一进行控制:①当以超径、逊径筛检验时,超径率为 0,逊径率小于 2%;②当以原孔筛检验时,超径率小于 5%,逊径率小于 10%。

5) 耐久性好,用硫酸钠法干湿循环 5 次,质量损失小于 12%。

6) 黏附性能良好,与沥青的黏附力应达四级以上。

(8) 细骨料可选用河沙、山砂、人工砂等。对细骨料的技术要求如下:

1) 质地坚硬,不因加热引起性质变化。

2) 干净,不含有机质和其他杂质,含泥量不大于 2%。

3) 耐久性好,用硫酸钠法干湿循环 5 次,质量损失小于 15%。

4) 水稳定等级不低于四级。

5) 级配良好,粒径组成应符合设计、试验提出的级配曲线的要求。

(9) 骨料的堆存,应注意下列事项:

1) 堆料场位置应选在洪水位以上、便于装卸处,并尽量靠近沥青混合料拌和厂(站)。

2) 堆存场地应进行平整,对松软地面还应压实,做到排水通畅。

3) 砂和不同粒径的碎石应分别堆存,用隔墙分开,防止混杂。

4) 砂的储存最好有防雨设施,使加热前砂的含水率不大于 4%。

5) 堆存时,防止骨料分离。

6) 储存量应满足 4d 以上的生产需要。

(10) 填料一般采用石灰岩粉或白云岩粉,也可采用水泥、滑石粉等粉状矿质材料。对填料的技术要求:

1）颗粒组成符合表 8-6 的规定。

2）含水率小于 5％。

3）亲水系数不大于 1.0。

4）不含泥土、有机物等杂质和结块。

表 8-6 颗粒组成

筛孔尺寸/mm	0.6	0.15	0.074
通过率/％	100	＞90	＞70

（11）填料的储存必须防雨防潮，并防止杂质混入。散装填料宜采用筒仓存储，袋装填料应存入库房，堆高不宜超过 1.5m，最下层距地面至少 30cm。

（12）为改善沥青混凝土性能，可根据设计要求选用以下掺料：为提高其斜坡稳定性和弯曲强度，可掺入石棉；为提高沥青混凝土的水稳定性，可掺入消石灰（氧化钙含量应大于 65％）、水泥；为提高其变形能力，可掺入橡胶、塑料或其他高分子材料。

（13）掺料的最优用量，应根据掺料的性质和沥青混凝土的技术要求，通过试验确定。

（14）掺料宜采用工业产品，其质量应符合相应的技术标准；如掺料系现场加工或外协生产，应制定相应的质量标准，认真验收；如系利用工业废料，应采取措施使其质量稳定均匀。

（15）掺料如为矿质粉状材料，其细度应符合规范所规定的细度要求；如为可溶性材料，必须注意掺配工艺，使其质量均匀。

2. 沥青混凝土制备的质量控制要点

（1）沥青混合料拌和厂（站）位置的选择应注意以下各点：

1）尽可能靠近铺筑现场，以减少沥青混合料的热量损失与离析，并便于施工管理。

2）在工程爆破危险区之外，远离易燃品仓库，不受洪水威胁,排水条件良好。

3) 尽可能设在坝区的下风处,保护坝区的环境卫生。

4) 远离生活区,以利于防火及环境卫生。

(2) 拌和厂(站)沥青混合料生产设备,可分为间歇式、连续式和综合式三种。当铺筑强度较大时,以采用连续烘干、间歇计量和拌和的综合式工艺流程为宜。拌和厂(站)的生产能力应满足高峰铺筑强度的要求。

(3) 拌和厂(站)应根据地形合理布置,使各工序能紧密衔接,互相协调,减少热量损失,充分发挥机械设备的效能。

(4) 沥青的熔化、脱水和加热保温场所均应有防雨、防火设施。

(5) 沥青用脱水锅溶化时,其加入量应控制在锅容积的50%～60%以内,锅边可设一溢流口,以防漫溢。沥青脱水温度应控制在120±10℃。

(6) 沥青脱水后的加热温度应根据沥青混合料出机温度的要求确定。加热过程沥青针入度的降低以不超过10%为宜。对于60号、100号道路石油沥青,加热温度不超过170℃,保温时间(在锅内停留的时间)不超过6h。

(7) 骨料的烘干、加热宜用内热式加热滚筒进行。滚筒倾角一般为3°～6°,可通过试验确定。

(8) 骨料的加热温度、根据沥青混合料要求的出机温度确定。在拌和时,骨料的最高温度应不超过沥青温度20℃。

(9) 填料如需加热时,可用红外线加热器进行,加热温度和时间,应保证填料干燥,并使沥青混合料的出机温度符合要求,一般为60～100℃。

(10) 工地试验室应根据设计的配合比,结合现场各种矿料的级配和含水量,确定拌和一盘沥青混合料的各种材料用量,并签发"沥青混合料施工配料单"。

(11) 矿料应按质量配料,沥青可按质量或体积配料。各种原材料均以干燥状态为标准,当采用含水骨料配料时,必须予以校正。

（12）沥青混合料配合比的允许偏差，不得大于表 8-7 中规定的数值。沥青混合料配合比按矿料为 100％计。

（13）沥青混合料宜采用强制式双轴搅拌机拌和。

表 8-7　　　　　　　　配合比的允许偏差

材料种类	沥青	填料	砂石屑	碎石
配合比的允许偏差/％	0.5	1.5	2.0	2.0

（14）拌制沥青混合料时，应先将骨料与填料干拌 16～25s，再加入热沥青一起拌和。要求拌和均匀，沥青裹覆骨料良好。防渗和非防渗沥青混合料的裹覆率应分别达到 95％、90％以上。拌和时间不宜过长，应通过试验确定，一般约需 1～1.2min。

（15）沥青混合料拌和后的出机温度，应使其经过运输、摊铺等热量损失后的温度能满足起始碾压温度的要求。沥青适宜的拌和温度可在沥青运动黏度为 $300 \times 10^{-6} \sim 150 \times 10^{-6} m^2/s$（赛氏重油黏度为 75～150s）的温度范围内选定，但不得超过 185℃。不同针入度的沥青，其适宜的出机温度，可参考表 8-8。

表 8-8　　　　　　不同针入度沥青适宜的出机温度

针入度/0.1mm	40～60	60～80	80～100	125～150
拌和出机温度/℃	175～160	165～150	160～140	155～135

（16）当搅拌机停机后，或由于机械发生故障等其他原因临时停机超过 30min 时，应将机内的沥青混合料及时放出，并用热矿料搅拌后清理干净。如沥青混合料已在搅拌机内凝固，可将柴油注入机内点燃加热或喷灯烘烤，逐渐将沥青混合料放出。此时必须谨慎操作，防止机械损坏，保证安全。

3. 沥青混凝土面板铺筑的质量控制要点

（1）铺筑前准备工作的质量控制要点：

1）在铺筑前，应按设计要求对坝体上游坝坡进行修整和压实。对土坝坡面应喷洒除草剂。

2）垫层坡面应整平，在 2m 长度范围内，干砌石垫层凹凸度应小于50mm,碎石(卵、砾石)垫层凹凸高度小于30mm。

3)铺筑沥青混合料前,先在垫层的表面喷垫一层乳化沥青或稀释沥青。

(2)沥青混合料的运输与摊铺的质量控制要点:

1)沥青混合料的运输应注意下列事项:①要求路面平整、转运次数少,防止离析;②运输途中,应尽量减少热量损失,当其温度不能满足碾压要求时,应作废料处理;③防止漏料。

2)碎石(或卵、砾石)垫层按设计的粒料分层填筑压实,而后用振动碾顺坡碾压,上行振动、下行不振。碾压遍数按设计的密实度要求通过碾压试验确定。

3)干砌石垫层所用块石要求质地坚硬,禁止使用风化岩石,坡脚和封边应用较大的岩石。块石间的缝隙需用片石嵌紧,孔隙率应小于30%。

4)铺筑沥青混合料前,先在垫层的表面喷涂一层乳化或稀释沥青,其用量为 $0.5\sim2kg/m^2$,碎石垫层取大值。待其干燥后,方可铺筑沥青混合料。其干燥时间由气象条件、基底型式及其自身的挥发性而定,无雨天一般需12～24h。

5)沥青混凝土面板应按设计的层次,沿垂直坝轴线方向依摊铺宽度分成条幅,自下而上摊铺。摊铺宽度以 3～4m 为宜。

6)沿坝坡全长宜一次连续铺筑。当铺筑能力较小、坝坡过长或有度汛拦洪等要求时,可将防渗层沿坝坡按不同高程分区,每区按铺筑条幅由一岸依次至另一岸铺筑。铺完一个区后再铺上面相邻的区。各区间的水平横向接缝应加热处理。

7)沥青混合料的摊铺宜采用摊铺机进行,摊铺速度以1～3m/min为宜。如摊铺机兼作运料设备,宜采用有变速装置的卷扬设备牵引。如摊铺机在垫层上行驶有困难,面板最下面的一层整平胶结层可用人工摊铺。

8)沥青混合料的摊铺要求温度合适、厚度准确、质量均匀。摊铺厚度应根据设计通过试铺确定。机械摊铺时,压实系数为 1.2～1.35,细粒混合料取大值。

9) 防渗层一般采用多层铺筑,各区段、条幅间的上下层接缝必须相互错开,水平横缝的错距应大于 1m。顺坡纵缝的错距一般为条幅宽度的 1/3～1/2。当通过试验论证,接缝和压实质量确有保证,并经设计单位同意后,防渗层方可采用单层铺筑。

(3) 沥青混合料碾压的质量控制要点:

1) 沥青混合料宜用振动碾碾压。一般先用附在摊铺机后的小型振动碾或振动器进行初次碾压,待摊铺机从摊铺条幅上移出后,再用大型振动碾进行二次碾压。振动碾单位宽度的静碾重可参考表 8-9。若摊铺机没有初压设备,可直接用大型振动碾进行碾压。

表 8-9　　　　　　　　振动碾单位宽度的静碾重

碾压类别	初次碾压	二次碾压
单位宽度碾重/(kg/m)	146	6420

2) 振动碾压时,应在上行时振动,下行时不振动,以防碾压层表面产生细微水平裂缝。

3) 沥青混合料应在合适的温度下进行碾压。初次及二次碾压温度应根据现场铺筑试验确定。当没有试验成果时,可按沥青的针入度参考表 8-10 选用,气温低时,选用大值。

表 8-10　　　　　　　　沥青混合料碾压温度　　　　　　　单位:℃

| 项目 | 针入度/0.1mm | | 一般控制范围 |
	60～80	80～150	
最佳碾压温度	150～145	≥135	—
初次碾压温度	125～120	≥110	140～110
二次碾压温度	100～95	≥85	120～80

4) 施工接缝处及碾压带之间,应重叠碾压 10～15cm。

(4) 面板特殊部位铺筑的质量控制要点:

1) 面板周边、死角等特殊部位,可用人工摊铺,小型压实机具压实,不得漏压、欠压。

2）面板曲面的铺筑宜采用以棱线分成几个扇形段，每段按平行该段曲面的中心线布置摊铺条幅，摊铺条幅可穿越棱线以减少剩余的三角带，并可在已铺条幅上形成重叠部分，以加强三角带。

3）靠近坝顶部位的沥青混合料，当难以用机械铺筑时，可用人工铺筑。

4）铺筑复式断面的排水层一般应先分段铺筑排水沥青混合料，以后再用防渗沥青混合料铺筑预留的隔水带。隔水带可视其设计宽度采用机械或人工摊铺。

（5）施工接缝处理的质量控制要点：

1）防渗层的施工接缝是面板的薄弱部位，铺设时应尽量加大铺摊条幅的宽度和长度，减少纵、横向接缝。

2）防渗层的施工接缝以采用斜面平接为宜，斜面坡度一般为 45°。

3）对整平胶结层和排水层的施工接缝可不处理。

4）对防渗层的施工接缝应按如下规定处理：①对条幅的边缘进行修整，当摊铺面无压边器时，可做人工切除其不规则的松散部分；②对受灰尘等污染的条幅边缘，应清扫干净，污染严重者，还应喷涂一薄层乳化沥青或稀释沥青；③对温度低于 90℃ 的条幅边缘应用红外线加热器加热到 100～110℃，及时摊铺热沥青混合料，并尽可能剔除邻接部位的粗粒料，再用振动碾进行碾压。

5）使用加热器加热施工接缝应严格控制温度和加热时间，防止因温度过高而使沥青老化。摊铺机因故停止摊铺时，应及时关闭加热器。

6）对防渗层的施工接缝，应用渗气仪进行检验；若不合格，应用加热器加热后再用小型压实机具压实；当有水浸入接缝时，应烘干加热后再压实；必要时将该部位挖除，置换新的沥青混合料后压实。接缝修补后，应再次检验，至合格为止。

（6）层间处理的质量控制要点：

1）为保证面板各层间的接合紧密，必须遵守下列规定：

①铺筑上一层时,下层层面必须干燥、洁净;②上下层的施工间隔时间不宜过长,以不超过 48h 为宜;③防渗层上、下铺筑层之间应喷涂一薄层乳化沥青,稀释沥青或热沥青。当用乳化沥青或稀释沥青时,应待喷涂液干燥后(喷涂后 12~24h)再铺上一层。

2) 防渗层层间喷涂液所用沥青,其针入度应控制为20~40mm,喷涂要均匀,沥青用量不得超过 1kg/m² ,以防止面板沿层面滑动。

(7) 封闭层及降温、防冻设施施工的质量控制要点:

1) 面板表面应涂敷封闭层。封闭层材料可采用沥青胶等。其性能应满足在坝坡上夏季高温下不流淌、冬季低温下不脆裂的要求。其配比由试验确定。

2) 沥青胶可采用机械或人工拌制,应搅拌均匀。出料的温度控制在 180~200℃ 。

3) 涂刷沥青胶前,坝面应干净、干燥。污染而清理不净的部分,应喷涂乳化沥青或稀释沥青。

4) 沥青胶在运输中应防止填料沉淀。沥青胶用涂刷机或橡皮刮板沿坝坡方向分条涂刷,涂刷时的温度应在 170℃以上,涂刷量为 2.5~3.5kg/m² 。涂刷后如发现有鼓包或脱皮等缺陷时应及时处理。

5) 涂刷好的封闭层坝面,禁止人机行走。

6) 在死水位以上的封闭层上应喷涂浅色涂层或采用喷(淋)水降温。

7) 喷(淋)水降温设施应按设计要求的时间完成。竣工后应进行喷(淋)水试验,检验降温效果。

8) 降温涂层材料可用铝漆等浅色涂料,但在施工前应进行现场试验,检验其耐久性和降温效果。喷涂铝漆的用量可按 10~12m²/L 控制。

9) 在寒冷地区,当面板基础设有防冻胀置换层时,应按设计要求选择透水性好、不易发生冻胀的材料。

10) 当面板表面设有防冻保护层时,应按设计要求在冬季前完成覆盖。

11）当面板表面需采取破冰措施时，应按设计在水库蓄水前的第一个冬季完成，并应进行必要的试验。

4. 面板与刚性建筑物连接的质量控制要点

（1）材料、工艺的质量控制要点：

1）面板与岸坡、坝基截水墙、坝顶防浪墙、溢洪道边墙、进水塔等刚性建筑物的连接是整个面板防渗系统的重要组成部分，应确保施工质量。

2）连接处使用的成品材料应经质量检验合格后方能使用。工地配制的材料，其原材料、配比和配制工艺应由试验确定。

3）面板与岸坡连接的周边轮廓线尽量保持平顺，以便于机械施工。

4）面板与刚性建筑物的连接部位施工可留出一定的施工宽度，在面板铺筑后进行。先铺筑的各层沥青混凝土应做成阶梯形，以满足规范规定的接缝错距的要求。

5）当面板与岸坡连接部位施工已完，如需补做基础灌浆，应严格控制灌浆压力，保证连接部位不致受压破坏。

6）面板与刚性建筑物连接部位应避免锚栓、支杆等穿过面板；施工结束后，应及时拆除支撑杆件，认真填补坝面留下的孔洞。

7）面板与刚性建筑物连接部位一般可按混凝土连接面处理、楔形体浇筑、沥青混凝土防渗层铺筑、表面封闭层敷设等工序施工。必要时，施工前应进行现场铺筑实验，以确定合理的施工工艺和质量标准。

（2）混凝土连接面处理的质量控制要点：

1）面板与混凝土结构连接面施工前，应将混凝土表面清除干净，然后均匀喷涂一层稀释沥青或乳化沥青，用量为 $0.15 \sim 0.20 kg/m^2$。潮湿部位的混凝土在喷涂前应将表面烘干。

2）混凝土结构的表面如需敷设沥青或橡胶沥青，应待稀释沥青或乳化沥青完全干燥后进行。沥青胶涂层要均匀平整，不得流淌。如涂层较厚，可分层涂抹，涂抹层厚度应根据连接面的部位特点和施工难易,由试验确定。

(3)楔形体浇筑的质量控制要点:

1)楔形体的材料可采用沥青砂浆、细粒沥青混凝土等,一般可采用全断面一次热浇筑施工。当楔形体尺寸较大时,也可分层浇筑,每层厚度以 30~50cm 为宜。

2)楔形体的浇筑可采用模板施工。模板的制作与架设可参照《水电水利工程模板施工规范》(DL/T 5110—2013)进行。模板表面应涂刷脱模剂。

岸坡连接部位的楔形体模板应边浇筑边安装,每次架设长度以 1m 为宜。在沥青混合料冷却,温度降至气温后方可拆模,但不得小于 24h。

3)楔形体沥青混凝土浇筑温度应控制在 140~160℃。应由低到高依次浇筑,边浇筑边捣实。

(4)沥青混凝土防渗层铺筑的质量控制要点:

1)在混凝土面和楔形体上铺筑沥青混凝土防渗层,必须在沥青胶和楔形体冷凝后进行。

2)铺设第一层沥青混合料时,应适当降低混合料的铺筑温度,减薄摊铺厚度,并禁止集中卸料,使楔形体不致局部熔化、滑移。

3)连接部位的沥青混合料,宜选用小型振动碾等机具压实。每层的铺筑厚度应根据选用机具的压实功能经试验确定。

4)连接部位的沥青混凝土防渗层与面板的同一防渗层的接缝应按施工接缝处理。

5)连接部位的上层沥青混凝土防渗层必须待下层冷凝后方能铺筑,间隔时间一般不少于 12h,以防流淌。

(5)止水片、加强层及封闭层施工的质量控制要点:

1)当连接部位设置金属止水片时,其安装方法和要求与水工混凝土结构的止水片相同。嵌入沥青混凝土一端的止水片表面应涂刷一层沥青胶,以利紧密结合。

2)当连接部位使用玻璃丝布油毡或其他加强层时,应先清理沥青混凝土表面,再喷涂稀释沥青或乳化沥青、待其干燥后,再涂刷沥青胶,将加强层铺上、压平,与沥青混凝土粘牢。加强层的搭接宽度不小于10cm。

当采用多层加强层时,上下层应相互错缝,错距不小于1/3幅宽。

5. 沥青混凝土心墙铺筑的质量控制要点

(1) 铺筑前准备的质量控制要点:

1) 沥青混凝土心墙底部的混凝土基座(或盖板)和观测廊道,必须按设计要求和《水工混凝土施工规范》(DL/T 5144—2015)施工。

2) 沥青混凝土心墙与基座、岸坡等刚性建筑物连接面的处理,应按规范有关规定做好。

3) 坝基防渗工程,除在廊道内进行的帷幕灌浆外,应尽量在沥青混凝土施工前完成。若心墙与坝基防渗工程必须同时施工时,应做好施工计划,合理布置场地、减少施工干扰。

(2) 沥青混合料铺筑的质量控制要点:

1) 沥青混凝土心墙与过渡层、坝壳填筑应尽量平起平压,均衡施工,以保证压实质量,减少削坡处理工程量。

2) 沥青混合料的施工机具应及时清理,经常保持干净。

3) 沥青混凝土心墙的铺筑,尽可能采用专用机械施工。在缺乏专用机械或专用机械难以铺筑的部位,可用人工摊铺、小型机械压实,但应加强检查注意压实质量。

(3) 模板的架设与拆卸的质量控制要点:

1) 心墙沥青混合料的铺筑,宜采用钢模。钢模表面应涂刷脱模剂。

2) 钢模应架设牢固,拼接严密,尺寸准确。相邻钢模应搭接,其长度不小于5cm。定位后的钢模距心墙中心线的偏差应小于1cm。

3) 钢模定位经检查合格后,方可填筑两侧的过渡层。

4) 过渡层压实合格后,再将沥青混合料填入钢模内铺平。在沥青混合料碾压之前,应将钢模拔出,并及时将表面附着物清除干净。

（4）过渡层填筑的质量控制要点：

1）过渡层填筑前，可用防雨布等遮盖心墙表面，防止砂石落入钢模内。遮盖宽度应超出两侧模板各 30cm 以上。

2）过渡层的填筑尺寸，填筑材料以及压实质量（相对密度或干表观密度）等均应符合设计要求。

3）心墙两侧的过渡层应同时铺压实，防止钢模移动。距钢模 15～20cm 的过渡层先不压实，待钢模拆除后，与心墙骑缝碾压。

（5）沥青混合料摊铺与碾压的质量控制要点：

1）在已压实的心墙上继续铺筑前，应将接合面清理干净。污面可用压缩空气喷吹清除（风压 0.3～0.4MPa），如喷吹不能完全清除，可用红外线加热器烘烤沾污面，待其软化后铲除。

2）当沥青混凝土表面温度低于 70℃时，宜采用红外线加热器加热，使其不低于 70℃。但加热时间不得过长，以防沥青老化。

3）沥青混凝土心墙的铺筑，应尽量减少横向接缝。当必须有横向接缝时，其结合坡度一般为 1∶3，上下层的横缝应相互错开，错距大于 2m。

4）沥青混合料宜采用汽车配保温料罐运输，由起重机吊运卸入模板内，再由人工摊铺整平。摊铺厚度一般为 20～30cm。必要时，摊铺后可静置一定时间，预热下层冷面混凝土。

5）沥青混凝土摊铺后，宜用防雨布将其覆盖，覆盖宽度应超出心墙两侧各 30cm。

6）沥青混合料宜采用振动碾在防雨布上进行碾压。一般先静压两遍，再振动碾压。振动碾压的遍数，按设计要求的密度通过试验确定。碾压时，要注意随时将防雨布展平，并不得突然刹车或横跨心墙行车。横向接缝处应重叠碾压 30～50cm。

7）心墙铺筑后，在心墙两侧 4m 的范围内，禁止使用大型机械（如 13.5t 振动碾，2.5t 打夯机等）压实坝壳填料，以防心墙局部受震畸变或破坏。各种大型机械也不得跨越心墙。

6. 沥青混合料低温季节与雨季施工的质量控制要点

(1) 低温季节施工的质量控制要点:

1) 当日平均气温在 5℃ 以下时,属低温季节,沥青混合料不宜施工。气温虽在 5~15℃,但风速大于四级时,亦不宜施工。

2) 当必须在低温季节施工时,需经上级技术主管部门同意,同时应采取下列措施:①选择环境温度在 5℃ 以上的时段进行施工,环境温度低于 5℃ 时不能施工;②加强施工组织管理,使各工序紧密衔接,做到及时拌和、运输、摊铺、碾压,尽量缩短作业时间;③沥青混合料的出机温度采用上限;④沥青混合料的储运设备和摊铺机等加保温设施;⑤铺筑现场准备必要的加热设备;⑥施工机具上喷涂的防粘液,宜采用轻柴油,不得用肥皂水;⑦如有必要,心墙可搭设暖棚施工。

3) 当预报有降温、降雪或大风时,应及早做好停工安排。

4) 在寒冷地区,面板的非防渗沥青混凝土层不得裸露越冬;当需要越冬时,可用防渗沥青混凝土将面板全部覆盖(含顶部边缘),防止水分浸入引起冻胀破坏。

5) 在寒冷地区,心墙在冬季停工时,可用砂料覆盖防冻,覆盖厚度根据当地的最大冻结深度确定。

6) 在寒冷地区,面板如跨年度施工时,应分级铺筑,对已完工的部分,最好能及时蓄水越冬。

(2) 雨季施工及施工期的度汛措施的质量控制要点:

1) 沥青混凝土防渗墙不得雨中施工。遇雨应停止摊铺,未经压实而受雨、浸水的沥青混合料应全部铲除。

2) 雨季施工应采取下列措施:①当有降雨预报及征候时,应做好停工准备,停止沥青混合料的制备;②摊铺现场应备防雨布,遇雨应立即覆盖;③缩小铺筑面积,摊铺后尽快进行碾压;④雨后复工,应用红外线加热器或其他设备加热,加速层面干燥,保证层间紧密结合。

3) 面板防渗层铺筑时遇雨,水分可能从摊铺层上部边缘浸入条幅底面。雨后,应将上部边缘的沥青混凝土顺坡向下铲除数厘米,直至层面完全干燥为止。

4) 跨汛期铺筑沥青混凝土面板时,可采取以下措施:①汛前,最好将死水位以下的沥青混凝土面板施工完成并验收完毕;若难以全部完成时,可在面板最低处预留或挖出排水口,汛后通过坝体排除积水续建,排水口用后应按面板的设计要求封堵;②汛前,拦洪水位以下坝面至少应铺筑一层防渗沥青混凝土,或征得设计单位同意,适当提高整平胶结层的抗渗性,作为度汛的应急措施;③复式断面的防渗面板,在汛前应及时用防渗沥青混凝土临时封闭拦洪水位以下未完建的顶部,防止非防渗沥青混凝土层进水。

5) 未完建的面板一般不允许蓄水;如需临时蓄水,应采取相应措施。放水时,应控制水位下降速度,一般小于每日 2m。

第三节　土石坝质量控制中常用的试验方法

一、常用指标及现场测定

1. 压实最大干密度和最优含水率

压实最大干密度和最优含水率的确定,主要通过击实试验。击实试验是用标准的容器、锤击和击实方法,测定土的含水率和密实度变化曲线,求得最大干密度时的最佳含水量,是控制填土施工质量的重要的试验步骤。

在施工现场填土料进场前,先送试验室做击实试验,确定好最佳含水率和最大干密度后进行施工,通过含水率控制达到最大干密度,以保证满足压实系数要求。

(1) 击实试验分为轻型击实和重型击实,区别在于:

1) 轻型击实试验适用于粒径小于 5mm 的黏性土;重型击实试验适用于粒径大于 20mm 的土,采用三层击实时,最大粒径不大于 40mm。

2) 轻型击实试验的单位体积击实功约为 592.2kJ/m³,重型击实试验的单位体积击实功约为 2684.9kJ/m³(由于锤质量和锤落高不同产生不同的击实功)。

（2）所用的主要仪器设备：

1）击实仪的击实筒和击锤尺寸应符合表 8-11 规定。

表 8-11　　　　　　　　击实仪主要部件规格表

| 试验方法 | 锤击直径/mm | 锤质量/kg | 落高/mm | 击实筒 | | | 护筒高度/mm |
				内径/mm	筒高/mm	容积/cm³	
轻型	51	2.5	305	102	116	947.4	50
重型	51	4.5	457	152	116	2103.9	50

2）击实仪的击锤应配导筒，击锤与导筒应有足够的间隙使锤能自由下落；电动操作的击锤必须有控制落距的跟踪装置和锤击点按一定角度（轻型 53.5°，重型 45°）均匀分布装置（重型击实仪中心点每圈要加一击）。

3）天平：称量 200g，最小分度值 0.01g。

4）台秤：称量 10kg，最小分度值 5g。

5）标准筛：孔径为 20mm、40mm 和 5mm。

6）试样推出器：宜用螺旋式千斤顶或液压式千斤顶，如无此类装置，也可用刮刀和修土刀从击实筒中取出试样。

（3）试样制备分为干法和湿法两种：

1）干法：制备试样应按下列步骤进行：用四分法取代表性土样 20kg（重型为 50kg），风干碾碎，过 5mm（重型过 20mm 或 40mm）筛，将筛下土样拌匀，并测定土样的风干含水率。选择 5 个含水率，其中 2 个大于塑限含水率，2 个小于塑限含水率，1 个接近塑限含水率，相邻两个含水率的差值宜为 2%。

2）湿法：取天然含水率的代表性土样 20kg（重型为 50kg），碾碎，过 5mm（重型过 20mm 或 40mm）筛，将筛下土样拌匀，并测定土样的天然含水率。根据土样的塑限预估最佳含水率，按干法的原则至少选择 5 个含水率的土样，分别将天然含水率的土样风干或加水进行制备，应使制备好的土样水分均匀。

（4）击实试验步骤：

1）将击实仪平稳置于刚性基础上，击实筒与底座连接好,安装好护筒,在击实筒内壁均匀涂刷一层润滑油。称取一定量的试样,倒入击实筒内,分层击实,轻型击实试样为2~5kg,分三层,每层25击;重型击实试样4~10kg,分五层,每层56击,若分三层,每层94击。每层试样高度宜相等,两层交界处的土样要刨毛。击实成时,超出击实筒顶的试样高度应小于6mm。

2)卸下护筒,用直刮刀修平击实筒顶部的试样,拆除底板,试样底部若超出筒外也应修平,擦净筒外壁,称筒与试样的总质量,准确至1g,并计算试样的湿密度。修平的情况下,筒体积为一定值,还有试样低于筒顶的情况应计算筒的实测体积。

3)用推土器将试样从击实筒中推出,取2个代表性试样测定含水率,2个含水率的差值应不大于1%。

4)对不同含水率的试样依次击实。

试样干密度(ρ_d)的计算:

$$\rho_d = \rho_0 /(1 + 0.01\omega_i) \qquad (8\text{-}1)$$

式中:ω_i——某点试样的含水率,%;

ρ_0——试样的湿密度,准确到0.01,g/cm³。

干密度和含水率的关系曲线,应在直角坐标纸上绘制,取曲线峰值点相应的纵坐标为击实试样的最大干密度,相应的横坐标为击实试样的最优含水率,当关系曲线不能绘出峰值点时,应进行补点,土样不宜重复使用。

轻型击实试验中,当试样中粒径大于5mm的土质量小于或等于试样总质量的30%时,应对最大干密度和最优含水率进行校正:

$$\rho'_{d,max} = 1/[(1 - P_5)/\rho_{d,max} + P_5/P_w \cdot G_{S2}] \qquad (8\text{-}2)$$

式中:$\rho'_{d,max}$——校正后试样的最大干密度,g/cm³;

P_5——粒径大于5mm土的质量百分数,%;

G_{S2}——粒径大于5mm土粒的饱和面干相对密度(是指当土粒呈饱和面干状态时的土粒总质量相当于土粒总体积的纯水4℃时质量的比值)。

$$\omega'_{opt} = \omega_{opt}(1 - P_5) + P_5 \times \omega_{ab} \qquad (8\text{-}3)$$

式中：ω'_{opt}——校正后试样的最优含水率，%；

ω_{opt}——击实试验的最优含水率，%；

ω_{ab}——粒径大于 5mm 土粒的吸着含水率，%。

2. 土的含水率试验

适用范围：粗粒土、细粒土、有机质土和冻土。

(1) 仪器设备应符合以下规定：

1) 电热烘箱：应能控制温度在 105～110℃。

2) 天平：称量 200g，最小分度值 0.01g；称量 1000g，最小分度值 0.1g。

3) 称量盒：质量为一个定值。

(2) 试验步骤：

1) 取具有代表性的试样 15～30g 或用环刀中的试样，有机质土、砂类土和整体状构造土为 50g，放入称量盒内，盖上盒盖，称盒加湿土质量，准确至 0.01g。

2) 打开盒盖，将盒置于烘箱内，在 105～110℃ 的恒温下烘至恒量，烘干时间为黏土、粉土不少于 8h，对沙土不少于 6h，对含有有机质土超过土质量 5% 的土，应将温度控制在 65～70℃ 的恒温下烘至恒量。

3) 将称量盒从烘箱中取出，盖上盒盖，放入干燥容器内冷却至室温，称盒加干土质量，准确至 0.01g。

4) 试样含水率的计算，准确至 0.1%：

$$\omega_0 = (m_0 / m_d - 1) \times 100\% \qquad (8\text{-}4)$$

式中：m_d——干土质量，g；

m_0——湿土质量，g。

5) 本试验必须对两个试样进行平行测定，测定的差值：当含水率小于 40% 时为 1%；当含水率等于或大于 40% 时为 2%，对层状和网状构造的冻土不大于 3%。取两个测值的平均值，以百分数表示。

6) 含水量测定。现场快速判断土料是否适宜上坝、压实干容重是否合格，可用手试法测定含水量。但当检验压实填土含水量时,除用手试法估测外,尚应同时取样用烘干法测定,并据以及时校正压实干容重(在统计合格率时,应以校正后干容重为准)。一般采用的含水量快速测定法有酒精燃烧法、红外线烘干法、电炉烤干法、微波含水量测定仪等。酒精燃烧法、红外线烘干法多适用于黏性土;微波含水量测定仪适用于粒径<0.5mm、含水量为 0～30% 的黏性土,精度1%;电炉烤干法适用于砾质上,也可用于黏性土。

红外线烘干法、电炉烤干法与温度、烘烤时间、土料性质有关,用其快速测定含水量时,应事先与标准烘干法进行对比试验,以定出烘烤时间、取土数量(即制定野外操作规程),并用统计法确定与标准烘干法的误差。实际含水量按下式改正:

$$W = W' \pm K \qquad (8\text{-}5)$$

式中:W——恒温标准烘干法测定的含水量;

  W'——各种快速法测定的含水量;

  K——相应的改正值。

当电炉容量为 1500W 或红外线灯 250W、土重 10～12g 时,其烘炒时间约为 10～15min(黏土烘炒时间取大值),含水量测定误差约在 1%～2% 之内。

微波含水量测定仪能自动示出含水量大小,试验时对黏性土仅需取代表性样 3～5g、烘烤时间 3～5min 即可。该仪器重 6.5kg(包括电池),携带方便,适宜于在工地或野外快速测定含水量,唯产品质量尚需进一步提高。

3. 容重测定

黏性土的容重测定一般可用体积 200～500cm³ 环刀测定(简称环刀法);砂的容重测定可用体积 500cm³ 左右的环刀测定(以上环刀尺寸应符合规范规定);砾质土、砂砾料、反滤料的容重测定用灌水法或灌砂法测定;堆石因其空隙大,一般用灌水法测定容重。当砂砾料因缺乏细粒而有架空时,应用灌水法测定。

(1)砂砾料、堆石、砾质土、反滤料的容重测定,宜优先采

用灌水法,并按以下步骤进行:

1) 将地面用铁铣仔细铲平,并用水平尺检查坑面是否平整,当平整有困难时,应加套环进行。

2) 按预先估计的试坑大小(试坑的直径为土样最大粒径的 3～5 倍。其取样数量对于堆石不小于 2000～3000kg;砂砾料不少于 50～200kg;砾质土不少于 10～50kg),将坑内的料物仔细挖除,注意使开挖面尽量平整,称其全部重量,并进行颗分。

3) 将塑料薄膜铺于坑内(尽量防止塑料薄膜过多的重叠一起)。

4) 向试坑内灌水至充满为止,记录每次加水的重量(重量法),并测量水温。当坑内水接近盛满时,需用小量筒仔细将水注入,防止溢出。全部水重被水的容重除,即可得试坑体积,从而求得湿容重。塑料薄膜的重量一般与试样重量相比可忽略不计。

冬天负温时塑料薄膜变硬、脆,应将水加温,以满足试验要求。

5) 环刀体积的换算。环刀的体积一般宜为整数。即 $200cm^3$、$300cm^3$、$500cm^3$,目的为使容重计算简便。但实际环刀与上述整数体积略有差别。当差值不大时,可采用以下方法将环刀体积近似换算成整数值。

设环刀的实际体积为 V',整数体积为 V,两者的差值为 V,相应的环刀内土的重量为 g'、g、$\pm \Delta g$,则

$$V = V' \pm \Delta V \tag{8-6}$$

所以

$$\gamma_w V = \gamma_w V' \pm \Delta V \tag{8-7}$$

式中:γ_w——土的湿容重。

故

$$g = g' \pm \Delta g \tag{8-8}$$

由于 ΔV 为常数。且其值很小(当 ΔV 值较大时,这种方

法的误差也较大),土的压实干容重一般也近似设计干容重,而含水量也被控制为施工含水量,故可令

$$\Delta g = \gamma_d (1 + W\%) \times \Delta V \qquad (8\text{-}9)$$

式中:γ_d——设计干容重;

$W\%$——施工平均含水量。

因此 Δg 将近似为一常数,这样每一环刀的体积可按式(8-9)换算成整数值,而每次试验只需要按式(8-8)将实际环刀内湿土重减去或加上 Δg 即可,则土体的湿容重:

$$\gamma_d = g/V \qquad (8\text{-}10)$$

式中:V——换算环刀体积,对每一环刀预先确定;

g——按式(8-8)计算,并按每一环刀编号说明其改正值$\pm \Delta g$。

另一种精确计算湿容重的方法是预先对每一环刀绘制成 $\gamma_w \sim g$(即湿容重~湿土重)曲线,采用查图法确定湿容重。

二、常用现场试验方法

1. 环刀法

适用范围:细粒土的回填干密度测定。

主要用仪器设备及要求:

环刀(见图 8-1):内径 61.8mm 和 79.8mm,高度 20mm;

天平:称量 500g,最小分度值 0.1g;称量 200g,最小分度值 0.01g。

根据试验要求用环刀切取试样时,应在环刀的内壁涂一层凡士林,刃口向下放在土样上,将环刀垂直下压,并用切土刀沿环刀外侧切削土样,边压边削至土样高出环刀,根据试样的软硬采用钢丝锯或切土刀整平环刀两端土样,擦净环刀外壁,称环刀和土的总质量。

试样的湿密度计算:

$$\rho_0 = m_0/V \qquad (8\text{-}11)$$

式中:ρ_0——试样的湿密度,g/cm³,准确到 0.01g/cm³;

m_0——湿土试样的质量,g。

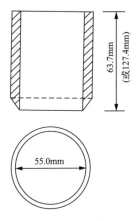

图 8-1　环刀示意图

本试验应进行两次平行试验,两次测定的差值不得大于 0.03g/cm³,取两次测值的平均值。

2. 挖坑灌水法

采用挖坑灌水法主要测定砂砾料和堆石料的干密度及颗粒级配,该法的试验仪器设备主要有:

钢环:内径 $D=1000\sim2000$mm,高度 $h=20$mm。为保证钢环的钢度,钢环两沿口应焊接宽度为 100mm 的环板,并在环外侧设加劲板。

套筛:方或圆孔,孔径 150mm、80mm、40mm、20mm、10mm 等的套筛,自制尺环($\phi6$ 钢筋制成),内径为 300mm、600mm(方口尺环最大内径为 1000mm,活口尺环最大内径为 1000mm)。

磅秤:称量 500kg,感量 0.2kg。

方木尺:长度等于加劲环板的外径,即 $D+200$mm(D 为加劲环板的直径),中间钉钉。钉长出尺面 $50\sim100$mm。

水箱:容积约为 400L,底部设放水阀,亦可采用高精度流量计。

橡皮板:平面尺寸为 1m×2m,厚 $2\sim3$mm。

其他还有直尺、水桶(15L)、量筒(2000ml)、带盖小桶

（3L）、人字扒杆等。

试验步骤：

（1）将钢环放在待检测的压实层面上，用水准尺找平，并用块石沿钢环外缘将环压紧，使其固定。

（2）检查环内表面松动石块和锐利碎片。下挖至要求高度，边挖边将坑内的试样装入盛料的容器内，称试样质量，准确到10g。

（3）相应试坑挖好后，将隔水薄膜放在环内，并使隔水薄膜尽可能与环内边角及块石表面接触。

（4）记录储水筒内初始水位的高度，拧开储水筒出水管开关，将水缓慢注入隔水薄膜中。当袋内水面接近套环边缘时，将水流调小，直至袋内水面与套环边缘齐平时关闭出水管，持续3～5min，记录储水桶内水位高度，当袋内水面下降时，应另取隔水薄膜袋重做试验。

试坑体积的计算：

$$V_p = (H_1 - H_2) \times A_w - V_0 \qquad (8\text{-}12)$$

式中：V_p——试坑体积，cm^3；

H_1——储水桶内初始水位高度，cm；

H_2——储水桶内注完水后水位高度，cm；

A_w——储水桶横截面积，cm^2；

V_0——套环体积，cm^3。

试样密度计算：

$$\rho_0 = m_p / V_p \qquad (8\text{-}13)$$

式中：m_p——取自试坑内湿土试样的质量，g。

3. 灌砂法

适用范围：粗粒土的密度测定。

试验仪器设备及要求：

密度测定器：由容砂瓶、灌砂漏斗和底盘组成，灌砂漏斗高135mm、直径165mm，尾部有孔径为13mm的圆柱形阀门；容砂瓶容积为4L，容砂瓶和灌砂漏斗之间用螺纹接口连接。底盘承托容砂瓶和灌砂漏斗。

天平:称量 10kg,最小分度值 5g;称量 500g,最小分度值 0.1g。

标准砂密度测定步骤:

(1) 标准砂应清洗洁净,粒径宜选用 0.25～0.50mm,密度宜在 1.47～1.61g/cm³。

(2) 组装容砂瓶和灌砂漏斗,螺纹连接处应拧紧,称其质量。

(3) 将密度测定器竖立,灌砂漏斗口向上,关阀门,向灌砂漏斗中注满标准砂,打开阀门使灌砂漏斗内的标准砂漏入容砂瓶内,继续向漏斗内注砂漏入瓶内,当砂停止流动时迅速关闭阀门,倒掉漏斗内多余的砂,称容量瓶、灌砂漏斗和标准砂的总质量,准确到 5g,试验中应避免振动。

(4) 倒出容砂瓶中的标准砂,通过漏斗向容砂瓶内注水至水面高出阀门,关阀门,倒掉漏斗中多余的水,称容量瓶、漏斗和水的总质量,准确到 5g,并测定水温,准确到 0.5℃,重复测定 3 次,3 次测值之间的差值不得大于 3mL,取 3 次测值的平均值。

容砂瓶的容积计算:

$$V_r = (m_{r1} - m_{r2})/\rho_{wr} \qquad (8\text{-}14)$$

式中:V_r——容砂瓶容积,mL;

m_{r1}——容砂瓶、漏斗和水的总质量,g;

m_{r2}——容砂瓶和漏斗的总量,g;

ρ_{wr}——不同水温时水的密度,g/cm³。

标准砂的密度计算:

$$\rho_s = (m_{rs} - m_{r1})/V_r \qquad (8\text{-}15)$$

式中:ρ_s——标准砂的密度,g/cm³;

m_{rs}——容砂瓶、漏斗和标准砂的总质量,g。

灌砂法的试验步骤:

(1) 按灌水法试验中挖坑的步骤依据规定尺寸挖好试坑,称试样质量 m_p,测定试样的含水率 ω_1。

(2) 向容砂瓶内注满砂,关阀门,称容砂瓶、漏斗和砂的总质量,准确至 10g。

(3) 密度测定器倒置(容砂瓶向上)于挖好的坑口上,打开阀门,使砂注入试坑,在注砂过程中不应振动,当砂注满试坑时关闭阀门,称容量瓶、漏斗和余砂的总质量,准确至 10g,并计算注满试坑所用标准砂质量 m_s。

试样密度的计算:

$$\rho_0 = m_p/m_s/\rho_s \tag{8-16}$$

式中: m_s——注满试坑所用标准砂的质量,g;

m_p——取自坑内试样的质量,g。

试样干密度的计算,精确到 0.01g/cm^3

$$\rho_d = [m_p/(1+0.01\omega_1)/m_s/\rho_s] \tag{8-17}$$

4. 压实计法

压实计是近来发展起来的一种控制碾压质量的一种新型仪器,将压实计安装在振动碾上,如图 8-2 所示,可以对整个碾压作业面进行全面的实时的质量控制。在碾压过程中,操作员通过指示仪表,即可随时了解工作面的压实情况,并可根据仪表的指示确定是否增加实遍数。

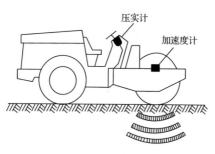

图 8-2 安装在振动碾上的压实计

一般情况下,压实计读数只表示坝料的压实程度,而不表示一定的工程参数,有些厂家生产的压实计经过率定后,其读数可以表示工程参数(干密度、沉降率、孔隙率等)。在后一种情况下,应尽可能保持施工参数与率定时的施工参数相同。

(1) 压实计的组成。压实计由传感器、信号处理器、指示仪表、电源、电缆、记录仪表等部件组成。

传感器:安装在振动碾振动轮轴上方,以保证测量时传感器随振动轮上下运动。

信号处理器:安装在驾驶室内。

指示仪表:安装在操作台上。

电源:一般采用振动碾所带的 12V 蓄电池。

电缆:按说明要求将上述各部件用动力电缆和信号电缆连接起来。

记录仪表:各种型号压实计所配的记录仪表不同,有打印机或笔绘记录器等,平时记录仪表安装在振动碾上,需要记录时,按说明书将记录仪表与信号处理器连接。

(2) 压实计的率定。压实计的率定就是找出压实计读数与填筑干密度或孔隙率的对应关系的过程,其方法与碾压试验大致相同,尽可能结合施工前的现场进行碾压试验。

压实计率定时,若压实计具有频率选择功能,则碾压前应将其频率选择开关调到与振动碾压工作频率相同处。碾压过程中应保持振动碾的行进速度恒定,率定的速度一般以 0.5~1km/h 为宜。碾压必须采用分道方式,不能采用错距方式。

在碾压过程中,每碾压 1 遍或 2 遍后退进行一次沉降测量。每道碾压应选择 10~15 个测点,在碾压过程中或碾压结束后,采用试坑注水法测定堆石体的干密度(或孔隙率)。

资料分析与整理,计算同一碾压遍数的压实计读数、沉降率、干密度(孔隙率)的算术平均值,然后绘制压实计读数、沉降率、干密度与碾压遍数的关系曲线,如图 8-3 所示曲线确定符合设计施工标准的干密度(孔隙率)所对应的压实计读数和碾压遍数。

(3) 压实计的使用。压实计在坝体堆石填筑中,主要作为压实指示仪表(见图 8-2)。压实计在未作率定的情况下采用这种工作方式。碾压过程中,压实计的读数指明堆石碾压

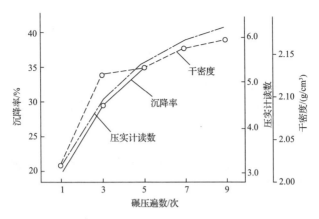

图 8-3　压实计度数、干密度、沉降率与碾压遍数的关系曲线

密实的程度,可根据仪表的指示确定是否还需要增加碾压遍数。当仪表读数不再增加或增加量很小时,即表示作业面已碾压密实。

(4) 注意事项。在压实计使用之前,应详细阅读压实计的使用说明书,了解压实计的适用范围和标准方法。注意有些压实计可以测量混合料、堆石料、砂砾料等,有些压实计只适用于均质体。

在施工中还应尽量减少下列因素对测试结果的影响:

1) 振动碾振动频率应保持恒定,压实计的工作频率应调整到与振动碾的振动频率相同,其偏差最好不大于 100 次/min。

2) 振动碾速度。测试时振动碾行进速度应保持恒定。速度变化将影响压实计读数。速度快,压实计读数偏小。

3) 振动碾方向。由于振动碾在前进与后退时激振力的变化,因而压实计读数不同,应在振动碾前进时读数。

4) 含水量。黏土、淤泥、粉砂等细颗粒材料的含水量对压实计读数影响很大。含水量较大时,压实计读数较小,且指示为常数。但此时材料仍能被压实。含水量等于或略小于最佳含水量时,压实计能较好地工作。

5. 面波仪法

用面波仪原位检测堆石体的干密度是"七五""八五"国家科技攻关成果之一。在利用激振设备在半无限弹性介质表面进行垂直激振时,介质中质点产生相应的纵向和横向振动,介质表面质点的振动沿表面传播,产生表面波。表面波在介质中的传播速度 V_R 与介质的密度、强度等特性参数存在良好的相关性。通过率定建立起相关方程式以后,即可用现场检测表面波传播速度的方式,换算成堆石体的质量参数,快速并无损地在现场对碾压质量进行监测和评估。这种质量监测技术开发以来,已在十三陵、上池、莲花等面板坝工地实际应用,取得较好效果。

表面波压实密度仪由控制检查装置、发射激振装置、接收传感器组成。使用时将仪器安装在已压实的堆石体表面进行检测,如图 8-4 控制检测装置按给定频率控制激振器对被测材料进行垂直激振时,被测材料中产生表面波振动信号,沿填筑层表面传播,经距离 L 后由传感器接收,由控制检测装置测量到表面波传播速度 V_R(m/s)值,然后根据 V_R 与压实干密度 ρ_d(g/cm³)的相关方程式计算出压实干密度。

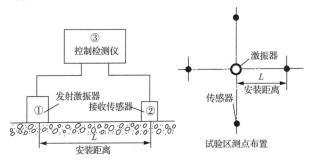

图 8-4　表面波无损检测仪测试布置图

中国水利水电科学研究院仪器研究所开发的 BZJ-3A 型表面波压实密度仪,频率范围 50～4000Hz,检测深度为

$0.2\sim1.5m$,检测水平范围 $0.6\sim2m$,仪器质量 $14kg$,便于在现场使用。

在这种压实密度仪中,存入了 $V_R\sim\rho_d$ 的相关方程式:$\rho_d=a+bV_R$ 及计算程序。实际应用前,应使用原型材料在碾压试验或初期填筑阶段对面波速度与试坑注水法测得的干密度进行检测,建立相关关系,并进行回归分析,确定相关方程中的 a、b 值,输入到仪器中供实际应用。

在现场检测时,为使仪器与堆石体表面有良好接触,对表面凹凸不平处要用砂土垫平,并根据粒径大小和铺层厚度确定仪器发射频率 f,检测水平距离 L 及采样次数 T 等参数。如对堆石料,铺层厚度 $1m$,可选用 $f=100Hz$,$L=0.5m$ 或 $0.75m$;$T=7$;对垫层料等较细材料,铺层厚度 $0.3\sim0.5m$ 可选用 $f=200Hz$,$L=0.3m$,$T=7$ 等。通常以激振器为中心,在互为 $90°$ 的四个方向布置传感器,得出半径为 L 范围内堆石体的平均压实干密度值。

如在十三陵、上池面板堆石坝的实际检测结果见图 8-5 及图 8-6。面波仪法的检测结果与试坑注水法的对比见图 8-7,由图可见,在碾压 4 遍以上时,两者十分接近。

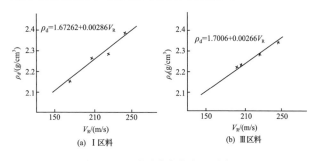

图 8-5　碾压实验率定曲线(面波仪)

6. 核子密度仪法

利用核子密度仪测定土石等材料原位密度和含水量是一种迅速发展起来的无损、快速检测新技术,并成为质量检测和控制的一种重要工具。

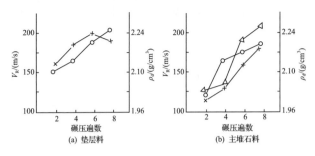

图 8-6 不同碾压遍数的 V_R 与 ρ_d（面波仪）

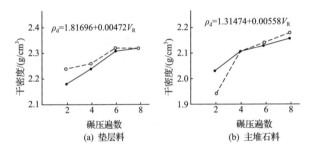

图 8-7 碾压遍数—压实干密度的关系

——试坑法 ------面波仪法

核子密度仪可分为表层型核子密度仪和深层型核子密度仪两种类型。

（1）密度仪仪器主机的组成：

1）γ 射线源：常为铯-137（^{137}Cs），为双层不锈钢封焊的固体密封源。

2）γ 射线探测器：通常为盖革-弥勒气体计数管（C-M 计数管）或由碘化钠闪烁体和光电倍增管所组成的闪烁探测器。

3）热中子探测器：通常为氦-3（^{3}He）正比气体计数管，也可为三氟化硼（BF$_3$）正比气体计数管或锂玻璃闪烁探测器。

4）定标器电子线路：提供给 γ 射线探测器和热中子探测

器工作的高、低电压电源,并对来自探测器的测试信号进行放大和记录的相关电子线路。

5)微机处理和液晶显示器:用于处理、记录、存储测试数据,并显示测试参数和测量结果。

6)电源:一般为可充电电池组或干电池。

7)仪器机箱:用于放置以上放射源,探测器,电子线路组件和电源的防潮、防尘,为坚固的金属或工程塑料箱体。

(2)附件和器具的组成:

1)标准块,通常由聚乙烯原板制成。

2)钢钎。

3)导板:焊有垂向套管的铝合金或钢质平板。

4)铁锤、充电器、运输箱和个人辐射剂元件。

(3)核子密度仪使用时的一般规定。

1)在现场测试前,或对仪器工作状态产生怀疑时,都应对仪器标准计数进行测量和检验,检验合格后方可使用。

2)每次测量标准计数所采用的方式和测量条件应完全相同,并符合仪器使用说明书的有关要求。

3)标准块可放置在干燥、平坦的压实土石、混凝土、沥青混凝土和其他建筑材料表面,其密度不宜小于 $1.6g/cm^3$,含水量不宜大于 $0.24g/cm^3$,对某些型号仪器,标准块也可放在所配置的运输箱上。

4)进行标准计数测量时,应将仪器放置在标准块上,并将仪器源杆放在安全位置,标准块表面和仪器底面应无油垢、尘土,两者应有良好的接触。

5)进行标准计数测量时,仪器周围 8m 以内不应有放射源,3m 以内不应有大型建筑物,测量人员应与仪器保持 2m 以上的距离。

6)当室内外温差很大时,仪器应在现场放置大约 20min 后再进行标准计数测量,测取标准计数的环境温度与现场测量的环境温度应相近。如测试当日温度变化很大,宜在现场测试过程中适当增加标准计算测量次数。

7)在仪器整个使用期间,应完整记录和保留仪器标准计数及有关资料(如时间、地点、条件和环境等)，并建立档案，长期保存。

(4) 核子密度仪标准计数检验的规定。

1) 手动单次测量方法测取标准计数的检验应符合下列规定：

①用手动单次测量方法测取新的标准计数，如新测取的密度或水分标准计数符合式(8-18)为合格，否则视为不合格。

$$| n - n_0 | \leqslant 2 \sqrt{n_0 / f} \qquad (8-18)$$

式中：n——新测取的密度或水分标准计数；

n_0——仪器先前已测取的 4 个密度或水分标准计数的平均值；

f——预置比例因子。

② 用手动单次测量方法测取新的标准计数，如新测取的密度和水分标准计数分别符合式(8-19)和式(8-20)的规定范围，则该新测取的密度或水分标准计数为合格，否则视为不合格。

$$| n - n_0 | \leqslant 0.01 n_0 \qquad (8-19)$$

$$| n - n_0 | \leqslant 0.02 n_0 \qquad (8-20)$$

如仪器还没有测取和存储过合格的标准计数或者已有，但是在 2 个月以前测取的，或者新的测量地区其环境放射性有明显异常，则都应先重新测取 4 个密度或水分标准计数，并取其平均值，按①和②的规定对以后新测取的标准计数进行检验。

2) 自动连续多次测量方法测取标准计数的检验应符合下列规定：

用自动连续多次测量方法测取新的标准计数，如新测取的密度或水分标准计数符合公式(8-21)的规定范围，则该新测取的标准计数为合格，否则视为不合格。

$$0.75 \leqslant \sigma / \sqrt{n_0 / f} \leqslant 1.25 \qquad (8-21)$$

式中，σ——该组单次测取的密度或水分标准计数的标准差；

其他符号含义同前。

3) 不同型号的仪器均按 1)、2) 的规定方法进行标准计数的检验。如第一次检验不合格，可再次检验，其间可让仪器开机继续稳定一段时间，达到规定捡查标准计数测取条件。如不合格应及时纠正后再继续检验。如多次检验仍不合格，则认为仪器不能正常工作，需要检查和修理。

（5）核子密度仪现场标定。

1) 一般规定。对不同的被测材料和不同测量条件，仪器在现场测试前，应进行现场标定。相同被测材料在相同测量条件下，进行现场连续测试时，每隔 3～6 个月应进行一次现场标定。

仪器现场标定所采用的被测材料和所处的测量条件应与仪器现场测试时的被测材料和测量条件相同。被测材料的密度和含水量范围应包含现场测试中被测材料的密度和含水量变化范围。

仪器现场标定可采用密度和水分标样法，也可采用原位取样法。

现场标定时仪器应距其他放射源 8m 以上，应距大型建筑物 3m 以上，仪器操作人员在测量过程中应与仪器保持 2m 以上距离。

现场标定时仪器测量时间应采用 4min。

2) 密度和水分标样法现场标定。

密度和水分标样的制作应符合下列规定：

① 应采用现场被测材料和使用钢模板制作密度和水分标样。标样应不小于以下尺寸：

背向散射法密度测量：600mm×450mm×250mm；

透射法密度测量：600mm×450mm×350mm；

水分测量：600mm×450mm×350mm。

② 密度和水分标样数量分别应有 3 个。

③ 土石材料密度标样制备，应准备 3 个容器，其尺寸应符合上述的规定。分别向容器内充填现场被测土石材料，充

填时应保持材料原有级配和分布均匀,并分层充填和夯实,分层厚度可为 50mm 或 100mm,直至将容器填满,夯实到容器顶面并最后刮平。测量容器充填体积和称量所充填的土石材料质量,可计算出每个密度标样的密度。密度值误差在 ±0.005g/cm³ 范围以内。

④ 混凝土材料密度标样制备,应准备 3 个容器,其尺寸应符合上述规定。分别向容器内充填混凝土材料,该混凝土材料和级配应与现场浇筑使用的混凝土材料相同。充填时应分层充填和压实,分层厚度可为 50mm 或 100mm,直至将容器填满,压实到容器顶面并最后刮平。测量容器充填体积和称量所充填的混凝土质量,可计算出每个密度标样的密度。密度误差应在 ±0.005g/cm³ 范围以内。

⑤ 土石材料水分标样制备,应准备 3 个容器,其尺寸应符合上述规定。分别向容器充填现场被测土石料,充填时应分层充填和压实,并使其密度与现场情况大体相同,分层厚度可为 50mm 和 100mm,直至容器填满、压实,到容器顶面并最后刮平。充填完成后应采用塑料薄膜覆盖其表面。当仪器对以上各个水分标样测量完成后,应取样并采用烘干法测出每个水分标样的含水量。含水量值误差应在 0.005g/cm³ 范围以内。

3) 标样法密度现场标定应符合下列要求:

① 仪器开机,经预热和自检程序后进入工作状态,按规定测取和输入合格密度标准计数。

② 应将仪器分别放置在已制作好的土石或混凝土材料的 3 个密度标样表面,使仪器底面与标样表面在长边方向相一致,并且其位置前与后及左与右对称。

③ 根据土石或混凝土材料标样不同,应分别按规定对每个标样采用现场测试所选择的测量深度,并采用 4min 测量时间,启动仪器测取 3 次密度值,取这 3 次密度值的平均值,作为仪器测量结果。

④ 计算每个密度标样的仪器密度测量结果与标样实际密度值的差值,取这 3 个差值的平均值作为仪器在采用该测

量深度时密度测量结果的校正偏差。

4）标样法水分现场标定应符合下列要求：

① 仪器开机，经预热和自检进入工作状态，应按规定测取和输入合格的水分标准计数。

② 应将仪器分别放置在制作好的 3 个土石材料水分标样表面，使仪器底面与标样表面在长边方向相一致，并且其位置前与后及上与下对称。

③ 按规定分别对每个标样采用 4min 测量时间，启动仪器测取 3 次含水量值，取这 3 次含水量的平均值作为仪器测量结果。

④ 计算每个水分标样的仪器含水量测量结果与标样实际含水量的差值，取这 3 个差值的平均值作为仪器含水量测量结果的校正偏差。

5）原位取样法现场标定：根据被测材料种类和性质可采用不同的原位取样方法。对土石材料的密度测量，可采用灌水法和环刀法，含水量测量可采用烘干法；对于混凝土和沥青混凝土密度测量，可采用灌水法和钻孔取芯法。

现场标定应选择有代表性的测点。仪器测试与原位取样应在相同位置进行，并在仪器测量后立即进行原位取样。

原位取样法所取芯样应为直径 200mm 的圆柱体，该圆柱体应正好坐落在仪器射线源和 γ 射线探测器连线的中间位置。当采用背向散射法密度测量时，圆柱体高度可为 75mm 左右；当采用透射法密度测量时，圆柱体高度应为仪器测量深度；当进行含水量测量时，圆柱体高度可为 150mm 左右。

可采用相关法确定仪器密度和含水量测量结果分别与原位取样法密度和含水量测量结果的相互关系。对比测点不应少于 30 个，且相关曲线的相关系数应不小于 0.9。

6）原位取样法现场标定应符合下列要求：

① 仪器开机，经预热和自检后进入工作状态，应按规定测取和输入合格的密度和水分标准计数。

② 应在选定的测量位置上放置好仪器，对被测材料分

别为土石、混凝土和沥青混凝土则分别按相应规定,采用现场测试所选择的测量深度和采用 4min 测量时间,启动仪器进行密度和含水量测量,记录相应的密度和含水量测量结果。

③ 应按规定进行原位取样,并将所取试样送实验室测定其密度和含水量。

④ 应按规定整理和绘制原位取样法密度和含水量测量结果分别与仪器密度和含水量测量结果的相关曲线。

⑤ 计算所有测点的原位取样法密度测量结果的平均值和仪器密度测量结果的平均值,取两者的差值作为仪器在采用测量深度时密度测量结果的校正偏差。

⑥ 计算所有测点的原位取样法含水量测量结果的平均值和仪器含水量测量结果的平均值,取两者之差作为仪器含水量测量结果的校正偏差。

7. 附加质量法

附加质量法测试堆石体密度是一种原位、快速的无损检测技术,具有高效、快速、准确的特点,从现场检测到提交堆石体密度检验成果的时间不超过 1h,解决了大坝堆石体填筑质量检测评定与施工进度的矛盾。由于附加质量法检测对象是碾压后作业面的堆石体密度,所以检测工作必须现场跟踪,随着每层堆石体碾压施工进度实时进行检测。附加质量法检测堆石体密度可按以下步骤进行:

(1) 按要求(进、退场时间、需检测评定的单元)进入现场,核准需检测评定的点位。

(2) 在选定的测点上,平整场地(铺上 2～3cm 的细砂)。

(3) 将承压板(面积为 100cm×100cm)平放在已铺垫平整的测点上(注意保证承压板与测点平稳结合)。

(4) 将拾振传感器用耦合剂垂直固定在承压板的中央,并与振动信号分析仪相连通。

(5) 打开振动信号分析仪,启动振动信号分析处理软件,并进行检测参数设置。

(6) 分批(级)加载附加质量块于承压板上,并将激振锤

(50kg)安置在三脚架 1.2m 左右的规定高度上。做好对堆石体实施激振以及振动信号检测准备。

(7) 在承压板上沿一定方向布置多个检波器,用激振锤激发地震波,检测得到的地震纵波时距曲线的反斜率,即为该测点处堆石体(连续介质)的纵波速度。

(8) 在承压板上每加载一级附加质量(加载级数一般为 4~5 级),由振动信号分析仪操作人员负责指挥对堆石体实施激振,实时采集堆石体的动力反应信号,并对振动信号进行 FFT 变幻,求出与附加质量对应的堆石体有效频率。

(9) 用 Excel 表格进行编程计算,可以实时求得堆石体参振质量、固有振动频率变换因子与附加质量法测得的堆石体相对密度值,实现堆石体湿密度值附加质量法实时现场检测评定。

附加质量法为大坝堆石体压实效果检测指标—密度的检测提供了一种快速、非破损性的实时测试手段,可以成为坑测法压实效果指标检测及质量评定的有益补充。采用附加质量法现场实时检测出来的堆石体密度值可作为单元工程验收评定的依据。但附加质量法检测结果易受检测环境中振动和检测对象中大块石的影响。

附加质量法也成功应用于机场、公路等粗粒料填筑的压实密度检测。

8. 压沉值

公路施工中也有使用压沉值来进行压实质量控制。压沉值即相邻两遍碾压所产生的相对沉降量。

采用碾压沉降量控制法,每碾压一遍,利用水准仪测出碾压前后的高程,两者的差值即为该遍碾压的压沉值。当碾压到一定遍数后,每遍碾压沉降量趋近于零,即在此能量下达到最大压实效果,即使再增加碾压遍数其效果提高也不明显。因此,在填筑质量控制过程中,通过观测标准吨位的压路机碾压已压实层表面的前后沉降量,可判断被检测层是否达到压实标准。实际操作过程中,当碾压遍数确定后,对于前几次碾压的沉降可不作测量,而当碾压遍数达到最后两三次再进行测量,若沉降量不再增大则可停止碾压。压沉值测试方法:在测点上设置个直径钢球,用压路机将其压入路堤,使钢球顶面和路堤表面平顺。用精密水准仪测出钢球顶面标高,用总压实功的振动压路机碾压一遍后,再次测出钢球顶面标高,从而求出相邻两遍各点的相对沉降量,即为压沉值。也有采用面波法和压实计法进行测试的。

9. 瑞利波法

面波法是利用瑞利波在不均匀土层中的频散特性来划分土层结构的岩土工程原位测试方法。表面波是一种在无限介质中沿表面传播的弹性波,具有发散能、振幅及能量随传播衰减小、易于采集等特点。实验证明,表面波在材料中的传播速度与材料干密度、强度、弹性模量等工程力学参数存在良好的相关性,可建立起相关函数关系。因此,通过现场检测得到的施工结构的表面波速度,即可计算出物理学参数,对施工质量进行检测和评定。面波检测有着其他方法无可比拟的优点,如无损工程实体、方便快捷等。但是,由于填料结构组成的复杂性和现有仪器的精度、软件处理的限制等,这一技术目前尚不成熟可靠,且对于最大粒径大于60mm的堆石压实度检测难以满足精度要求。但随着科学技术的发展,面波检测是压实质量检测的一种很有发展前途的方法。

瞬态瑞利波法检测原理是在地面上产生一瞬时冲击力,以此产生一定频率范围的瑞雷波,不同频率范围的瑞利波法叠加在一起,以脉冲的形式向前传播,由距震源一定距离的多道检波器接收,经信号采集,仪器记录,利用瑞利波处理软件对所记录的瑞利波信号,在时间域开窗提取和F-K域进行瑞利波提取,把各个频率瑞利波分离开来,从而获得瑞利波速度随深度的变化曲线,即瑞利波频散曲线,频散曲线的变化规律与地下地质条件存在着内在联系,通过对频散曲线进行解释,可获得地下某一深度范围内的地质构造情况和不同深度的瑞利波速度值,而瑞利波速度值的大小与介质的物理特性有关系,据此可对岩土的物理性质做出评价。该方法在地质勘察、公路、铁路、水利、工民建等行业已经广泛应用，水利电力工程中也曾在黑河金盆水利枢纽坝壳砂砾石、东菁溪防洪工程西塘加固工程套井填筑黏土防渗体、田家湾核电站专家村场地堆石体强夯质量检测等多个工程应用。

第四节　质量评定和验收标准

知识链接

当工程具备验收条件时，应及时组织验收。未经验收或验收不合格的工程不应交付使用或进行后续工程施工。验收工作应相互衔接，不应重复进行。

——《水利工程建设标准强制性条文》
（2016年版）

一、水利水电工程项目划分的原则

1. 项目的名称与划分原则

（1）水利水电工程质量检验与评定应当进行项目划分。项目按级划分为单位工程、分部工程、单元（工序）工程等三级。

（2）水利水电工程项目划分应结合工程结构特点、施工部署及施工合同要求进行，划分结果应有利于保证施工质量以及施工质量管理。

（3）单位工程项目划分原则：

1）枢纽工程，一般以每座独立的建筑物为一个单位工程。当工程规模大时，可将一个建筑物中具有独立施工条件的一部分划分为一个单位工程。

2）堤防工程，按招标标段或工程结构划分单位工程。可将规模较大的交叉联结建筑物及管理设施以每座独立的建筑物划分为一个单位工程。

3）引水（渠道）工程，按招标标段或工程结构划分单位工程。可将大、中型（渠道）建筑物以每座独立的建筑物划分为一个单位工程。

4）除险加固工程，按招标标段或加固内容，并结合工程量划分单位工程。

（4）分部工程项目划分原则：

1）枢纽工程，土建部分按设计的主要组成部分划分；金属结构及启闭机安装工程和机电设备安装工程按组合功能划分。

2）堤防工程，按长度或功能划分。

3）引水（渠道）工程中的河（渠）道按施工部署或长度划分。大、中型建筑物按工程结构主要组成部分划分。

4）除险加固工程，按加固内容或部位划分。

5）同一单位工程中，各个分部工程的工程量（或投资）不宜相差太大，每个单位工程中的分部工程数目，不宜少于5个。

（5）单元工程项目划分原则：

1）按《水利建设工程单元工程施工质量验收评定标准》（以下简称《单元工程评定标准》）规定进行划分。

2）河（渠）道开挖、填筑及衬砌单元工程划分界限宜设在变形缝或结构缝处，长度一般不大于 100m。同一分部工程中各单元工程的工程量（或投资）不宜相差太大。

3）《单元工程评定标准》中未涉及的单元工程可依据工程结构、施工部署或质量考核要求，按层、块、段进行划分。

2. 项目划分程序

（1）由项目法人组织监理、设计及施工等单位进行工程项目划分，并确定主要单位工程、主要分部工程、重要隐蔽单元工程和关键部位单元工程。项目法人在主体工程开工前将项目划分表及说明书面报相应工程质量监督机构确认。

（2）工程质量监督机构收到项目划分书面报告后，应当在 14 个工作日内对项目划分进行确认并将确认结果书面通知项目法人。

（3）工程实施过程中，需对单位工程、主要分部工程、重要隐蔽单元工程和关键部位单元工程的项目划分进行调整时，项目法人应重新报送工程质量监督机构确认。

二、水利水电工程施工质量检验的要求

1. 施工质量检验的基本要求

（1）承担工程检测业务的检测机构应具有水行政主管部门颁发的资质证书。

（2）工程施工质量检验中使用的计量器具、试验仪器仪表及设备应定期进行检定，并具备有效的检定证书。国家规定需强制检定的计量器具应经县级以上计量行政部门认定的计量检定机构或其授权设置的计量检定机构进行检定。

（3）检测人员应熟悉检测业务，了解被检测对象性质和所用仪器设备性能，经考核合格后，持证上岗。参与中间产品及混凝土（砂浆）试件质量资料复核的人员应具有工程师以上工程系列技术职称，并从事过相关试验工作。

（4）工程质量检验项目和数量应符合《单元工程评定标准》规定。工程质量检验方法，应符合《单元工程评定标准》和国家及行业现行技术标准的有关规定。

（5）工程项目中如遇《单元工程评定标准》中尚未涉及的项目质量评定标准时，其质量标准及评定表格，由项目法人组织监理、设计及施工单位按水利部有关规定进行编制和报批。

（6）工程中永久性房屋、专用公路、专用铁路等项目的施工质量检验与评定可按相应行业标准执行。

（7）项目法人、监理、设计、施工和工程质量监督等单位根据工程建设需要，可委托具有相应资质等级的水利工程质量检测机构进行工程质量检测。施工单位自检性质的委托检测项目及数量，按《水利水电工程单元工程施工质量阶段评定标准》（SL 631～637—2012）、《水利水电工程单元工程施工质量评定标准》（SL 638～639—2013）（简称《单元工程评定标准》）及施工合同约定执行。对已建工程质量有重大分歧时，由项目法人委托第三方具有相应资质等级的质量检测机构进行检测，检测数量视需要确定，检测费用由责任方承担。

（8）对涉及工程结构安全的试块、试件及有关材料，应实行见证取样。见证取样资料由施工单位制备，记录应真实齐全，参与见证取样人员应在相关文件上签字。

（9）工程中出现检验不合格的项目时，按以下规定进行处理：

① 原材料、中间产品一次抽样检验不合格时，应及时对同一取样批次另取两倍数量进行检验，如仍不合格，则该批次原材料或中间产品应当定为不合格，不得使用。

② 单元（工序）工程质量不合格时，应按合同要求进行处理或返工重做，并经重新检验且合格后方可进行后续工程施工。

③ 混凝土（砂浆）试件抽样检验不合格时，应委托具有相应资质等级的质量检测机构对相应工程部位进行检验。如仍不合格，由项目法人组织有关单位进行研究，并提出处理意见。

④ 工程完工后的质量抽检不合格，或其他检验不合格的工程，应按有关规定进行处理，合格后才能进行验收或后续工程施工。

2. 施工过程中参建单位的质量检验职责

（1）施工单位应当依据工程设计要求、施工技术标准和合同约定，结合《单元工程评定标准》的规定确定检验项目及数量并进行自检，自检过程应当有书面记录，同时结合自检情况如实填写《水利水电工程施工质量评定表》。

（2）监理单位应根据《单元工程评定标准》和抽样检测结果复核工程质量。其平行检测和跟踪检测的数量按《监理规范》或合同约定执行。

（3）项目法人应对施工单位自检和监理单位抽检过程进行督促检查，对报工程质量监督机构核备、核定的工程质量等级进行认定。

（4）工程质量监督机构应对项目法人、监理、勘测、设计、施工单位以及工程其他参建单位的质量行为和工程实物质量进行监督检查。检查结果应当按有关规定及时公布，并书面通知有关单位。

（5）临时工程质量检验及评定标准，由项目法人组织监理、设计及施工等单位根据工程特点，参照《单元工程评定标准》和其他相关标准确定，并报相应的工程质量监督机构核备。

3. 施工过程中质量检验内容的主要要求

（1）质量检验包括施工准备检查，原材料与中间产品质量检验，水工金属结构、启闭机及机电产品质量检查，单元（工序）工程质量检验，质量事故检查和质量缺陷备案，工程外观质量检验等。

（2）主体工程开工前，施工单位应组织人员对施工准备检查，并经项目法人或监理单位确认合格且履行相关手续后，才能进行主体工程施工。

（3）施工单位应按《单元工程评定标准》及有关技术标准对水泥、钢材等原材料与中间产品质量进行检验，并报监理单位复核。不合格产品不得使用。

（4）水工金属结构、启闭机及机电产品进场后，有关单位应按有关合同进行交货检查和验收。安装前，施工单位应检查产品是否有出厂合格证、设备安装说明书及有关技术文件，对在运输和存放过程中发生的变形、受潮、损坏等问题应做好记录，并进行妥善处理。无出厂合格证或不符合质量标准的产品不得用于工程中。

（5）施工单位应按《单元工程评定标准》检验工序及单元工程质量，做好书面记录，在自检合格后，填写《水利水电工程施工质量评定表》报监理单位复核。监理单位根据抽检资料核定单元（工序）工程质量等级。发现不合格单元（工序）工程，应要求施工单位及时进行处理，合格后才能进行后续单元工程施工。对施工中的质量缺陷应书面记录备案，进行必要的统计分析，并在相应单元（工序）工程质量评定表"评定意见"栏内注明。

（6）施工单位应及时将原材料、中间产品及单元（工序）工程质量检验结果报监理单位复核。并应按月将施工质量情况报送监理单位,由监理单位汇总分析后报项目法人和工程质量监督机构。

4. 质量缺陷备案的主要规定

(1) 在施工过程中,因特殊原因使得工程个别部位或局部发生达不到技术标准和设计要求(但不影响使用),且未能及时进行处理的工程质量缺陷问题(质量评定仍为合格),应以工程质量缺陷备案形式进行记录备案。

(2) 质量缺陷备案表由监理单位组织填写,内容应真实、准确、完整。各工程参建单位代表应在质量缺陷备案表上签字,若有不同意见应明确记载。质量缺陷备案表应及时报工程质量监督机构备案。质量缺陷备案资料按竣工验收的标准制备。工程竣工验收时,项目法人应向竣工验收委员会汇报并提交历次质量缺陷备案资料。

5. 质量检验评定工作考核

根据水利部《水利建设质量工作考核办法》(水建管[2014]351号),涉及建设项目质量检验评定工作主要考核以下内容:

(1) 原材料、中间产品和实体质量施工单位自检;

(2) 原材料、中间产品和实体质量监理平行检测和跟踪检测;

(3) 原材料、中间产品和实体质量第三方抽检;

(4) 单元工程质量评定等。

三、水利水电工程施工质量评定的要求

水利水电工程施工质量等级分为"合格""优良"两级。合格标准是工程验收标准。优良等级是为工程项目质量创优而设置。

1. 水利水电工程施工质量等级评定的主要依据

(1) 国家及相关行业技术标准。

(2)《单元工程评定标准》。

(3) 经批准的设计文件、施工图纸、金属结构设计图样与技术条件、设计修改通知书、厂家提供的设备安装说明书及有关技术文件。

（4）工程承发包合同中约定的技术标准。

（5）工程施工期及试运行期的试验和观测分析成果。

2．施工质量合格标准

（1）单元（工序）工程施工质量合格标准：

1）单元（工序）工程施工质量评定标准按照《单元工程评定标准》或合同约定的合格标准执行。

2）单元（工序）工程质量达不到合格标准时，应及时处理。处理后的质量等级按下列规定重新确定：①全部返工重做的，可重新评定质量等级；②经加固补强并经设计和监理单位鉴定能达到设计要求时，其质量评为合格；③处理后的工程部分质量指标仍达不到设计要求时，经设计复核，项目法人及监理单位确认能满足安全和使用功能要求的，可不再进行处理；或经加固补强后，改变了外形尺寸或造成工程永久性缺陷的，经项目法人、监理及设计单位确认能基本满足设计要求的，其质量可定为合格，但应按规定进行质量缺陷备案。

（2）分部工程施工质量合格标准：

1）所含单元工程的质量全部合格。质量事故及质量缺陷已按要求处理，并经检验合格。

2）原材料、中间产品及混凝土（砂浆）试件质量全部合格，金属结构及启闭机制造质量合格，机电产品质量合格。

（3）单位工程施工质量合格标准。①所含分部工程质量全部合格；②质量事故已按要求进行处理；③工程外观质量得分率达到70％以上；④单位工程施工质量检验与评定资料基本齐全；⑤工程施工期及试运行期，单位工程观测资料分析结果符合国家和行业技术标准以及合同约定的标准要求。

（4）工程项目施工质量合格标准：①单位工程质量全部合格；②工程施工期及试运行期，各单位工程观测资料分析结果均符合国家和行业技术标准以及合同约定的标准要求。

3．施工质量优良标准

（1）单元工程施工质量优良标准按照《单元工程评定标

准》以及合同约定的优良标准执行。全部返工重做的单元工程，经检验达到优良标准时，可评为优良等级。

（2）分部工程施工质量优良标准：

1）所含单元工程质量全部合格，其中 70％以上达到优良等级，主要单元工程以及重要隐蔽单元工程（关键部位单元工程）质量优良率达 90％以上，且未发生过质量事故。

2）中间产品质量全部合格，混凝土（砂浆）试件质量达到优良等级（当试件组数小于 30 时，试件质量合格）。原材料质量、金属结构及启闭机制造质量合格，机电产品质量合格。

（3）单位工程施工质量优良标准：

1）所含分部工程质量全部合格，其中 70％以上达到优良等级，主要分部工程质量全部优良，且施工中未发生过较大质量事故。

2）质量事故已按要求进行处理。

3）外观质量得分率达到 85％以上。

4）单位工程施工质量检验与评定资料齐全。

5）工程施工期及试运行期，单位工程观测资料分析结果符合国家和行业技术标准以及合同约定的标准要求。

（4）工程项目施工质量优良标准：

1）单位工程质量全部合格，其中 70％以上单位工程质量达到优良等级，且主要单位工程质量全部优良。

2）工程施工期及试运行期，各单位工程观测资料分析结果均符合国家和行业技术标准以及合同约定的标准要求。

4. 施工质量评定工作的组织要求

（1）单元（工序）工程质量在施工单位自评合格后，报监理单位复核，由监理工程师核定质量等级并签证认可。

（2）重要隐蔽单元工程及关键部位单元工程质量经施工单位自评合格、监理单位抽检后，由项目法人（或委托监理）、监理、设计、施工、工程运行管理（施工阶段已经有时）等单位组成联合小组，共同检查核定其质量等级并填写签证表，报工程质量监督机构核备。

（3）分部工程质量，在施工单位自评合格后，报监理单位复核,项目法人认定。分部工程验收的质量结论由项目法人报质量监督机构核备。大型枢纽工程主要建筑物的分部工程验收的质量结论由项目法人报工程质量监督机构核定。

（4）工程外观质量评定。单位工程完工后,项目法人组织监理、设计、施工及工程运行管理等单位组成工程外观质量评定组,进行工程外观质量检验评定并将评定结论报工程质量监督机构核定。参加工程外观质量评定的人员应具有工程师以上技术职称或相应执业资格。评定组人数应不少于5人,大型工程宜不少于7人。

（5）单位工程质量,在施工单位自评合格后,由监理单位复核,项目法人认定。单位工程验收的质量结论由项目法人报质量监督机构核定。

（6）工程项目质量,在单位工程质量评定合格后,由监理单位进行统计并评定工程项目质量等级,经项目法人认定后,报质量监督机构核定。

（7）阶段验收前,质量监督机构应提交工程质量评价意见。

（8）工程质量监督机构应按有关规定在工程竣工验收前提交工程质量监督报告,工程质量监督报告应当有工程质量是否合格的明确结论。

四、水利水电工程单元工程质量等级评定标准

标准将质量检验项目统一为主控项目、一般项目（主控项目,对单元工程功能起决定作用或对安全、卫生、环境保护有重大影响的检验项目;一般项目,除主控项目外的检验项目）。

需要强调的是,单元工程是日常工程质量考核的基本单位,它是以有关设计、施工规范为依据的,其质量评定一般不超出这些规范的范围。

由于以上评定标准是以有关技术规范为基础的,而一些目前使用的检测手段（如超声波、电子或激光探测等）没有相应的有关技术规范,所以,评定标准中基本没有使用这些手段的相应检测标准。

1. 单元质量评定的主要要求

(1) 单元工程按工序划分情况,分为划分工序单元工程和不划分工序单元工程。

划分工序单元工程应先进行工序施工质量验收评定。在工序验收评定合格和施工项目实体质量检验合格的基础上,进行单元工程施工质量验收评定。

不划分工序单元工程的施工质量验收评定,在单元工程中所包含的检验项目检验合格和施工项目实体质量检验合格的基础上进行。

(2) 工序和单元工程施工质量等各类项目的检验,应采用随机布点和监理工程师现场指定区位相结合的方式进行。检验方法及数量应符合本标准和相关标准的规定。

(3) 工序和单元工程施工质量验收评定表及其备查资料的制备由工程施工单位负责,其规格宜采用国际标准 A4 (210mm×297mm),验收评定表一式 4 份,备查资料一式 2 份,其中验收评定表及其备查资料一份应由监理单位保存,其余应由施工单位保存。

2. 工序施工质量验收评定的主要要求

(1) 单元工程中的工序分为主要工序和一般工序。

(2) 工序施工质量验收评定应具备以下条件:①工序中所有施工项目(或施工内容)已完成,现场具备验收条件;②工序中所包含的施工质量检验项目经施工单位自检全部合格。

(3) 工序施工质量验收评定应按以下程序进行:

1) 施工单位应首先对已经完成的工序施工质量按本标准进行自检,并做好检验记录。

2) 施工单位自检合格后,应填写工序施工质量验收评定表,质量责任人履行相应签认手续后,向监理单位申请复核。

3) 监理单位收到申请后,应在 4h 内进行复核。复核内容包括:①核查施工单位报验资料是否真实、齐全;②结合平行检测和跟踪检测结果等,复核工序施工质量检验项目是否符合本标准的要求;③在施工单位提交的工序施工质量验收评定表中填写复核记录,并签署工序施工质量评定意见,核定工序施工质量等级,相关责任人履行相应签认手续。

(4) 工序施工质量验收评定应包括下列资料:

1) 施工单位报验时,应提交下列资料:①各班、组的初检记录、施工队复检记录、施工单位专职质检员终验记录;②工序中各施工质量检验项目的检验资料;③施工单位自检完成后,填写的工序施工质量验收评定表。

2) 监理单位应提交下列资料:①监理单位对工序中施工质量检验项目的平行检测资料(包括跟踪监测);②监理工程师签署质量复核意见的工序施工质量验收评定表。

(5) 工序施工质量评定分为合格和优良两个等级,其标准如下:

1) 合格等级标准:①主控项目,检验结果应全部符合本标准的要求;②一般项目,逐项应有 70% 及以上的检验点合格,且不合格点不应集中;③各项报验资料应符合本标准要求。

2) 优良等级标准:①主控项目,检验结果应全部符合本标准的要求;②一般项目,逐项应有 90% 及以上的检验点合格,且不合格点不应集中;③各项报验资料应符合本标准要求。

3. 单元工程施工质量验收评定主要要求

(1) 单元工程施工质量验收评定应具备以下条件:

1) 单元工程所含工序(或所有施工项目)已完成,施工现场具备验收的条件;

2) 已完工序施工质量经验收评定全部合格,有关质量缺陷已处理完毕或有监理单位批准的处理意见。

(2) 单元工程施工质量验收评定应按以下程序进行:

1) 施工单位应首先对已经完成的单元工程施工质量进行自检,并填写检验记录;

2) 施工单位自检合格后,应填写单元工程施工质量验收评定表,向监理单位申请复核;

3) 监理单位收到申报后,应在 8h 内进行复核。复核内容包括：①核查施工单位报验资料是否真实、齐全；②对照施工图纸及施工技术要求，结合平行检测和跟踪检测结果等，复核单元工程质量是否达到本标准要求；③检查已完单元遗留问题的处理情况，在施工单位提交的单元工程施工质量验收评定表中填写复核记录，并签署单元工程施工质量评定意见，评定单元工程施工质量等级，相关责任人履行相应签认手续；④对验收中发现的问题提出处理意见。

（3）单元工程施工质量验收评定应包括下列资料：

1）施工单位申请验收评定时，应提交下列资料：①单元工程中所含工序（或检验项目）验收评定的检验资料；②各项实体检验项目的检验记录资料；③施工单位自检完成后，填写的单元工程施工质量验收评定表。

2）监理单位应提交的下列资料：①监理单位对单元工程施工质量的平行检测资料；②监理工程师签署质量复核意见的单元工程施工质量验收评定表。

（4）划分工序单元工程施工质量评定分为合格和优良两个等级，其标准如下：

1）合格等级标准：①各工序施工质量验收评定应全部合格；②各项报验资料应符合本标准要求。

2）优良等级标准：①各工序施工质量验收评定应全部合格，其中优良工序应达到50%及以上，且主要工序应达到优良等级；②各项报验资料应符合本标准要求。

（5）不划分工序单元工程施工质量评定分为合格和优良两个等级，其标准如下：

1）合格等级标准：①主控项目，检验结果应全部符合本标准的要求；②一般项目，逐项应有70%及以上的检验点合格，且不合格点不应集中；③各项报验资料应符合本标准要求。

2）优良等级标准：①主控项目，检验结果应全部符合本标准的要求；②一般项目，逐项应有90%及以上的检验点合格，且不合格点不应集中；③各项报验资料应符合本标准要求。

4. 施工质量评定表的使用

《水利基本建设项目(工程)档案资料管理规定》要求,工程竣工验收后,《评定表》归档长期保存。因此,对《评定表》的填写,作如下基本规定:

(1) 单元(工序)工程完工后,应及时评定其质量等级,并按现场检验结果,如实填写《评定表》。现场检验应遵守随机取样原则。

(2)《评定表》应使用蓝色或黑色墨水钢笔填写,不得使用圆珠笔、铅笔填写。

(3) 应按国务院颁布的简化汉字书写。字迹应工整、清晰。

(4) 数字使用阿拉伯数字。单位使用国家法定计量单位,并以规定的符号表示(如:MPa、m、m³、t 等)。

(5) 合格率用百分数表示,小数点后保留一位。如果恰为整数,则小数点后以 0 表示。例:95.0%。

(6) 改错。将错误用斜线划掉,再在其右上方填写正确的文字(或数字),禁止使用改正液、贴纸重写、橡皮擦、刀片刮或用墨水涂黑等方法。

(7) 表头填写:

1) 单位工程、分部工程名称,按项目划分确定的名称填写。

2) 单元工程名称、部位:填写该单元工程名称(中文名称或编号),部位可用桩号、高程等表示。

3) 施工单位:填写与项目法人(建设单位)签订承包合同的施工单位全称。

4) 单元工程量:填写本单元主要工程量。

5) 检验(评定)日期:年_____填写 4 位数,月_____填写实际月份(1—12 月),日_____填写实际日期(1—31 日)。

(8) 质量标准中,凡有"符合设计要求"者,应注明设计具体要求(如内容较多,可附页说明);凡有"符合规范要求"者,应标出所执行的规范名称及编号。

(9) 检验记录。文字记录应真实、准确、简练。数字记录应准确、可靠,小数点后保留位数应符合有关规定。

(10) 设计值按施工图填写。实测值填写实际检测数据,而不是偏差值。当实测数据多时,可填写实测组数、实测值范围(最小值~最大值)、合格数,但实测值应作表格附件备查。

(11)《评定表》中列出的某些项目,如实际工程无该项内容,应在相应检验栏用斜线"/"表示。

(12)《评定表》表1~7从表头至评定意见栏均由施工单位经"三检"合格后填写,"质量等级"栏由复核质量的监理人员填写。监理人员复核质量等级时,如对施工单位填写的质量检验资料有不同意见,可写入"质量等级"栏内或另附页说明,并在质量等级栏内填写出正确的等级。

(13) 单元(工序)工程表尾填写:

1) 施工单位由负责终验的人员签字。如果该工程由分包单位施工,则单元(工序)工程表尾由分包施工单位的终验人员填写分包单位全称,并签字。重要隐蔽工程、关键部位的单元工程,当分包单位自检合格后,总包单位应参加联合小组核定其质量等级。

2) 建设、监理单位,实行了监理制的工程,由负责该项目的监理人员复核质量等级并签字。未实行监理制的工程,由建设单位专职质检人员签字。

3) 表尾所有签字人员,必须由本人按照身份证上的姓名签字,不得使用化名,也不得由其他人代为签名。签名时应填写填表日期。

五、土方开挖

土方开挖施工单元工程宜分为表土及土质岸坡清理、软基和土质岸坡开挖两个工序,其中软基和土质岸坡开挖为主要工序表土及土质岸坡清理。

1. 表土及土质岸坡清理

表土及土质岸坡清理验收需检验的项目主要为表土清理、不良土质的处理、地质坑(孔)处理、清理范围、土质岸边坡度等,其中主控项目检验点要全部合格,一般项目逐项应有 70% 及以上的检验点合格,且不合格点不应集中。检验

(测)方法及数量如表 8-12 所示。

表 8-12　表土及土质岸坡清理工序检验(测)方法、数量和标准

项次	检验项目	质量标准	检验方法	检验数量
主控项目	表土清理	树木、草皮、树根、乱石、坟墓以及各种建筑物全部清除;水井、泉眼、地道、坑窖等洞穴的处理符合设计要求	观察、查阅施工记录	全数检查
	不良土质的处理	淤泥、腐殖质土、泥炭土全部清除;对风化岩石、坡积物、残积物、滑坡体、粉土、细砂等处理符合设计要求	观察、查阅施工记录	全数检查
	地质坑、孔处理	构筑物基础区范围内的地质探孔、竖井、试坑的处理符合设计要求;回填材料质量满足设计要求	观察、查阅施工记录、取样试验等	全数检查
一般项目	清理范围	满足设计要求。长、宽边线允许偏差:人工施工0～50cm,机械施工0～100cm	量测	每边线测点不少于5个点,且点间距不大于20m
	土质岸边坡度	不陡于设计边坡	量测	每10延米量测1处;高边坡需测定断面,每20延米测一个断面

2. 软基或土质岸坡开挖

软基或土质岸坡开挖验收需检验的项目主要为保护层开挖、建基面处理、渗水处理和基坑断面尺寸及开挖面平整度等,其中保护层开挖、建基面处理、渗水处理为主控项目,其他为一般项目。检验(测)方法及数量如表 8-13 所示。

表 8-13　软基或土质岸坡开挖检验(测)方法、数量和标准

项次	检验项目			质量标准	检验方法	检验数量
主控项目	保护层开挖			保护层开挖方式应符合设计要求,在接近建基面时,宜使用小型机具或人工挖除,不应扰动建基面以下的原地基	观察、测量、查阅施工记录	全数检查
	建基面处理			构筑物软基和土质岸坡开挖面平顺。软基和土质岸坡与土质构筑物接触时,采用斜面连接,无台阶、急剧变坡及反坡	观察、测量、查阅施工记录	全数检查
	渗水处理			构筑物基础区及土质岸坡渗水(含泉眼)妥善引排或封堵,建基面清洁无积水	观察、测量、查阅施工记录	全数检查
一般项目	基坑断面尺寸及开挖面平整度	无结构要求或无配筋	长或宽不大于10m	符合设计要求,允许偏差为−10～20cm	观察、测量、查阅施工记录	检测点采用横断面控制,断面间距不大于20m,各横断面点数间距不大于2m,局部突出或凹陷部位(面积在0.5m² 以上者)应增设检测点
			长或宽大于10m	符合设计要求,允许偏差为−20～30cm		
			坑(槽)底部标高	符合设计要求,允许偏差为−10～20cm		
			垂直或斜面平整度	符合设计要求,允许偏差为20cm		
		有结构要求有配筋预埋件	长或宽不大于10m	符合设计要求,允许偏差为0～20cm		
			长或宽大于10m	符合设计要求,允许偏差为0～30cm		
			坑(槽)底部标高	符合设计要求,允许偏差为0～20cm		
			斜面平整度	符合设计要求,允许偏差为15cm		

六、石方开挖

石方开挖包括岩石岸坡开挖和岩石地基开挖。岩石岸坡开挖施工单元工程宜分为岩石岸坡开挖、地质缺陷处理2个工序,其中岩石岸坡开挖工序为主要工序;岩石地基开挖施工单元工程宜分为岩石地基开挖、地质缺陷处理2个工序,其中岩石地基开挖为主要工序。

1. 岩石岸坡开挖

岩石岸坡开挖验收检验项目主要为:保护层开挖、开挖坡面、岩体的完整性、平均坡度、坡角标高、坡面局部超欠挖、炮孔痕迹保存率等。其中保护层开挖、开挖坡面、岩体的完整性三项为主控项目,其他为一般项目。验收检验(测)方法及数量如表8-14所示。

2. 岩石岸坡开挖地质缺陷处理

岩石岸坡开挖地质缺陷处理验收检验项目主要为:地质探孔(竖井、平洞、试坑)处理、地质缺陷处理、缺陷处理采用材料、渗水处理、地质缺陷处理范围等。其中地质探孔(竖井、平洞、试坑)处理、地质缺陷处理、缺陷处理采用材料、渗水处理为主控项目,其他为一般项目。验收检验(测)方法及数量如表8-15所示。

表8-14 岩石岸坡开挖验收检验(测)方法、数量和标准

项次	检验项目	质量标准	检验方法	检验数量
主控项目	保护层开挖	浅孔、密孔、少药量、控制爆破	观察、量测、查阅施工记录	每个单元抽测3处,每处不少于10m²
	开挖坡面	稳定且无松动岩块、悬挂体和尖角	观察、仪器测量、查阅施工记录	全数检查
	岩体的完整性	爆破未损害岩体的完整性,开挖面无明显爆破裂隙,声波降低率小于10%或满足设计要求	观察、声波检测(需要时采用)	符合设计要求

项次	检验项目	质量标准		检验方法	检验数量
一般项目	平整坡度	开挖坡面不陡于设计坡度,台阶(平台、马道)符合设计要求		观察、测量、查阅施工记录	总检测点数量采用横断面控制,断面间距不大于10m,各横断面沿坡面斜长方向测点间距不大于5m,且点数不少于6个点;局部突出或凹陷部位(面积在0.5m²以上者)应增设检测点
	坡角标高	±20cm			
	坡面局部超欠挖	允许偏差:欠挖不大于20cm,超挖不大于30cm			
	炮孔痕迹保存率	节理裂隙不发育的岩体	>80%		
		节理裂隙发育的岩体	>50%		
		节理裂隙极发育的岩体	>20%		

表 8-15　岩石岸坡开挖地质缺陷处理检验(测)方法、数量和标准

项次	检验项目	质量标准	检验方法	检验数量
主控项目	地质探孔、竖井、平洞、试坑处理	符合设计要求	观察、量测、查阅施工记录等	全数检查
	地质缺陷处理	节理、裂隙、断层、夹层或构造破碎带的处理符合设计要求		
	缺陷处理采用材料	材料质量满足设计要求	查阅施工记录、取样试验等	每种材料至少抽验1组
	渗水处理	地基及岸坡的渗水(含泉眼)已引排或封堵,岩面整洁无积水	观察、查阅施工记录	全数检查

项次	检验项目	质量标准	检验方法	检验数量
一般项目	地质缺陷处理范围	地质缺陷处理的宽度和深度符合设计要求。地基及岸坡岩石断层、破碎带的沟槽开挖边坡稳定,无反坡,无浮石,节理、裂隙内的充填物冲洗干净	测量、观察、查阅施工记录	检测点采用横断面或纵断面控制,各断面点数不小于5个点,局部突出或凹陷部位(面积在0.5m²以上者)应增设检测点

3. 岩石地基开挖

岩石地基开挖验收检验项目主要为:保护层开挖、建基面处理、多组切割的不稳定岩体开挖和不良地质开挖处理、岩体的完整性、基坑断面尺寸及开挖面平整度等。除基坑断面尺寸及开挖面平整度为一般项目外,其他为主控项目。验收检验(测)方法、数量和标准如表8-16所示。

表 8-16　岩石地基开挖验收检验(测)方法、数量和标准

项次	检验项目	质量标准	检验方法	检验数量
主控项目	保护层开挖	浅孔、密孔、小药量、控制爆破	观察、量测、查阅施工记录	每个单元抽测3处,每处不少于10m²
	建基面处理	开挖后岩面应满足设计要求,建基面上无松动岩块,表面清洁、无泥垢、油污		全数检查
	多组切割的不稳定岩体开挖和不良地质开挖处理	满足设计处理要求		
	岩体的完整性	爆破未损害岩体的完整性,开挖面无明显爆破裂隙,声波降低率小于10%或满足设计要求	观察、声波检测(需要时采用)	符合设计要求

项次	检验项目		质量标准	检验方法	检验数量
一般项目	无结构要求或无配筋的基坑断面尺寸及开挖面平整度	长或宽不大于 10m	符合设计要求,允许偏差为—10~20cm	观察、仪器测量、查阅施工记录	检测点采用横断面控制,断面间距不大于20m,各横断面点数间距不大于2m,局部突出或凹陷部位(面积在 0.5m² 以上者)应增设检测点
		长或宽大于 10m	符合设计要求,允许偏差为—20~30cm		
		坑(槽)底部标高	符合设计要求,允许偏差为—10~20cm		
		垂直或斜面平整度	符合设计要求,允许偏差为20cm		
	有结构要求或有配筋预埋件的基坑断面尺寸及开挖面平整度	长或宽不大于 10m	符合设计要求,允许偏差为0~10cm		
		长或宽大于 10m	符合设计要求,允许偏差为0~20cm		
		坑(槽)底部标高	符合设计要求,允许偏差为0~20cm		
		垂直或斜面平整度	符合设计要求,允许偏差为15cm		

4. 岩石地基开挖地质缺陷处理

岩石地基开挖地质缺陷处理工序验收检验项目主要有:地质探孔(竖井、平洞、试坑)处理、地质缺陷处理、缺陷处理采用材料、渗水处理和地质缺陷处理范围等。除地质缺陷处理范围为一般项目外,其余为主控项目。验收检验(测)方法、数量和标准如表8-17所示。

七、土料填筑

土料铺填施工单元工程宜分为接合面处理、卸料及铺填、土料压实、接缝处理四个工序,其中土料压实工序为主要工序。

1. 接合面处理

接合面处理工序验收检验项目主要为:建基面地基压实、土质建基面刨毛、无黏性土建基面的处理、岩面和混凝土

表 8-17　岩石地基开挖验收检验(测)方法、数量和标准

项次	检验项目	质量标准	检验方法	检验数量
主控项目	地质探孔、竖井、平洞、试坑处理	符合设计要求	观察、量测、查阅施工记录等	全数检查
	地质缺陷处理	节理、裂隙、断层、夹层或构造破碎带的处理符合设计要求		
	缺陷处理采用材料	材料质量满足设计要求	查阅施工记录、取样试验等	每种材料至少抽验1组
	渗水处理	地基及岸坡的渗水(含泉眼)已引排或封堵,岩面整洁无积水	观察、查阅施工记录	全数检查
一般项目	地质缺陷处理范围	地质缺陷处理的宽度和深度符合设计要求。地基及岸坡岩石断层、破碎带的沟槽开挖边坡稳定,无反坡,无浮石,节理、裂隙内的充填物冲洗干净	测量、观察、查阅施工记录	检测点采用横断面或纵断面控制,各断面点数不小于5个点,局部突出或凹陷部位(面积在 $0.5m^2$ 以上者)应增设检测点

面处理、层间接合面、涂刷浆液质量等。其中建基面地基压实、土质建基面刨毛、无黏性土建基面的处理、岩面和混凝土面处理为主控项目,其他为一般项目。验收检验(测)方法及数量如表 8-18 所示。

2. 土料填筑卸料及铺填

土料填筑卸料及铺填工序验收检验项目主要为:卸料、铺填、接合部土料铺填、铺土厚度和铺填边线等。其中卸料、铺填为主控项目,其他为一般项目。验收检验(测)方法及数量如表 8-19 所示。

3. 土料填筑土料压实

土料填筑土料压实工序验收检验项目主要为:碾压参数、压实质量、压实土料的渗透系数、碾压搭接带宽度和碾

压面处理等。其中碾压参数、压实质量和压实土料的渗透系数为主控项目,其他为一般项目。验收检验(测)方法及数量如表 8-20 所示。

表 8-18　接合面处理验收检验(测)方法、数量和标准

项次	检验项目	质量标准	检验方法	检验数量
主控项目	建基面地基压实	黏性土、砾质土地基土层的压实度等指标符合设计要求。无黏性土地基土层的相对密实度符合设计要求	方格网布点检查	坝轴线方向 50m,上下游方向 20m 范围内布点。检验深度应深入地基表面以下 1.0m,对地质条件复杂的地基,应加密布点取样检验
	土质建基面刨毛	土质地基表面刨毛 3~5cm,层面刨毛均匀细致,无团块、空白	方格网布点检查	每个单元不少于 30 个点
	无黏性土建基面的处理	反滤过渡层材料的铺设应满足设计求	观察、查阅施工记录	全数检查
	岩面和混凝土面处理	与土质防渗体接合的岩面或混凝土面,无浮渣、污物杂物,无乳皮粉尘、油垢,无局部积水等。铺填前涂刷浓泥浆或黏土水泥砂浆,涂刷均匀,无空白,混凝土面涂刷厚度为 3~5mm;裂隙岩面涂刷厚度为 5~10mm;且回填及时,无风干现象。铺浆厚度允许偏差 0~2mm	方格网布点检查	每个单元不少于 30 个点

项次	检验项目	质量标准	检验方法	检验数量
一般项目	层间接合面	上下层铺土的结合层面无砂砾、无杂物、表面松土、湿润均匀、无积水	观察	全数检查
	涂刷浆液质量	浆液稠度适宜、均匀无团块，材料配比误差不大于10%	观察、抽测	每拌和一批至少抽样检测1次

表8-19 土料填筑卸料及铺填工序验收检验(测)方法、数量和标准

项次	检验项目	质量标准	检验方法	检验数量
主控项目	卸料	卸料、平料符合设计要求，均衡上升。施工面平整、土料分区清晰，上下层分段位置错开	观察	全数检查
	铺填	上下游坝坡铺填应有富裕量，防渗铺盖在坝体以内部分应与心墙或斜墙同时铺填。铺料表面应保持湿润，符合施工含水量	观察	全数检查
一般项目	接合部土料铺填	防渗体与地基(包括齿槽)、岸坡、溢洪道边墙、坝下埋管及混凝土齿墙等接合部位的土料铺填，无架空现象。土料厚度均匀，表面平整，无团块、无粗粒集中，边线整齐	观察	全数检查
	铺土厚度	铺土厚度均匀，符合设计要求，允许偏差为0～-5cm	测量	网格控制，每100m²为1个测点
	铺填边线	铺填边线应有一定宽裕度，压实削坡后坝体铺填边线满足0～10cm(人工施工)，0～30cm(机械施工)要求	测量	每条边线每10延长米1个测点

表 8-20　土料填筑土料压实工序验收检验(测)方法、数量和标准

项次	检验项目	质量标准	检验方法	检验数量
主控项目	碾压参数	压实机具的型号、规格、碾压遍数、碾压速度、碾压振动频率、振幅和加水量应符合碾压试验确定的参数值	查阅试验报告、施工记录	每班至少检查2次
	压实质量	压实度和最优含水率符合设计要求。1级、2级坝和高坝的压实度不低于98%;3级中低坝及3级以下坝的压实度不低于96%;土料的含水量应控制在最优量的-2%~3%之间。取样合格率不小于90%。不合格试样不应集中,且不低于压实度设计值的98%	取样试验,黏性土宜采用环刀法、核子水分密度仪;砾质土可采用挖坑灌砂(灌水)法,土质不均匀的黏性土和砾质土的压实度检测也可采用三点击实法	黏性土1次/(100~200m³),砾质土1次/(200~500m³)
	压实土料的渗透系数	符合设计要求	渗透试验	满足设计要求
一般项目	碾压搭接带宽度	分段碾压时,相邻两段交接带碾压亦应彼此搭接,垂直碾压方向搭接带宽度应不小于0.3~0.5m;顺碾压方向搭接带宽度应为1.0~1.5m	观察、量测	每条搭接带每个单元抽测3处
	碾压面处理	碾压表面平整,无漏压,个别有弹簧、起皮、脱空、剪力破坏部位的处理符合设计要求	现场观察、查阅施工记录	全数检查

4. 土料填筑接缝处理

土料填筑接缝处理工序验收检验项目主要为:接合坡面、接合坡面碾压、接合坡面填土、接合坡面处理等。其中接合坡面和接合坡面碾压为主控项目,其他为一般项目。验收检验(测)方法及数量如表 8-21 所示。

表 8-21　土料填筑接缝处理工序验收检验(测)方法、数量和标准

项次	检验项目	质量标准	检验方法	检验数量
主控项目	结合坡面	斜墙和心墙内不应留有纵向接缝。防渗体及均质坝的横向接坡不应陡于1:3,其高差应符合设计要求,与岸坡接合坡度应符合设计要求。均质坝纵向接缝斜坡坡度和平台宽度应满足稳定要求,平台间高差不大于15m	观察、测量	每一接合坡面抽测3处
	结合坡面碾压	接合坡面填土碾压密实,层面平整、无拉裂和起皮现象	观察、取样检验	每10延米取1个试样,如一层达不到20个试样,可多层累积统计;但每层不应少于3个试样
一般项目	结合坡面填土	填土质量符合设计要求,铺土均匀、表面平整,无团块、无风干	观察、取样检验	全数检查
	结合坡面处理	纵横接缝的坡面削坡、润湿、刨毛等处理符合设计要求	观察、布置方格网量测	每个单元不少于30个点

八、堆石料填筑

堆石料铺填施工单元工程宜分为堆石料铺填、压实两个工序,其中堆石料压实工序为主要工序。

1. 堆石料铺填

堆石料铺填工序验收检验项目主要为:铺料厚度、接合部铺填、铺填层面外观等。其中铺料厚度和接合部铺填为主控项目,其他为一般项目。验收检验(测)方法及数量如表 8-22 所示。

表 8-22　堆石料铺填工序验收检验(测)方法、数量和标准

项次	检验项目	质量标准	检验方法	检验数量
主控项目	铺料厚度	铺料厚度应符合设计要求,允许偏差为铺料厚度的 −10%～0,且每一层应有90%的测点达到规定的铺料厚度	方格网定点测量	每个单元的有效检测点总数不少于 20 个点
	接合部铺填	堆石料纵横向接合部位宜采用台阶收坡法,台阶宽度应符合设计要求,接合部位的石料无分离、架空现象	观察、查阅施工记录	全数检查
一般项目	铺填层面外观	外观平整,分区均衡上升,大粒径料无集中现象	观察	全数检查

2. 堆石料压实

堆石料压实工序验收检验项目主要为:碾压参数、压实质量、压层表面质量和断面尺寸等。其中碾压参数和压实质量为主控项目,其他为一般项目。验收检验(测)方法及数量如表 8-23 所示。

表 8-23　堆石料压实工序验收检验(测)方法、数量和标准

项次	检验项目	质量标准	检验方法	检验数量
主控项目	碾压参数	压实机具的型号、规格,碾压遍数、碾压速度、碾压振动频率、振幅和加水量应符合碾压试验确定的参数值	查阅试验报告、施工记录	每班至少检查 2 次
	压实质量	孔隙率不大于设计要求	试坑法	主堆石区每5000～50000m³ 取样 1 次;过渡层区每 1000～5000m³ 取样 1 次

项次	检验项目		质量标准	检验方法	检验数量
一般项目	压层表面质量		表面平整,无漏压、欠压	观察	全数检查
	断面尺寸	下游坡铺填边线距坝轴线距离 有护坡要求	符合设计要求,允许偏差为±20cm	测量	每一检查项目,每层不少于10个点
		下游坡铺填边线距坝轴线距离 无护坡要求	符合设计要求,允许偏差为±30cm		
		过渡层与主堆石区分界线距坝轴线距离	符合设计要求,允许偏差为±30cm		
		垫层与过渡层分界线距坝轴线距离	符合设计要求,允许偏差为0~10cm		

九、砂砾料填筑

砂砾料铺填施工单元工程宜分为砂砾料铺填、压实2个工序,其中砂砾料压实工序为主要工序。

1. 砂砾料填筑

砂砾料填筑工序验收检验项目主要为:铺料厚度、岸坡结合处铺填、铺填层面外观和富裕铺填宽度等。其中铺料厚度和岸坡接合处铺填为主控项目,其他为一般项目。验收检验(测)方法及数量如表8-24所示。

表8-24　砂砾料填筑工序验收检验(测)方法、数量和标准

项次	检验项目	质量标准	检验方法	检验数量
主控项目	铺料厚度	铺料层厚度均匀,表面平整,边线整齐。允许偏差不大于铺料厚度的10%,且不应超厚	按20m×20m方格网的角点为测点,定点测量	每个单元不少于10个点
	岸坡接合处铺填	纵横向接合部应符合设计要求;岸坡接合处的填料不应分离、架空;检测点允许偏差0~10cm	观察、量测	每条边线,每10延米量测1组

项次	检验项目	质量标准	检验方法	检验数量
一般项目	铺填层面外观	砂砾料铺填力求均衡上升，无团块、无粗粒集中	观察	全数检查
	富裕铺填宽度	富裕铺填宽度满足削坡后压实质量要求。检测点允许偏差 0~10cm	观察、量测	每条边线，每 10 延米量测 1 组

2. 砂砾料压实

砂砾料压实工序验收检验项目主要为：碾压参数、压实质量、压层表面质量和断面尺寸等。其中碾压参数和压实质量为主控项目，其他为一般项目。验收检验（测）方法及数量如表 8-25 所示。

表 8-25　砂砾料压实工序验收检验（测）方法、数量和标准

项次	检验项目	质量标准	检验方法	检验数量
主控项目	碾压参数	压实机具的型号、规格、碾压遍数、碾压速度、碾压振动频率、振幅和加水量应符合碾压试验确定的参数值	按碾压试验报告检查、查阅施工记录	每班至少检查 1 次
	压实质量	相对密度不低于设计要求	查阅施工记录、取样试验	按铺填 1000~5000m³ 取 1 个试样，但每层测点不少于 10 个点，渐至坝顶处每层或每个单元不宜少于 5 个点；测点中应至少有 1~2 个点分布在设计边坡线以内 30cm 处，或在岸坡接合处附近
一般项目	压层表面质量	表面平整，无漏压、欠压	观察	全数检查
	断面尺寸	压实削坡后上、下游设计边坡超填值允许偏差±20cm，坝轴线与相邻坝料接合面距离的允许偏差±30cm	测量检查	每层检查不少于 10 处

十、反滤(过渡)料填筑

反滤(过渡)料铺填单元工程宜分为反滤(过渡)料铺填、压实两个工序,其中反滤(过渡)料压实工序为主要工序。

1. 反滤(过渡)料铺填

反滤(过渡)料铺填工序验收检验项目主要有:铺料厚度、铺填位置、接合部、铺填层面外观和层间接合面。其中铺料厚度、铺填位置、接合部为主控项目,其他为一般项目。验收检验(测)方法、数量和标准如表 8-26 所示。

表 8-26　反滤(过渡)料铺填验收检验(测)方法、数量和标准

项次	检验项目	质量标准	检验方法	检验数量
主控项目	铺料厚度	铺料厚度均匀,不超厚,表面平整,边线整齐;检测点允许偏差不大于铺料厚度的 10%,且不应超厚	方格网定点测量	每个单元不少于 10 个点
	铺填位置	铺填位置准确,摊铺边线整齐,边线偏差为±5cm	观察、测量	每条边线,每 10 延米检测 1 组,每组 2 个点
	接合部	纵横向符合设计要求,岸坡接合处的填料无分离、架空	观察、查阅施工记录	全数检查
一般项目	铺填层面外观	铺填力求均衡上升,无团块、无粗粒集中	观察	全数检查
	层间接合面	上下层间的接合面无泥土、杂物等	观察	全数检查

2. 反滤(过渡)料压实

反滤(过渡)料压实工序验收检验项目主要有:碾压参数、压实质量、压层表面质量和断面尺寸。其中碾压参数和压实质量为主控项目,其他为一般项目。验收检验(测)方法、数量和标准如表 8-27 所示。

表 8-27　反滤(过渡)料压实验收检验(测)方法、数量和标准

项次	检验项目	质量标准	检验方法	检验数量
主控项目	碾压参数	压实机具的型号、规格,碾压遍数、碾压速度、碾压振动频率、振幅和加水量应符合碾压试验确定的参数值	查阅试验报告、施工记录	每班至少检查2次
	压实质量	相对密实度不小于设计要求	试坑法	每 200~400m³ 检测 1 次,每个取样断面每层所取的样品不应少于 1 组
一般项目	压层表面质量	表面平整,无漏压、欠压和出现弹簧土现象	观察	全数检查
	断面尺寸	压实后的反滤层、过渡层的断面尺寸偏差值不大于设计厚度的10%	查阅施工记录、测量	每 100~200m³ 检测 1 组,或每 10 延米检测 1 组,每组不少于 2 个点

十一、垫层

垫层料铺填单元工程施工宜分为垫层料铺填、压实两个工序,其中垫层料压实工序为主要工序。

1. 垫层料铺填

垫层料铺填工序验收检验项目主要有:铺料厚度、铺填位置、接合部、铺填层面外观、接缝重叠宽度和层间接合面等,其中铺料厚度、铺填位置和接合部为主控项目,其他为一般项目。验收检验(测)方法、数量和标准如表 8-28 所示。

表 8-28　垫层料铺填验收验收检验(测)方法、数量和标准

项次	检验项目		质量标准	检验方法	检验数量
主控项目	铺填位置	铺料厚度	铺料厚度均匀，不超厚。表面平整，边线整齐，检查点允许偏差为±3cm	方格网定点测量	铺料厚度按10m×10m 网格布置测点，每个单元不少于4个点
		垫层与过渡层分界线与坝轴线距离	符合设计要求，允许偏差为－10～0cm	测量	每个单元检测不少于 10 处
		垫层外坡线距坝轴线(碾压层)			
	接合部		符合设计要求，允许偏差为±5cm	观察、查阅施工记录	全数检查
一般项目	铺填层面外观		垫层摊铺顺序、纵横向接合部符合设计要求。岸坡接合处的填料不应分离、架空	观察	全数检查
	接缝重叠宽度		铺填力求均衡上升，无团块、无粗粒集中	查阅施工记录、量测	每 10 延米检测1 组，每组 2 个点
	层间接合面		接缝重叠宽度应符合设计要求，检查点允许偏差±10cm	观察	全数检查

2. 垫层料压实

垫层料压实工序验收检验项目主要有：碾压参数、压实质量、压层表面质量和垫层坡面保护等。其中碾压参数和压实质量为主控项目，验收检验(测)方法、数量和标准如表 8-29 所示。

表 8-29 垫层料压实验收检验(测)方法、数量和标准

项次	检验项目			质量标准	检验方法	检验数量
主控项目	碾压参数			压实机具的型号、规格,碾压遍数,碾压速度、碾压振动频率、振幅和加水量应符合碾压试验确定的参数值	查阅试验报告、施工记录	每班至少检查2次
	压实质量			压实度(或相对密实度)不低于设计要求	查阅施工记录、观察,试坑法测定,试坑均匀分布于断面	水平面按每500~1000m³检测1次,但每个单元取样不应少于3次;斜坡面按每1000~2000m³检测1次
一般项目		压层表面质量		层面平整,无漏压、欠压,各碾压段之间的搭接不小于1.0m	观察	全数检查
	垫层坡面保护	保护层材料		满足设计要求	取样抽验	每批次或每单位工程取样3组
		配合比		满足设计要求	取样抽验	每种配合比至少取样1组
		碾压水泥砂浆	铺料厚度	设计厚度±3cm	拉线测量	沿坡面按20m×20m网格布置测点
			摊铺幅宽度	0~10cm	拉线测量	每10延米检测2组
			碾压方法及遍数	满足设计要求	观察、查阅施工记录	全数检查
			碾压后砂浆表面平整度	偏离设计线+5~−8cm	拉线测量	沿坡面按20m×20m网格布置测点
			砂浆初凝前应碾压完毕,终凝后洒水养护	满足设计要求	观察、查阅施工记录	全数检查

项次	检验项目		质量标准	检验方法	检验数量
一般项目	垫层坡面保护	喷射混凝土或水泥砂浆 — 喷层厚度偏离设计线	±5cm	拉线测量	沿坡面按20m×20m网格布置测点
		喷层施工工艺	满足设计要求	观察、查阅施工记录	全数检查
		喷层表面平整度	±3cm	拉线测量	沿坡面按20m×20m网格布置测点
		喷层终凝后洒水养护	满足设计要求	观察、查阅施工记录	全数检查
		阳离子乳化沥青 — 喷涂层数	满足设计要求	查阅施工记录	全数检查
		喷涂间隔时间	不小于24h或满足设计要求		
		喷涂前应清除坡面浮尘,喷涂后随即均匀撒砂	满足设计要求		

十二、沥青混凝土面板

沥青混凝土面板施工分为整平胶结层(含排水层)、防渗层、封闭层、面板与刚性建筑物连接四个工序,其中整平胶结层(含排水层)、防渗层工序为主要工序。

1. 沥青混凝土面板整平胶结层(含排水层)

沥青混凝土面板整平胶结层(含排水层)工序验收检验项目主要有:碾压参数、整平层(排水层)的铺筑、铺筑厚度、层面平整度和摊铺碾压温度等。其中碾压参数和整平层(排水层)的铺筑为主控项目。验收检验(测)方法、数量和标准如表8-30所示。

表 8-30　沥青混凝土面板整平胶结层(含排水层)验收检验(测)方法、数量和标准

项次	检验项目	质量标准	检验方法	检验数量
主控项目	碾压参数	应符合碾压试验确定的参数值	测量温度、查阅试验报告、施工记录	每班 2～3 次
	整平层、排水层的铺筑	应在垫层(含防渗底层)质量验收后,并须待喷涂的乳化沥青(或稀释沥青)干燥后进行	查阅施工记录、验收报告	全数检查
一般项目	铺筑厚度	符合设计要求	观察、尺量、查阅施工记录	摊铺厚度每 10m² 量测 1 个点,但每单元不少于 20 个点
	层面平整度	符合设计要求	摊铺层面平整度用 2m 靠尺量测	每 10m² 量测 1 个点,各点允许偏差不大于 10mm
	摊铺碾压温度	初碾压温度 110～140℃,终碾压温度 80～120℃	温度计量测	坝面每 30～50m² 量测 1 个点

2. 防渗层

防渗层工序验收检验项目主要有:碾压参数、防渗层的铺筑及层间处理、摊铺厚度、层面平整度、沥青混凝土防渗层表面、铺筑层的接缝错距和摊铺碾压温度等。其中碾压参数和防渗层的铺筑及层间处理为主控项目,其他为一般项目。验收检验(测)方法、数量和标准如表 8-31 所示。

表 8-31　防渗层验收检验(测)方法、数量和标准

项次	检验项目	质量标准	检验方法	检验数量
主控项目	碾压参数	符合碾压试验确定的参数值	测量温度、查阅试验报告、施工记录	每班 2～3 次
	防渗层的铺筑及层间处理	应在整平层质量检测合格后进行;上层防渗层的铺筑应在下层防渗层检测合格后进行。各铺筑层间的坡向或水平接缝应相互错开	查阅施工记录、验收报告	全数检查
一般项目	摊铺厚度	符合设计要求	观察、尺量、查阅施工记录	摊铺厚度每 10m² 量测 1 个点,但每验收单元不少于 10 点
	层面平整度	符合设计要求	摊铺层面平整度用 2m 靠尺量测	每 10m² 量测 1 个点,各点允许偏差不大于 10mm
	沥青混凝土防渗层表面	不应出现裂缝、流淌与鼓包	观察	全数检查
	铺筑层的接缝错距	上下层水平接缝错距 1.0m,允许偏差 0～20cm;上下层条幅坡向接缝错距(以 1/n 条幅宽计,n 为铺筑层数)允许偏差 0～20cm	观测、查阅检测记录	各项测点均不少于 10 个点
	摊铺碾压温度	初碾压温度 110～140℃;终碾压温度 80～120℃	现场量测	坝面每 30～50m² 量测 1 个点

3. 封闭层

封闭层工序验收检验项目主要有:封闭层涂抹、沥青胶最低软化点、沥青胶的铺抹和沥青胶的施工温度。其中封闭

层涂抹为主控项目,其他为一般项目,验收检验(测)方法、数量和标准如表 8-32 所示。

表 8-32　封闭层验收检验(测)方法、数量和标准

项次	检验项目	质量标准	检验方法	检验数量
主控项目	封闭层涂抹	应均匀一致,无脱层和流淌,涂抹量应在 2.5～3.5kg/m² 之间,或满足设计要求涂抹量合格率不小于 85%	观察、查阅施工记录	每天至少观察并计算铺抹量 1 次,且全部检查铺抹过程
一般项目	沥青胶最低软化点	沥青胶最低软化点不应低于 85℃,试样合格率不小于 85%	查阅施工记录,取样量测	每 500～1000m² 的铺抹层至少取 1 个试样,1 天铺抹面积不足 500m² 的也取 1 个试样
	沥青胶的铺抹	应均匀一致,铺抹量应在 2.5～3.5kg/m² 之间,或满足设计要求铺抹量合格率不小于 85%	观察、称量	每天至少观察并计算铺抹量 1 次,且全部检查铺抹过程
	沥青胶的施工温度	搅拌出料温度 190℃±10℃;铺抹温度不小于 170℃或满足设计要求	查阅施工记录、现场实测	搅拌出料温度,每盘(罐)出料时量测 1 次;铺抹温度每天至少实测 2 次

4. 面板与刚性建筑物连接

面板与刚性建筑物连接工序验收检验项目主要有:楔形体的浇筑、防滑层与加强层的敷设、铺筑沥青混凝土防渗层、橡胶沥青胶防滑层的敷设、沥青砂浆楔形体浇筑温度、橡胶沥青胶滑动层拌制温度、连接面的处理和加强层等。其中楔形体的浇筑、防滑层与加强层的敷设和铺筑沥青混凝土防渗层为主控项目,其他为一般项目,验收检验(测)方法、数量和标准如表 8-33 所示。

表 8-33　面板与刚性建筑物连接验收检验(测)方法、数量和标准

项次	检验项目	质量标准	检验方法	检验数量
主控项目	楔形体的浇筑	施工前应进行现场铺筑试验以确定合理施工工艺,满足设计要求;保持接头部位无熔化、流淌及滑移现象	观察、查阅施工记录	全数检查
	防滑层与加强层的敷设	满足设计要求,接头部位无熔化、流淌及滑移现象		
	铺筑沥青混凝土防渗层	在铺筑沥青混凝土防渗层时,应待滑动层与楔形体冷凝且质量合格后进行,满足设计要求		
一般项目	橡胶沥青胶防滑层的敷设	应待喷涂乳化沥青完全干燥后进行,满足设计要求		
	沥青砂浆楔形体浇筑温度	150℃±10℃	检查施工记录和现场量测	每盘1次
	橡胶沥青胶滑动层拌制温度	190℃±5℃		
	连接面的处理	施工前应进行现场铺筑试验,确定施工工艺,满足设计要求	观察、查阅施工工艺记录和施工记录	全数检查
	加强层	上下层接缝的搭接宽度,符合设计要求	检查施工记录和现场检测	测点不少于10个点

十三、沥青混凝土心墙

本单元工程分为基座接合面处理及沥青混凝土接合层面处理、模板制作及安装(心墙底部及两岸接坡扩宽部分采

用人工铺筑时有模板制作及安装)、沥青混凝土的铺筑三个工序,沥青混凝土的铺筑工序宜为主要工序。

1. 基座接合面处理及沥青混凝土接合层面处理

基座接合面处理及沥青混凝土接合层面处理验收检查项目主要有:沥青涂料和沥青胶配料比、基座接合面处理、层面清理、沥青涂料(沥青胶)涂刷和心墙上下层施工间歇时间。其中沥青涂料和沥青胶配料比、基座接合面处理和层面清理是主控项目,其他为一般项目。验收检验(测)方法及数量如表8-34所示。

表8-34 基座接合面处理及沥青混凝土接合层面处理
工序验收检验(测)方法、数量和标准

项次	检验项目	质量标准	检验方法	检验数量
主控项目	沥青涂料和沥青胶配料比	配料比准确,所用原材料符合国家相应标准	查阅配合比试验报告、原材料出厂合格证明	每种配合比至少抽检1组
	基座接合面处理	接合面干净、干燥、平整、粗糙,无浮皮、浮渣,无积水	观察、阅查施工记录	全数检查
	层面清理	层面干净、平整,无杂物,无水珠,返油均匀,层面下1cm处温度不低于70℃,且各点温差不大于20℃	观察、测量、查阅施工记录	每10m²量测1个点,每单元温度测量点数不少于10个点
一般项目	沥青涂料、沥青胶涂刷	涂刷厚度符合设计要求,均匀一致,与混凝土贴附牢靠,无鼓包,无流淌,表面平整光顺	观察、量测	每10m²量测1个点,每验收单元不少于10个点
	心墙上下层施工间歇时间	不宜超过48h	观察、查阅施工记录	全数检查

2. 模板制作及安装

模板制作及安装验收检查项目主要有:稳定性、刚度和

强度、模板安装、结构物边线与设计边线、预留孔(洞)尺寸及
位置、模板平整度(相邻两板面错台)、局部平整度、板块间缝
隙、结构物水平断面内部尺寸和脱模剂涂刷。其中稳定性、
刚度和强度、模板安装、结构物边线与设计边线、预留孔(洞)
尺寸及位置是主控项目,其他为一般项目。验收检验(测)方
法及数量如表 8-35 所示。

表 8-35　模板制作及安装工序验收检验(测)方法、数量和标准

项次	检验项目	质量标准	检验方法	检验数量
主控项目	稳定性、刚度和强度	符合设计要求	对照文件或设计图纸检查	全部检查
	模板安装	符合设计要求,牢固、不变形、拼接严密	观察、查阅设计图纸	抽查同一类型同一规格模板数量的 10%,且不少于 3 件
	结构物边线与设计边线	符合设计要求,允许偏差 ±15mm	钢尺测量	模板面积在 100m² 以内,不少于 10 个点;100m² 以上,不少于 20 个点
	预留孔、洞尺寸及位置	位置准确,尺寸允许偏差 ±10mm	测量、核对图纸	抽查点数不少于总数 30%
一般项目	模板平整度:相邻两板面错台	允许偏差 5mm	尺量(靠尺)测或拉线检查	模板面积在 100m² 以内,不少于 10 个点;100m² 以上,不少于 20 个点
	局部平整度	允许偏差 10mm	按水平线(或垂直线)布置检测点,靠尺检查	100m² 以上,不少于 10 个点;100m² 以内,不少于 5 个点
	板块间缝隙	允许偏差 3mm	尺量	100m² 以上,检查 3~5 个点;100m² 以内,检查 1~3 个点
	结构物水平断面内部尺寸	符合设计要求,允许偏差 ±20mm	尺量或仪器测量	100m² 以上,不少于 10 个点;100m² 以内,不少于 5 个点
	脱模剂涂刷	产品质量符合标准要求。涂抹均匀,无明显色差	查阅产品质检证明,目视检查	全部检查

3. 沥青混凝土铺筑

模板制作及安装验收检查项目主要有：碾压参数、铺筑宽度（沥青混凝土心墙厚度、压实系数、与刚性建筑物的连接、铺筑厚度、铺筑速度（采用铺筑机）、碾压错距、特殊部位的碾压、施工接缝处及碾压带处理、平整度、降温或防冻措施和层间铺筑间隔时间。其中碾压参数、铺筑宽度（沥青混凝土心墙厚度、压实系数、与刚性建筑物的连接是主控项目，其他为一般项目。验收检验（测）方法及数量如表8-36所示。

表8-36 沥青混凝土铺筑工序验收检验（测）方法、数量和标准

项次	检验项目	质量标准	检验方法	检验数量
主控项目	碾压参数	应符合碾压试验确定的参数值	测量温度、查阅试验报告、施工记录	每班2~3次
	铺筑宽度（沥青混凝土心墙厚度）	符合设计要求，表面光洁、无污物；允许偏差为心墙厚度的10%	观察、尺量、查阅施工记录	每10延米检测1组，每组不少于2个点，每1验收单元不少于10组
	压实系数	质量符合标准要求，取值1.2~1.35	量测	每100~150m³检验1组
	与刚性建筑物的连接	符合规范和设计要求	观察	全部检查
一般项目	铺筑厚度	符合设计要求	观察、量测	每班2~3次
	铺筑速度（采用铺筑机）	规格符合设计要求或1~3m/min	观察、量测、查阅施工记录	每班2~3次
	碾压错距	符合规范和设计要求	观察、量测	全部检查
	特殊部位的碾压	符合规范和设计要求	观察、量测、查阅施工记录	
	施工接缝处及碾压带处理	符合规范和设计要求：重叠碾压10~15cm	观察、量测	

项次	检验项目	质量标准	检验方法	检验数量
一般项目	平整度	符合设计要求，或在2m范围内起伏高度差小于10mm	观察、靠尺量测	每10延米测1组，每组不少于2个点
	降温或防冻措施	符合规范和设计要求	观察、量测	全部检查
	层间铺筑间隔时间	宜不小于12h	观察、量测、查阅施工记录	全部检查

十四、混凝土防渗墙

本单元工程施工工序宜分为造孔、清孔（包括接头处理）、混凝土浇筑（包括钢筋笼、预埋件、观测仪器安装埋设）三个工序，其中混凝土浇筑为主要工序。

1. 造孔

造孔工序的验收检验项目主要有：槽孔孔深、孔斜率、施工记录、槽孔中心偏差和槽孔宽度，其中槽孔孔深、孔斜率和施工记录式主控项目，其他为一般项目。验收检验（测）方法及数量如表 8-37 所示。

表 8-37   造孔工序验收检验（测）方法、数量和标准

项次	检验项目	质量标准	检验方法	检验数量
主控项目	槽孔孔深	不小于设计孔深	钢尺或测绳量测	逐槽
	孔斜率	符合设计要求	重锤法或测井法量测	逐孔
	施工记录	齐全、准确、清晰	查看	抽查
一般项目	槽孔中心偏差	≤30mm	钢尺量测	逐孔
	槽孔宽度	符合设计要求（包括接头搭接厚度）	测井仪或量测钻头	逐槽

2. 清孔

本工序的验收检验项目主要有:接头刷洗、孔底淤积、施工记录、孔内泥浆密度、孔内泥浆黏度和孔内泥浆含砂量,其中接头刷洗、孔底淤积和施工记录式主控项目,其他为一般项目。验收检验(测)方法及数量如表 8-38 所示。

表 8-38　　　清孔验收检验(测)方法、数量和标准

项次	检验项目		质量标准	检验方法	检验数量
主控项目	接头刷洗		符合设计要求,孔底淤积不再增加	查看、测绳量测	
	孔底淤积		≤100mm	测绳量测	
	施工记录		齐全、准确、清晰	查看	
一般项目	孔内泥浆密度	黏土	≤1.30g/cm³	比重称量测	逐槽
		膨润土	根据地层情况或现场试验确定		
	孔内泥浆黏度	黏土	≤30s	500ml、700ml漏斗量测	
		膨润土	根据地层情况或现场试验确定	马氏漏斗量测	
	孔内泥浆含砂量	黏土	≤10%	含砂量测量仪量测	
		膨润土	根据地层情况或现场试验确定		

3. 混凝土防渗墙混凝土浇筑

本工序的验收检验项目主要有:导管埋深、混凝土上升速度、施工记录、钢筋笼(预埋件、仪器)安装埋设、导管布置、混凝土面高差、混凝土最终高度、混凝土配合比、混凝土扩散度、混凝土坍落度和混凝土抗压强度、抗渗等级、弹性模量等。其中导管埋深、混凝土上升速度和施工记录是主控项目,其他为一般项目。验收检验(测)方法及数量如表 8-39 所示。

表 8-39　混凝土防渗墙混凝土浇筑验收检验(测)方法、数量和标准

项次	检验项目	质量标准	检验方法	检验数量
主控项目	导管埋深	≥1m,不宜大于 6m	测绳量测	逐槽
	混凝土上升速度	≥2m/h	测绳量测	逐槽
	施工记录	齐全、准确、清晰	查看	逐槽
一般项目	钢筋笼、预埋件、仪器安装埋设	符合设计要求	钢尺量测	逐项
	导管布置	符合规范或设计要求	钢尺或测绳量测	逐槽
	混凝土面高差	≤0.5m	测绳量测	逐槽
	混凝土最终高度	不小于设计高程 0.5m	测绳量测	逐槽
	混凝土配合比	符合设计要求	现场检验	逐批
	混凝土扩散度	34～40cm	现场试验	逐槽或逐批
	混凝土坍落度	18～22cm,或符合设计要求	现场试验	逐槽或逐批
	混凝土抗压强度、抗渗等级、弹性模量等	符合抗压、抗渗、弹模等设计指标	室内试验	逐槽或逐批
	特殊情况处埋	处理后符合设计要求	现场查看、记录检查	逐项

第九章

施工安全与环境保护

第一节 施 工 安 全

施工安全管理是施工企业全体职工同心协力,把专业技术、生产管理、数理统计和安全教育结合起来,为达到安全生产目的而采取各种措施的管理。建立施工技术组织全过程的安全保证体系,实现安全生产、文明施工。安全管理的基本要求是预防为主,依靠科学的安全管理理论、程序和方法,使施工生产全过程中潜伏的危险因素处于受控状态,消除事故隐患,确保施工生产安全。

一、安全管理的内容

建立安全生产制度。安全生产制度必须符合国家和地区的有关政策、法规、条例和规程,并结合施工项目的特点,明确各级各类人员安全生产责任制,要求全体人员必须认真贯彻执行。

贯彻安全技术管理。进行施工组织设计时,必须结合工程实际,编制切实可行的安全技术措施,要求全体人员必须认真贯彻执行。如果执行过程中发现问题,应及时采取妥善的安全防护措施。要不断积累安全技术措施在执行过程中的技术资料,进行研究分析,总结提高,以利于后面工程的借鉴。

坚持安全教育和安全技术培训。组织全体人员认真学习国家、地方和本企业的安全生产责任制、安全技术规程、安全操作规程和劳动保护条例等。新工人进入岗位之前要进行安全纪律教育,特种专业作业人员要进行专业安全技术培训,考核合格后方能上岗。要使全体职工经常保持高度的安全生产意识,牢固树立"安全第一"的思想。

组织安全检查。为了确保安全生产,必须严格安全督察,建立健全安全督察制度。安全检查员要经常查看现场,及时排除施工中的不安全因素,纠正违章作业,监督安全技术措施的执行,不断改善劳动条件,防止工伤事故的发生。

进行事故处理。人身伤亡和各种安全事故发生后,应立即进行调查,了解事故产生的原因、过程和后果,提出鉴定意见。在总结经验教训的基础上,有针对性地制定防止事故再次发生的可靠措施。

二、安全生产责任制

1. 安全生产责任制的要求

安全生产责任制,是根据"管生产必须管安全","安全工作、人人有责"的原则,以制度的形式,明确规定各级领导和各类人员在生产活动中应负的安全职责。它是施工企业岗位责任制的一个重要组成部分,是企业安全管理中最基本的制度,是所有安全规章制度的核心。

(1)施工企业各级领导人员的安全职责。明确规定施工企业各级领导在各自职责范围内做好安全工作,要将安全工作纳入自己的日常生产管理工作之中,在计划、布置、检查、总结、评比生产的同时,做好计划、布置、检查、总结、评比安全工作。

(2)各有关职能部门的安全生产职责。施工企业中生产部门、技术部门、机械动力部门、材料部门、财务部门、教育部门、劳动工资部门、卫生部门等各职能机构都应在各自业务范围内,对实现安全生产的要求负责。

(3)生产工人的安全职责。生产工人做好本岗位的安全工作是搞好企业安全工作的基础,企业中的一切安全生产制度都要通过他们来落实。因此,企业要求它的每一名职工都能自觉地遵守各项安全生产规章制度,不违章作业,并劝阻他人违章操作。

2. 安全生产责任制的制定和考核

施工现场项目经理是项目安全生产第一责任人，对安全生产负全面的领导责任。

对施工现场中从事与安全有关的管理、执行和检查的人员，特别是独立行使权力开展工作的人员，应规定其职责、权限和相互关系，定期考核。

各项经济承包合同中要有明确的安全指标和包括奖惩办法在内的安全保证措施。

承发包或联营各方之间依照有关法规，签订安全生产协议书，做到主体合法、内容合法和程序合法，各自的权利和义务明确。

实行施工总承包的单位，施工现场安全由总承包单位负责，总承包单位要统一领导和管理分包单位的安全生产。分包单位应对其分包工程的施工现场安全向总承包单位负责，认真履行承包合同规定的安全生产职责。

为了使安全生产责任制能够得到严格贯彻执行，就必须与经济责任制挂钩。对违章指挥、违章操作造成事故的责任者，必须给予一定的经济制裁，情节严重的还要给予行政纪律处分，触犯刑律的还要追究法律责任。对一贯遵章守纪、重视安全生产、成绩显著或者在预防事故等方面做出贡献的，要给予奖励，做到奖罚分明，充分调动广大职工的积极性。

3. 安全生产的目标管理

施工现场应实行安全生产目标管理，制定总的安全目标，如伤亡事故控制目标、安全达标、文明施工目标等。制定达标计划，将目标分解到人，责任落实，考核到人。

4. 安全施工技术操作规程

施工现场要建立、健全各种规章制度，除安全生产责任制外，还有安全技术交底制度、安全宣传教育制度、安全检查制度、安全设施验收制度、伤亡事故报告制度等。

施工现场应制定与本工地有关的各工序、各工种和各类机械作业的施工安全技术操作规程和施工安全要求，做到人人知晓,熟练掌握。

5. 施工现场安全管理网络

施工现场应该设安全专(兼)职人员或安全机构,主要任务是负责施工现场的安全监督检查。安全员应按建设部的规定,每年集中培训,经考试合格才能上岗。

施工现场要建立以项目经理为组长、由各职能机构和分包单位负责人和安全管理人员参加的安全生产管理小组,组成自上而下覆盖各单位、各部门、各班组的安全生产管理网络。

要建立由工地领导参加的包括施工员、安全员在内的轮流值班制度,检查监督施工现场及班组安全制度的贯彻执行,并做好安全值班记录。

三、安全生产检查

1. 安全检查的内容

施工现场应建立各级安全检查制度,工程项目部在施工过程中应组织定期和不定期的安全检查。主要是查思想、查制度、查教育培训、查机械设备、查安全设施、查操作行为、查劳保用品的使用、查伤亡事故处理等。

2. 安全检查的要求

(1) 各种安全检查都应该根据检查要求配备力量。特别是大范围、全面性安全检查,要明确检查负责人,抽调专业人员参加检查,并进行分工,明确检查内容、标准及要求。

(2) 每种安全检查都应有明确的检查目的和检查项目、内容及标准。重点、关键部位要重点检查。对大面积、数量多或内容相同的项目,可采取系统观感和一定数量测点相结合的检查方法。对现场管理人员和操作工人不仅要检查是否有违章作业行为,还应进行应知、应会知识的抽查,以便了解管理人员及操作工人的安全素质。

(3) 检查记录是安全评价的依据,要认真、详细记录。特别是对隐患的记录必须具体,如隐患的部位、危险性程度及处理意见等。采用安全检查评分表的,应记录每项扣分的原因。

（4）安全检查需要认真、全面地进行系统分析，定性定量地进行安全评价。哪些检查项目已达标；哪些检查项目虽然基本上达标，但还有哪些方面需要进行完善；哪些项目没有达标，存在哪些问题需要整改。受检单位（即使本单位自检也需要安全评价）根据安全评价可以研究对策，进行整改和加强管理。

（5）整改是安全检查工作重要的组成部分，是检查结果的归宿。整改工作包括隐患登记、整改、复查、销案等。

3. 施工安全文件的编制要求

施工安全管理的有效方法，是按照水利水电工程施工安全管理的相关标准、法规和规章，编制安全管理体系文件。编制的要求有：

（1）安全管理目标应与企业的安全管理总目标协调一致。

（2）安全保证计划应围绕安全管理目标，将要素用矩阵图的形式，按职能部门（岗位）进行安全职能各项活动的展开和分解，依据安全生产策划的要求和结果，对各要素在本现场的实施提出具体方案。

（3）体系文件应经过自上而下，自下而上的多次反复讨论与协调，以提高编制工作的质量，并按标准规定，由上报机构对安全生产责任制、安全保证计划的完整性和可行性、工程项目部满足安全生产的保证能力等进行确认，建立并保存确认记录。

（4）安全保证计划应送上级主管部门备案。

（5）配备必要的资源和人员，首先应保证工作需要的人力资源，适宜而充分的设施、设备，以及综合考虑成本、效益和风险的财务预算。

（6）加强信息管理，日常安全监控和组织协调。通过全面、准确、及时地掌握安全管理信息，对安全活动过程及结果进行连续的监视和验证，对涉及体系的问题与矛盾进行协调，促进安全生产保证体系的正常运行和不断完善，形成体系的良性循环运行机制。

（7）由企业按规定对施工现场安全生产保证体系运行进行内部审核，验证和确认安全生产保证体系的完整性、有效性和适合性。

为了有效、准确、及时地掌握安全管理信息，可以根据项目施工的对象特点，编制安全检查表。

4. 检查和处理

（1）检查中发现隐患应该进行登记，作为整改备查依据，提供安全动态分析信息。根据隐患记录的信息流，可以制定出指导安全管理的决策。

（2）安全检查中查出的隐患除进行登记外，还应发出隐患整改通知单，引起整改单位的重视。凡是有即发性事故危险的隐患，检查人员应责令停工，被查单位必须立即整改。

（3）对于违章指挥、违章作业行为，检查人员可以当场指出，进行纠正。

（4）被检查单位领导对查出的隐患，应立即研究整改方案，按照"三定"原则（即定人、定期限、定措施），立即进行整改。

（5）整改完成后要及时报告有关部门。有关部门要立即派人员进行复查，经复查整改合格后，进行销案。

四、安全生产教育

1. 安全教育的内容

（1）新工人（包括合同工、临时工、学徒工、实习和代培人员）必须接受公司、工地和班组的三级安全教育。教育内容包括安全生产方针、政策、法规、标准及安全技术知识、设备性能、操作规程、安全制度、严禁事项等。

（2）电工、焊工、架子工、司炉工、爆破工、起重工、打桩机和各种机动车辆司机等特殊工种工人，除接受一般安全教育外，还要接受本工种的专业安全技术教育。

（3）采用新工艺、新技术、新设备施工和调换工作岗位时，要对操作人员进行新技术、新岗位的安全教育。

2. 安全教育的种类

（1）安全法制教育。对职工进行安全生产、劳动保护方面的法律、法规的宣传教育，使其从法制角度认识安全生产的重要性，要通过学法、知法来守法。

（2）安全思想教育。对职工进行深入细致的思想政治教育，使职工认识到安全生产是一项关系到国家发展、社会稳定、企业兴旺、家庭幸福的大事。

（3）安全知识教育。安全知识也是生产知识的重要组成部分，可以结合起来交叉进行教育。教育内容包括企业的生产基本情况、施工流程、施工方法、设备性能、各种不安全因素、预防措施等多方面内容。

（4）安全技能教育。教育的侧重点是安全操作技术，结合本工种特点、要求，为培养职工的安全操作能力而进行的一种专业安全技术教育。

（5）事故案例教育。通过对一些典型事故进行原因分析、事故教训及预防事故发生所采取的措施来教育职工。

3. 特种作业人员的培训

根据《特种作业人员安全技术培训考核管理办法》的规定，特种作业是指容易发生人员伤亡事故，对操作者本人、他人及周围设施的安全有重大危害的作业。从事这些作业的人员必须接受专门培训和考核。与建筑业有关的作业种类主要有：①电工作业；②金属焊接切割作业；③起重机械（含电梯）作业；④场内机动车辆驾驶；⑤登高架设及高空悬挂作业；⑥压力容器操作；⑦爆破作业；⑧制冷作业；⑨锅炉作业；⑩金属探伤检测作业；⑪其他国家或省级政府有关部门明确的特种作业。

4. 安全生产的经常性教育

施工企业在做好新工人入场教育、特种作业人员安全生产教育和各级领导干部、安全管理干部的安全生产培训的同时，还必须把经常性的安全教育贯穿于管理工作的全过程，并根据接受教育对象的不同特点，通过多层次、多渠道的多种方法进行。

5. 班前的安全活动

班组长在班前进行上岗交底，上岗检查，做好上岗记录。

（1）上岗交底。对当天的作业环境、气候情况、主要工作内容和各个环节的操作安全要求以及特殊工种的配合等进行交底。

（2）上岗检查。查上岗人员的劳动防护情况，每个岗位周围作业环境是否安全无患，机械设备的安全保险装置是否完好有效，以及各类安全技术措施的落实情况等。

五、安全生产控制的要求

为贯彻执行"安全第一，预防为主"的方针，保护水利水电建设战线广大职工的生产过程安全、健康和生命，应严格遵照执行《水利水电建筑安全技术工作规程》的有关要求。

1. 处理伤亡事故的原则和要求

对于伤亡事故、职业病的调查和处理，必须认真贯彻执行国家有关规定，发生事故后，应按照"三不放过"的原则，认真地从生产、技术、设备、管理制度等方面找出事故原因，查明责任，确定改进措施，指定专人限期贯彻执行，并按规定上报有关部门。

2. 警示性标志的要求

对工程建设现场危险处的防护与标示，应按以下规定：

（1）施工现场的洞、坑沟、升降口、漏斗等危险处应有防护设施及明显标志。

（2）交通频繁的交叉路口应设专人指挥，危险地段要悬挂"危险"或"禁止通行"标志牌，夜间设红灯示警。

3. 对爆破安全警戒的要求

爆破作业，必须统一指挥，统一信号，划定安全警戒区，并明确安全警戒人员，在装药联线开始前，无关人员一律退出作业区。在点燃开始前，除炮工外其他人员一律退到安全地点隐蔽，爆破后，须经炮工进行检查确认安全后其他人员方能进入现场。对暗挖石方爆破，尚需经过通风、恢复照明、安全处理后方可进行其他工作。并应该做到以下几点：

（1）对于一些大的水利水电工程，由多个施工单位同时承担施工，应按规定在每天固定时间进行爆破，统一各工区的统一信号及警戒标志，统一划定安全警戒区与警戒点，实

卤钨灯。照明器具选择应遵守下列规定：正常湿度时，选用开启式照明器；潮湿或特别潮湿的场所，应选用密闭型防水防尘照明器或配有防水灯头的开启式照明器；含有大量尘埃但无爆炸和火灾危险的场所，应采用防尘型照明器；对有爆炸和火灾危险的场所，应按危险场所等级选择相应的防爆型照明器；在振动较大的场所，应选用防振型照明器；对有酸碱等强腐蚀的场所，应采用耐酸碱型照明器；照明器具和器材的质量均应符合有关标准、规范的规定，不得使用绝缘老化或破损的器具和器材。

2) 一般场所宜选用额定电压为 220V 的照明器，对下列特殊场所应使用安全电压照明器：地下工程，有高温、导电灰尘，且灯具离地面高度低于 2.5m 等场所的照明，电源电压应不大于 36V；在潮湿和易触及带电体场所的照明电源电压不得大于 24V；在特别潮湿的场所、导电良好的地面、锅炉或金属容器内工作的照明电源电压不得大于 12V。

3) 使用行灯应遵守下列规定：电源电压不超过 36V；灯体与手柄连接坚固、绝缘良好并耐热耐潮湿；灯头与灯体结合牢固，灯头无开关；灯泡外部有金属保护网；金属网、反光罩、悬吊挂钩固定在灯具的绝缘部位上。

4) 照明变压器应使用双绕组型，严禁使用自耦变压器。

5) 地下工程作业、夜间施工或自然采光差等场所，应设一般照明、局部照明或混合照明，并应装设自备电源的应急照明。

5. 对施工人员的安全规定

(1) 凡经医生诊断患高血压、心脏病、贫血、精神病以及其他不适于高处作业病症的人员，不得从事高处作业。

(2) 在坝顶、陡坡、屋顶、悬崖杆塔、吊桥、脚手架及其他危险边沿进行悬空高处作业时，临空一面必须搭设安全网或防护栏杆，工作人员必须系好安全带，戴好安全帽。

(3) 在带电体附近进行高空作业时，距带电体的最小安全距离必须满足表 9-4 的规定。

表 9-4　　　　　　　距带电体的最小安全距离　　　　（单位：m）

项目	带电体电压/kV						
	10 以下	20～35	44	60～110	154	220	330
工器具、安装构件、接地线等带电体的距离	2.0	3.5	3.5	4.0	5.0	5.0	6.0
工作人员活动范围与带电体的距离	1.7	2.0	2.2	2.5	3.0	4.0	5.0
整体组立杆塔与带电体的距离	应大于倒杆距离(自杆塔边缘到带电体的最近侧为塔高)						

6. 施工防火安全的要求

施工现场各作业区与建筑物之间的防火安全距离应符合以下要求：

（1）用火作业区距所修建建筑物和其他区域不得小于25m,距生活区不小于15m。

（2）仓库区、易燃可燃材料堆集场距修建的建筑物和其他区域不小于20m。

（3）易燃料堆集产生意外事故的可能性更大,因此易燃料集中站距所建的建筑物和其他区域的距离应大于30m。

（4）防火间距中,不应堆放易燃和可燃物质,如在仓库、易燃可燃材料堆集场与建筑物之间堆放有易燃和可燃物质,应确保建筑物距离易燃和可燃物质最近的距离大于防火安全距离。

7. 对爆破器材仓库的要求

（1）仓库和药堆与住宅区或村庄边缘的距离规定如下：

1）有土堤和无土堤的地面库房与药堆的安全距离如表 9-5 所规定。

表 9-5　　　　　　　地面库房与药堆的安全距离　　　　（单位：m）

库房类别	存药量/t								
	150～200	100～150	50～100	30～50	20～30	10～20	5～10	2～5	<2
无土堤库	1000	900	750	600	400	350	250	200	150
有土堤库	800	700	600	500	350	300	250	170	130

行分片负责,明确各警戒点的负责单位与警戒人员。

(2) 在装药及联网工作开始前,设定警戒区,所有机械设备及无关人员均应离开警戒区。

(3) 使用电雷管起爆时,在连接起爆雷管前,除操作人员外,其余人员一律撤离到安全警戒线以外;爆破后,必须在规定时间(露天爆破 5min 以上,地下爆破 30min 以上)后其他人员才能进入现场。特别对于既有明挖又有暗挖的工程,还应注意以下问题:①当明挖爆破振动可能使危石塌落产生危害,或洞挖爆破振动可能使边坡危石滑落产生危害,一方放炮时,双方人员均应撤离现场;②当洞挖工作面距边坡面或露天开挖区距地下洞室壁面最小距离小于 15m 时,应停止一方工作且在另一工作面设立明显标志。

4. 对施工用电的要求

施工照明及线路应符合下列要求:

(1) 基本规定。

在存有易燃易爆物品场所或有瓦斯的巷道内,照明设备必须采取防爆措施。

施工单位应编制施工用电方案及安全技术措施。

从事电气作业的人员,应持证上岗;非电工及无证人员禁止从事电气作业。

从事电气安装、维修作业的人员应掌握安全用电基本知识和所用设备的性能,按规定穿戴和配备好相应的劳动防护用品,定期进行体检。

在建工程(含脚手架)的外侧边缘与外电架空线路的边线之间应保持安全操作距离。最小安全操作距离应不小于表 9-1 的规定。

表 9-1 在建工程(含脚手架)的外侧边缘与外电架空线路
的边线之间最小安全操作距离表

外电线路电压/kV	<1	1~10	35~110	154~220	330~500
最小安全操作距离/m	4	6	8	10	15

注:上、下脚手架的斜道严禁搭设在有外电线路的一侧。

施工现场的机动车道与外电架空线路交叉时,架空线路的最低点与路面的垂直距离应不小于表 9-2 的规定。

表 9-2　施工现场的机动车道与外电架空线路交叉时的
最小垂直距离

外电线路电压/kV	<1	1～10	35
最小垂直距离/m	6	7	7

机械如在高压线下进行工作或通过时,其最高点与高压线之间的最小垂直距离不得小于表 9-3 的规定。

表 9-3　　机械最高点与高压线间的最小垂直距离

线路电压/kV	<1	1～10	35～110	154	220	330
机械最高点与线路间的垂直距离/m	1.5	2	4	5	6	7

旋转臂架式起重机的任何部位或被吊物边缘与 10kV 以下的架空线路边线最小水平距离不得小于 2m。

施工现场开挖非热管道沟槽的边缘与埋地外电缆沟槽边缘之间的距离不得小于 0.5m。

对达不到规定的最小距离的部位,应采取停电作业或增设屏障、遮栏、围栏、保护网等安全防护措施,并悬挂醒目的警示标志牌。

用电场所电气灭火应选择适用于电气的灭火器材,不得使用泡沫灭火器。

(2)现场临时变压器安装。

施工用的 10kV 及以下变压器置于地面时,应有 0.5m 的高台,高台的周围应装设栅栏,其高度不低于 1.7m,栅栏与变压器外廓的距离不得小于 1m,杆上变压器安装的高度应不低于 2.5m,并挂"止步、高压危险"的警示标志。变压器的引线应采用绝缘导线。

(3)施工照明。

1)现场照明宜采用高光效、长寿命的照明光源。对需要大面积照明的场所,宜采用高压汞灯、高压钠灯或混光用的起定时性水位上涨的时期。

我国汛期主要是由于夏季暴雨和秋季连绵阴雨造成的，时间大致在每年 5～9 月，一般在 6 月进入汛期。水利水电工程度汛是指从工程开工到竣工期间由围堰及未完成的大坝坝体拦洪或围堰过水及未完成的坝体过水，使永久建筑不受洪水威胁。施工度汛是保护跨年度施工的水利水电工程在施工期间安全度过汛期，而不遭受洪水损害的措施。此项工作由建设单位负责计划、组织、安排和统一领导。

（1）建设单位应组织成立有施工、设计、监理等单位参加的工程防汛机构，负责工程安全度汛工作。应组织制定度汛方案及超标准洪水的度汛预案。

（2）建设单位应做好汛期水情预报工作，准确提供水文气象信息，预测洪峰流量及到来时间和过程，及时通告各单位。

（3）设计单位应于汛前提出工程度汛标准、工程形象面貌及度汛要求。

（4）施工单位应按设计要求和现场施工情况制定度汛措施，报建设（监理）单位审批后成立防汛抢险队伍，配置足够的防汛抢险物质，随时做好防汛抢险的准备工作。

10. 施工道路及交通

（1）施工生产区内机动车辆临时道路应符合道路纵坡不宜大于 8%，进入基坑等特殊部位的个别短距离地段最大纵坡不得超过 15%；道路最小转弯半径不得小于 15m；路面宽度不得小于施工车辆宽度的 1.5 倍，且双车道路面宽度不宜窄于 7m，单车道不宜窄于 4m。单车道应在可视范围内设有会车位置等要求。

（2）施工现场临时性桥梁，应根据桥梁的用途、承重载荷和相应技术规范进行设计修建，宽度应不小于施工车辆最大宽度的 1.5 倍；人行道宽度应不小于 1.0m，并应设置防护栏杆等要求。

（3）施工现场架设临时性跨越沟槽的便桥和边坡栈桥，应符合以下要求：

1）基础稳固、平坦畅通；

2）人行便桥、栈桥宽度不得小于1.2m；

3）手推车便桥、栈桥宽度不得小于1.5m；

4）机动翻斗车便桥、栈桥，应根据荷载进行设计施工，其最小宽度不得小于2.5m；

5）设有防护栏杆。

（4）施工现场工作面、固定生产设备及设施处所等应设置人行通道，并符合宽度不小于0.6m等要求。

六、常用安全工具

（1）安全帽、安全带、安全网等施工生产使用的安全防护用具，应符合国家规定的质量标准，具有厂家安全生产许可证、产品合格证和安全鉴定合格证书，否则不得采购、发放和使用。

（2）常用安全防护用具应经常检查和定期试验，其检查试验的要求和周期如表9-9所示。

表9-9   常用安全防护用具检查试验的要求和周期表

名称	检查与试验质量标准要求	检查试验周期
塑料安全帽	1. 外表完整、光洁； 2. 帽内缓冲带、帽带齐全无损； 3. 耐 40～120℃高温不变形； 4. 耐水、油、化学腐蚀性良好； 5. 可抗 3kg 的钢球从 5m 高处垂直坠落的冲击力	一年一次
安全带	检查： 1. 绳索无脆裂，断脱现象； 2. 皮带各部接口完整、牢固，无霉朽和虫蛀现象； 3. 销口性能良好 试验： 1. 静荷：使用 255kg 重物悬吊 5min 无损伤； 2. 动荷：将重量为 120kg 的重物从 2～2.8m 高架上冲击安全带，各部件无损伤	1. 每次使用前均应检查； 2. 新带使用一年后抽样试验； 3. 旧带每隔6个月抽查试验一次
安全网	1. 绳芯结构和网筋边绳结构符合要求； 2. 两件各 120kg 的重物同时从 4.5m 高处坠落冲击完好无损	每年一次，每次使用前进行外表检查

2）隧道式洞库至住宅区或村边缘的最小距离如表 9-6 所规定。

表 9-6　　隧道式洞库至住宅区或村边缘的最小距离

与洞口角 交角 α	存药量/t						
	50～100	30～50	20～30	10～20	5～10	2～5	<2
0°至两侧 70°	1500	1250	1100	1000	850	750	700
两侧 70°～90°	600	500	450	400	350	300	250
两侧 90°～180°	300	250	200	150	120	100	110

3）由于保护对象不同，因此在使用当中对表 9-5、表 9-6 的数值应加以修正（保护系数），如表 9-7 所示。

（2）爆破器材库的贮存量规定如下：

1）地面库单一库房允许的最大贮存量不得超过表 9-8 的规定。

2）地面总库的容量：炸药不超过本单位半年生产用量，起爆器材不超过一年生产用量；地面分库的总容量：炸药不超过 3 个月生产用量，起爆器材不超过半年生产用量。

表 9-7　　　　　　　　保护系数

序号	保护对象	保护系数
1	村庄边缘、住宅边缘、乡镇企业围墙区域、变电站围墙	1.0
2	地、县级以下乡、通航汽轮的河流航道、铁路支线	0.7～0.8
3	总人数不大于 50 人的零散住户边缘	0.7～0.8
4	国家铁路线、省级及以上公路	0.9～1.0
5	高压送电线路 500kV	2.5～3.0
6	高压送电线路 220kV	1.5～2.0
7	高压送电线路 110kV	0.9～1.0
8	高压送电线路 35kV	0.8～0.9
9	人口不大于 10 万人的城镇规划边缘、工厂围墙、重要建筑铁路车站	2.5～3.0
10	人口大于 10 万人的城镇规划边缘	5.0～6.0

表 9-8　　　　　　　　　单一库房贮存量规定

爆破器材名称	允许最大贮存量/t
硝化甘油炸药	40（净重）
梯恩梯	120（净重）
销铵炸药，如浆状炸药	200（净重）
导爆索	120（皮重）
雷管、继爆管、导爆管起爆系列	120（净重）
硝酸铵、硝酸钠	400（净重）

（3）库区布局必须符合下列规定：

1）位置必须选择在远离被保护对象，较安全的地方，其外部安全距离和库房彼此间的距离应符合相关规定。

2）避免设在山洪或地下水危害的地方，并充分利用山上等自然屏障。

3）周围应设围墙，围墙高度不应低于 2.0m，防止人员自由出入，围墙至最近库房墙角的距离应不小于 25m。

4）库区值班室应设在围墙外侧，距离一般不应小于 25m，食堂、宿舍距危险品库房应不小于 200m。

8. 对运输爆破器材的要求

（1）有押运人员，外部运输必须有警卫人员护送。

（2）按指定路（航）线行驶。

（3）车（船）不准在人多的地方、交叉路口或桥上（下）停留。

（4）车（船）应由帆布盖住，并设有明显警戒标志。

（5）非押运人员不准乘坐。

（6）气温低于 10℃时运输易冻的硝化甘油炸药，或气温低于 -15℃时运输难冻的硝化甘油炸药，必须采取防冻措施。

（7）禁止用翻斗车、自卸汽车、拖车、机动三轮车、人力三轮车、摩托车和自行车等运输爆破器材。

（8）车厢和船底应加轨垫。

9. 防汛

汛期是指江河中由于流域内季节性降水、融冰、化雪，引有松动的现象。

（3）上下脚手架应走斜道或梯子，不得沿脚手架立杆或横杆攀爬。

（4）作业使用的材料应随用随吊，用后及时清理，临时堆放物品严禁超过允许负荷。

（5）工作时不得骑坐在栏杆上，禁止躺在脚手板上或安全网内休息。

（6）高空拆除作业人员，必须戴安全帽，系安全带，穿软底鞋。

（7）拆下的扣件和配件应及时运至地面，严禁高空抛掷。

（8）遇到 6 级以上的大风，严禁从事脚手架作业。

5. 钻探施工安全

（1）拆、装钻架时应有专人指挥。

（2）上架时，作业人员不得脚穿容易滑跌的硬底鞋，应系好安全带，工具、螺丝等应放在工具袋中。

（3）拆、装钻架时，严禁架上、架下同时作业。钻架及所有机械设备的各部位螺丝应拧紧，铁丝、绳子应捆绑结实。

（4）孔口操作人员，应站在钻具起落范围以外，摘挂提引器时应注意回绳碰打。

（5）起放各种钻具，手指不得伸入下管口提拉，不得用手去试探岩芯，应用一根有足够拉力的麻绳将钻具拉开。

（6）钻具给进把回转范围内不得有人。

6. 施工支护安全

（1）作业前，应认真检查施工区围堰稳定情况。

（2）不要采用边支护边开挖的作业方式。

（3）构架支护时，在支撑和围堰之间，应用木板、楔块或小型混凝土预制块塞紧。

（4）应进场检查支撑杆件破裂、倾斜、扭曲、变形及其他异常情况，发现后及时处理。

（5）喷锚支护作业时，应佩戴防尘口罩、防护眼镜、防尘帽、雨衣、长筒胶靴和乳胶手套等劳保用品。

（6）在使用喷射机、注浆器等设备应进行检查。

（7）在高空台架上作业时，应系挂安全带。

（8）支护设备的压力表、安全阀在使用时发现破损或失灵要立即更换。

（9）不得在喷头和注浆管前方站人。

（10）喷射作业的堵管处理，可采用敲击法疏通，如采用高压通风疏通时，喷头不得朝向有人方向。

7. 灌浆施工安全

（1）灌浆工作必须做好防尘设施和正常穿戴防尘保护用品。

（2）搅浆时，必须先加水，等正常开动后再加水泥。

（3）处理搅浆机故障时，传动皮带必须卸下。

（4）灌浆中需有专人看压力表，防止压力突升或下降。

（5）在运转中，安全阀不得随意转动。

（6）对曲轴箱和缸体进行检修时，不得一手伸进试探，一手搬工作轮同时进行，更不准两人同时进行此动作。

（7）进行化学灌浆时，应穿防护工作服。

（8）严禁在化学灌浆施工现场进食。

8. 填筑施工安全

（1）碾压、打夯、装载机、自卸车等设备操作者应持证上岗，作业时应有专人负责指挥。

（2）人力打夯精神要集中，动作应一致，严禁重锤自由下落时紧急刹车。

（3）用小车卸土不得撒把，坑、槽边应设横木车挡；卸土时坑、槽内不得有人。

（4）水下填筑时，水上作业人员应穿救生衣、戴安全帽。

（5）水下填筑人工抛填时，应遵循由上至下，两侧块石对称抛投的原则。

（6）严禁站在堆石下方掏取块石。

9. 钢筋加工安全

（1）切断机断料时，手与道口距离不得小于 15cm，活动刀片前进时禁止送料。

（2）机械在运转过程中严禁用手直接清除刀口附近的

（3）高处临空作业应按规定架设安全网,作业人员使用的安全带,应挂在牢固的物体上或可靠的安全绳上,安全带严禁低挂高用。拴安全带用的安全绳,不宜超过 3m。

（4）在有毒有害气体可能泄漏的作业场所,应配置必要的防毒护具,以备急用,并及时检查维修更换,保证其处在良好待用状态。

（5）电气操作人员应根据工作条件选用适当的安全电工用具和防护用品,电工用具应符合安全技术标准并定期检查,凡不符合技术标准要求的绝缘安全用具、登高作业安全工具、携带式电压和电流指示器,以及检修中的临时接地线等,均不得使用。

七、安全操作规程

1. 土方开挖安全

（1）开挖土方的操作人员之间,横向间距不小于 2m,纵向间距不小于 3m。

（2）开挖应自上而下,不得掏根挖土和反坡挖土。

（3）进行机械挖土时,非作业人员要远离机械,并禁止一切人、物进入机械回转半径内。

（4）在陡坡上工作时,须设置安全绳,在湿润的斜坡上工作,应有防滑措施。

（5）开挖工作应与装运作业面错开,应避免上、下交叉作业。

（6）边坡开挖时,应及时清除松动的土体和浮石,必要时应进行安全支护。

（7）挖出的泥土应堆放在坑边 1m 以外,堆放高度不得超过 1.5m。

（8）站在土堆上作业时,应注意土堆的稳定,防止滑塌伤人。

（9）土方暗挖作业,应首先检查工作面是否处于安全状态,并检查支护是否牢固,如有松动的石、土块或裂缝应先予以清除或支护。

2. 石方开挖安全

（1）在边坡、洞口开挖前，应及时清除松动的土体和浮石，必要时应进行安全支护。

（2）进行撬挖作业时，严禁站在石块滑落的前方撬挖或上下层同时撬挖。

（3）撬挖作业的下方严禁通行。

（4）撬挖人员应保持适当间距。

（5）在陡坡上作业，应系好安全绳、佩戴安全带，严禁多人共用一根安全绳。

（6）挖掘设备运行范围内严禁人员进入。

（7）在斜、竖井开挖前，应在井口及井底部位设置醒目的安全标志。

3. 爆破作业安全

（1）爆破作业安全爆破前应根据所设计的安全距离设置警示区，禁止无关人员进入。

（2）雷管应放置在专用雷管盒内，严禁装在衣袋内运送。严禁携带雷管的人员抽烟或接近火源。

（3）人工打孔时，打锤人不得戴手套，并应站在扶钎人的侧面。

（4）竖直炮孔装药时，用细绳放下。水平炮孔装药时，用木棍推送。

（5）装药时分几次装入，用木棍或竹制炮棍轻轻压紧，严禁使用铁器等金属炮棍。禁止用力撞击或挤压炮棍。

（6）装药后用泥土填塞洞口，禁止使用石子或易燃材料，轻捣密实，禁止用力挤压。

（7）切割导火索时应使用锋利小刀，严禁使用剪刀或钢丝钳剪夹。严禁切割接上雷管的导火索。

（8）严禁拉拔导火索，严禁从炮孔内掏取雷管、炸药。

4. 脚手架作业安全

（1）从事脚手架作业，必须戴好安全帽，系好安全带和穿软底鞋，不准穿塑料底和带钉子的硬性鞋。

（2）脚手板铺设应符合要求，脚手板应绑扎和固定，不得

（5）移动振捣器时必须先切断电源。

（6）振动棒不得全部插入混凝土中，不应触及模板、钢筋、预埋件和脚手架。

（7）严禁将线头直接插入插座内使用。

（8）人工打毛时应避免面对面近距离操作，以防飞石、工具伤人。

12. 砌筑施工安全

（1）砌筑施工时，脚手架上堆放的材料不得超重，应做到随砌随运。

（2）堆放材料应保持距离坑、槽、沟边沿 1m 以上，且堆放高度不得大于 1.5m。

（3）砌体中的落地灰及碎砌块应及时清理，装车或装袋进行运输，严禁抛掷清理。

（4）搬运石料、预制块、砖块等应检查搬运工具及绳索是否牢固，抬运时应用双绳系牢。

（5）使用斗车运送散料时，应将散料使用绳索、网等加固，防止运输中掉落。

（6）用铁锤修整石料时，应先检查铁锤有无破裂，锤柄是否牢固。

（7）击锤时要查看附近有无危机他人的安全隐患，然后落锤。

（8）不宜在干砌、浆砌墙身顶面或脚手架上整修砌体，以免振动墙体。

（9）应经常清理道路上的零星材料和杂物，使运输道路畅通无阻。

13. 密闭空间安全

（1）凡进入密闭空间前，应采取措施进行通风，并防止危险气体或物品侵入。

（2）如怀疑密闭空间内空气未能充分流通，须在工作期间使用气体检测器测试。

（3）进入密闭空间的人员，必要时需佩戴呼吸器。

（4）进入密闭空间的工作人员须系上安全背带，背带连着一条连通外面的救生索。

（5）密闭空间外面，须设专人负责与密闭空间内人员联络和操控救生索。

（6）另备一套呼吸器，以供紧急情况下使用。

14. 拆除作业安全

（1）从事拆除工作的时候，操作人员应站在脚手架或者其他稳固的结构部分上操作。

（2）拆下较大或较重的材料，要用吊绳或者起重机械稳妥吊下，严禁向下抛掷。

（3）拆除建筑物的时候。楼板上不得聚集人，不得堆放材料。

（4）拆除有倒塌危险的大型设施，应先采用支柱、支撑、绳索等临时加固措施。

（5）气割钢结构时，作业人员站在安全位置，被切块必须用绳索或吊钩等固牢。

（6）拆卸下来的各种材料要及时清理，分别堆放。

第二节　环　境　保　护

2014 年 4 月经修改后公布的《中华人民共和国环境保护法》（以下简称《环境保护法》）规定，排放污染物的企业事业单位和其他生产经营者，应当采取措施，防治在生产建设或者其他活动中产生的废气、废水、废渣、医疗废物、粉尘、恶臭气体、放射性物质以及噪声、振动、光辐射、电磁辐射等对环境的污染和危害。排放污染物的企业事业单位，应当建立环境保护责任制度，明确单位负责人和相关人员的责任。

2011 年 4 月经修改后公布的《中华人民共和国建筑法》（以下简称《建筑法》）中规定，建筑施工企业应当遵守有关环境保护和安全生产的法律、法规的规定，采取控制和处理施工现场的各种粉尘、废气、废水、固体废物以及噪声、振动对环境的污染和危害的措施。

2003 年 11 月颁布的《建设工程安全生产管理条例》进一

短钢筋和杂物。

（3）切断短钢筋，如手握端小于 40cm 时必须用套管或钳子夹料，不得用手直接送料。

（4）使用调直机时严禁戴手套操作，钢筋调直到末端时，操作人员必须躲开，以防甩动伤人。

（5）多人抬运时，要用同一肩膀，步调一致。上、下肩时，要轻起轻放。

（6）搬运钢筋时，防止触碰电线。

（7）若采用人工垂直拉运钢筋，应搭设接料平台、加设护身栏。吊运时垂直下方禁止有人。

（8）堆放带有弯钩的半成品，最上一层钢筋的弯钩应朝上。

知识链接

　　钢筋冷拉时，沿线两侧各2m范围为特别危险区；应实行安全警戒，暂停交通。
　　　　　　　　——《水利工程建设标准强制性条文》
　　　　　　　　　　　　　　　　　　（2016年版）

10. 模板施工安全

（1）支模时应按作业程序进行，模板未固定前不得离开或进行其他工作。

（2）使用的钉子、锤子等工具应放在工具包内，不准随处乱扔。

（3）严禁在连接件和支撑件上攀登上下，严禁同时在上下同一垂直面上装、拆模板。

（4）拆除模板时不准采用猛撬、硬砸或大面积撬落和拉倒的方法，防止伤人和损坏物料。

（5）拆模时不能留有悬空模板，防止突然落下。

（6）工作完毕后应及时清理现场模板，所拆模板应将钉子尖头打出以免扎脚伤人。

（7）搬运模板及材料应估计物件的重量，量力而行，必要时应请求援助。

知识链接

　　1.高处拆模时，应有专人指挥，并标出危险区；应实行安全警戒，暂停交通。

　　2.拆除模板时，严禁操作人员站在正在拆除的模板上。

　　　　　　　——《水利工程建设标准强制性条文》

　　　　　　　　　　　　　　　　（2016年版）

11. 混凝土施工安全

（1）拌和机的加料斗升起时，严禁任何人在料斗下停留或通过。

（2）上料人员必须穿戴防粉尘保护用品，工作完毕后应将料斗锁好。

（3）拌和机运转时，严禁将工具伸入搅拌筒内，严禁向旋转部位加油，严禁进行清扫、检修等工作。

（4）进入搅拌筒检修时，应切断电源，挂警示牌并派人监护。

知识链接

　　1.混凝土拌和楼（站）检修时，应切断相应的电源、气路，并挂上"有人工作，不准合闸"的警示标志。

　　2.进入料仓（斗）、拌和筒内工作，外面应设专人监护。检修时应挂"正在修理，严禁开动"的警示标志。非检修人员不应乱动气、电控制元件。

　　3.搅拌机运行中，不应使用工具伸入滚筒内掏挖或清理。需要清理时应停机。如需人员进入搅拌鼓内工作时，鼓外应有人监护。

　　　　　　　——《水利工程建设标准强制性条文》

　　　　　　　　　　　　　　　　（2016年版）

声敏感建筑物集中区域的高速公路和城市高架、轻轨道路，有可能造成环境噪声污染的，应当设置声屏障或者采取其他有效的控制环境噪声污染的措施；在已有的城市交通干线的两侧建造噪声敏感建筑物的，建设单位应当按照国家规定间隔一定距离，并采取减轻、避免交通噪声影响的措施等。

建设项目在投入生产或者使用之前，其环境噪声污染防治设施必须经原审批环境影响报告书的环境保护行政主管部门验收；达不到国家规定要求的，该建设项目不得投入生产或者使用。

3. 交通运输噪声污染的防治

建设工程施工有着大量的运输任务，还会产生交通运输噪声。所谓交通运输噪声，是指机动车辆、铁路机车、机动船舶、航空器等交通运输工具在运行时所产生的干扰周围生活环境的声音。

在城市市区范围内行驶的机动车辆的消声器和喇叭必须符合国家规定的要求。机动车辆必须加强维修和保养，保持技术性能良好，防治环境噪声污染。

警车、消防车、工程抢险车、救护车等机动车辆安装、使用警报器，必须符合国务院公安部门的规定；在执行非紧急任务时，禁止使用警报器。

4. 对产生环境噪声污染企业事业单位的规定

产生环境噪声污染的企业事业单位，必须保持防治环境噪声污染的设施的正常使用；拆除或者闲置环境噪声污染防治设施的，必须事先报经所在地的县级以上地方人民政府环境保护行政主管部门批准。

产生环境噪声污染的单位，应当采取措施进行治理，并按照国家规定缴纳超标准排污费。征收的超标准排污费必须用于污染的防治，不得挪作他用。

对于在噪声敏感建筑物集中区域内造成严重环境噪声污染的企业事业单位，限期治理。被限期治理的单位必须按期完成治理任务。

二、施工现场废气、废水污染防治的规定

在工程建设领域，对于废气、废水污染的防治，也包括建设项目和施工现场两方面。

1. 大气污染的防治

按照国际标准化组织（ISO）的定义，大气污染通常是指由于人类活动或自然过程引起某些物质进入大气中，呈现出足够的浓度，达到足够的时间，并因此危害了人体的舒适、健康和福利或环境污染的现象。如果不对大气污染物的排放总量加以控制和防治，将会严重破坏生态系统和人类生存条件。

（1）施工现场大气污染的防治。2015年8月经修改后公布的《中华人民共和国大气污染防治法》（以下简称《大气污染防治法》）规定，企业事业单位和其他生产经营者应当采取有效措施，防止、减少大气污染，对所造成的损害依法承担责任。

企业事业单位和其他生产经营者向大气排放污染物的，应当依照法律法规和国务院环境保护主管部门的规定设置大气污染物排放口。禁止通过偷排、篡改或者伪造监测数据、以逃避现场检查为目的的临时停产、非紧急情况下开启应急排放通道、不正常运行大气污染防治设施等逃避监管的方式排放大气污染物。

建设单位应当将防治扬尘污染的费用列入工程造价，并在施工承包合同中明确施工单位扬尘污染防治责任。施工单位应当制定具体的施工扬尘污染防治实施方案。施工单位应当在施工工地设置硬质围挡，并采取覆盖、分段作业、择时施工、洒水抑尘、冲洗地面和车辆等有效防尘降尘措施。建筑土方、工程渣土、建筑垃圾应当及时清运；在场地内堆存的，应当采用密闭式防尘网遮盖。工程渣土、建筑垃圾应当进行资源化处理。

施工单位应当在施工工地公示扬尘污染防治措施、负责人、扬尘监督管理主管部门等信息。暂时不能开工的建设用地，建设单位应当对裸露地面进行覆盖；超过三个月的，应当

步规定,施工单位应当遵守有关环境保护法律、法规的规定,在施工现场采取措施,防止或者减少粉尘、废气、废水、固体废物、噪声、振动和施工照明对人和环境的危害和污染。

一、施工现场噪声污染防治的规定

环境噪声,是指在工业生产、建筑施工、交通运输和社会生活中所产生的干扰周围生活环境的声音。环境噪声污染,则是指产生的环境噪声超过国家规定的环境噪声排放标准,并干扰他人正常生活、工作和学习的现象。

在工程建设领域,环境噪声污染的防治主要包括两个方面:一是施工现场环境噪声污染的防治;二是建设项目环境噪声污染的防治。后者主要是解决建设项目建成后使用过程中可能产生的环境噪声污染问题,前者则是要解决建设工程施工过程中产生的施工噪声污染问题。

1. 施工现场环境噪声污染的防治

施工噪声,是指在建设工程施工过程中产生的干扰周围生活环境的声音。随着城市化进程的不断加快及工程建设的大规模开展,施工噪声污染问题日益突出,尤其是在城市人口稠密地区的建设工程施工中产生的噪声污染,不仅影响周围居民的正常生活,而且损害城市的环境形象。施工单位与周围居民因噪声而引发的纠纷也时有发生,群众投诉日渐增多。因此,应当依法加强施工现场噪声管理,采取有效措施防治施工噪声污染。

(1)排放建筑施工噪声应当符合建筑施工场界环境噪声排放标准。建筑施工过程中场界环境噪声不得超过规定的排放限值。建筑施工场界环境噪声排放限值,昼间 70dB(A),夜间 55dB(A)。夜间噪声最大声级超过限值的幅度不得高于 15dB(A)。"昼间"是指 6:00 至 22:00 之间的时段;"夜间"是指 22:00 至次日 6:00 之间的时段。县级以上人民政府为环境噪声污染防治的需要(如考虑时差、作息习惯差异等)而对昼间、夜间的划分另有规定的,应按其规定执行。

(2)使用机械设备可能产生环境噪声污染的申报。在城市市区范围内,建筑施工过程中使用机械设备,可能产生环境噪声污染的,施工单位必须在工程开工 15 日以前向工程所在地县级以上地方人民政府环境保护行政主管部门申报该工程的项目名称、施工场所和期限、可能产生的环境噪声值以及所采取的环境噪声污染防治措施的情况。

(3) 禁止夜间进行产生环境噪声污染施工作业的规定。在城市市区噪声敏感建筑物集中区域内,禁止夜间进行产生环境噪声污染的建筑施工作业,但抢修、抢险作业和因生产工艺上要求或者特殊需要必须连续作业的除外。因特殊需要必须连续作业的,必须有县级以上人民政府或者其有关主管部门的证明。以上规定的夜间作业,必须公告附近居民。

所谓噪声敏感建筑物集中区域,是指医疗区、文教科研区和以机关或者居民住宅为主的区域。所谓噪声敏感建筑物,是指医院、学校、机关、科研单位、住宅等需要保持安静的建筑物。

(4) 政府监管部门的现场检查。县级以上人民政府环境保护行政主管部门和其他环境噪声污染防治工作的监督管理部门、机构,有权依据各自的职责对管辖范围内排放环境噪声的单位进行现场检查。

被检查的单位必须如实反映情况,并提供必要的资料。检查部门、机构应当为被检查的单位保守技术秘密和业务秘密。检查人员进行现场检查,应当出示证件。

2. 建设项目环境噪声污染的防治

城市道桥、铁路(包括轻轨)、工业厂房等,其建成后的使用可能会对周围环境产生噪声污染。因此,建设单位必须在建设前期就规定环境噪声污染的防治措施,并在建设过程中同步建设环境噪声污染防治设施。

建设项目可能产生环境噪声污染的,建设单位必须提出环境影响报告书,规定环境噪声污染的防治措施,并按照国家规定的程序报环境保护行政主管部门批准。环境影响报告书中,应当有该建设项目所在地单位和居民的意见。

建设项目的环境噪声污染防治设施必须与主体工程同时设计、同时施工、同时投产使用。例如,建设经过已有的噪企业事业单位和其他生产经营者违反法律法规规定排放大气污染物，造成或者可能造成严重大气污染，或者有关证据可能灭失或者被隐匿的，县级以上人民政府环境保护主管部门和其他负有大气环境保护监督管理职责的部门，可以对有关设施、设备、物品采取查封、扣押等行政强制措施。

2. 水污染的防治

水污染，是指水体因某种物质的介入，而导致其化学、物理、生物或者放射性等方面特性的改变，从而影响水的有效利用，危害人体健康或者破坏生态环境，造成水质恶化的现象。水污染防治包括江河、湖泊、运河、渠道、水库等地表水体以及地下水体的污染防治。

水污染防治应当坚持预防为主、防治结合、综合治理的原则，优先保护饮用水水源，严格控制工业污染、城镇生活污染，防治农业面源污染，积极推进生态治理工程建设，预防、控制和减少水环境污染和生态破坏。

（1）施工现场水污染的防治。排放水污染物，不得超过国家或者地方规定的水污染物排放标准和重点水污染物排放总量控制指标。

直接或者间接向水体排放污染物的企业事业单位和个体工商户，应当按照国务院环境保护主管部门的规定，向县级以上地方人民政府环境保护主管部门申报登记拥有的水污染物排放设施、处理设施和在正常作业条件下排放水污染物的种类、数量和浓度，并提供防治水污染方面的有关技术资料。

禁止向水体排放油类、酸液、碱液或者剧毒废液。禁止在水体清洗装贮过油类或者有毒污染物的车辆和容器。禁止向水体排放、倾倒放射性固体废物或者含有高放射性和中放射性物质的废水。向水体排放含低放射性物质的废水，应当符合国家有关放射性污染防治的规定和标准。

禁止向水体排放、倾倒工业废渣、城镇垃圾和其他废弃物。禁止将含有汞、镉、砷、铬、铅、氰化物、黄磷等的可溶性剧毒废渣向水体排放、倾倒或者直接埋入地下。存放可溶性剧毒废渣的场所,应当采取防水、防渗漏、防流失的措施。禁止在江河、湖泊、运河、渠道、水库最高水位线以下的滩地和岸坡堆放、存贮固体废弃物和其他污染物。

在饮用水水源保护区内,禁止设置排污口。在风景名胜区水体、重要渔业水体和其他具有特殊经济文化价值的水体的保护区内,不得新建排污口。在保护区附近新建排污口,应当保证保护区水体不受污染。

禁止利用渗井、渗坑、裂隙和溶洞排放、倾倒含有毒污染物的废水、含病原体的污水和其他废弃物。禁止利用无防渗漏措施的沟渠、坑塘等输送或者存贮含有毒污染物的废水、含病原体的污水和其他废弃物。

兴建地下工程设施或者进行地下勘探、采矿等活动,应当采取防护性措施,防止地下水污染。人工回灌补给地下水,不得恶化地下水质。

2013 年 10 月颁布的《城镇排水与污水处理条例》规定,城镇排水主管部门应当会同有关部门,按照国家有关规定划定城镇排水与污水处理设施保护范围,并向社会公布。在保护范围内,有关单位从事爆破、钻探、打桩、顶进、挖掘、取土等可能影响城镇排水与污水处理设施安全的活动的,应当与设施维护运营单位等共同制定设施保护方案,并采取相应的安全防护措施。

建设工程开工前,建设单位应当查明工程建设范围内地下城镇排水与污水处理设施的相关情况。城镇排水主管部门及其他相关部门和单位应当及时提供相关资料。建设工程施工范围内有排水管网等城镇排水与污水处理设施的,建设单位应当与施工单位、设施维护运营单位共同制定设施保护方案,并采取相应的安全保护措施。因工程建设需要拆除、改动城镇排水与污水处理设施的,建设单位应当制定拆除、改动方案,报城镇排水主管部门审核,并承担重建、改建和采取临时措施的费用。

2015 年 1 月住房和城乡建设部发布的《城镇污水排入排水管网许可管理办法》进一步规定,未取得排水许可证,排水进行绿化、铺装或者遮盖。禁止在人口集中地区和其他依法需要特殊保护的区域内焚烧沥青、油毡、橡胶、塑料、皮革、垃圾以及其他产生有毒有害烟尘和恶臭气体的物质。

运输煤炭、垃圾、渣土、砂石、土方、灰浆等散装、流体物料的车辆应当采取密闭或者其他措施防止物料遗撒造成扬尘污染，并按照规定路线行驶。装卸物料应当采取密闭或者喷淋等方式防治扬尘污染。

贮存煤炭、煤矸石、煤渣、煤灰、水泥、石灰、石膏、砂土等易产生扬尘的物料应当密闭；不能密闭的，应当设置不低于堆放物高度的严密围挡，并采取有效覆盖措施防治扬尘污染。码头、矿山、填埋场和消纳场应当实施分区作业，并采取有效措施防治扬尘污染。

施工现场大气污染的防治，重点是防治扬尘污染。规定：

1）运送土方、垃圾、设备及建筑材料等，不污损场外道路。运输容易散落、飞扬、流漏的物料的车辆，必须采取措施封闭严密，保证车辆清洁。施工现场出口应设置洗车槽。

2）土方作业阶段，采取洒水、覆盖等措施，达到作业区目测扬尘高度小于1.5m，不扩散到场区外。

3）结构施工、安装装饰装修阶段，作业区目测扬尘高度小于0.5m。对易产生扬尘的堆放材料应采取覆盖措施；对粉末状材料应封闭存放；场区内可能引起扬尘的材料及建筑垃圾搬运应有降尘措施，如覆盖、洒水等；浇筑混凝土前清理灰尘和垃圾时尽量使用吸尘器，避免使用吹风器等易产生扬尘的设备；机械剔凿作业时可用局部遮挡、掩盖、水淋等防护措施；高层或多层建筑清理垃圾应搭设封闭性临时专用道或采用容器吊运。

4）施工现场非作业区达到目测无扬尘的要求。对现场易飞扬物质采取有效措施，如洒水、地面硬化、围挡、密网覆盖、封闭等，防止扬尘产生。

5）构筑物机械拆除前，做好扬尘控制计划。可采取清理积尘、拆除体洒水、设置隔挡等措施。

6）构筑物爆破拆除前，做好扬尘控制计划。可采用清理积尘、淋湿地面、预湿墙体、屋面敷水袋、楼面蓄水、建筑外设高压喷雾状水系统、搭设防尘排栅和直升机投水弹等综合降尘。选择风力小的天气进行爆破作业。

7）在场界四周隔挡高度位置测得的大气总悬浮颗粒物（TSP）月平均浓度与城市背景值的差值不大于 $0.08mg/m^3$。

（2）建设项目大气污染的防治。《大气污染防治法》规定，新建、扩建、改建向大气排放污染物的项目，必须遵守国家有关建设项目环境保护管理的规定。

建设项目的环境影响报告书，必须对建设项目可能产生的大气污染和对生态环境的影响作出评价，规定防治措施，并按照规定的程序报环境保护行政主管部门审查批准。例如，新建、扩建排放二氧化硫的火电厂和其他大中型企业，超过规定的污染物排放标准或者总量控制指标的，必须建设配套脱硫、除尘装置或者采取其他控制二氧化硫排放、除尘的措施；炼制石油、生产合成氨、煤气和燃煤焦化、有色金属冶炼过程中排放含有硫化物气体的，应当配备脱硫装置或者采取其他脱硫措施等。

建设项目投入生产或者使用之前，其大气污染防治设施必须经过环境保护行政主管部门验收，达不到国家有关建设项目环境保护管理规定的要求的建设项目，不得投入生产或者使用。

（3）对向大气排放污染物单位的监管。《大气污染防治法》规定，地方各级人民政府应当加强对建设施工和运输的管理，保持道路清洁，控制料堆和渣土堆放，扩大绿地、水面、湿地和地面铺装面积，防治扬尘污染。

从事房屋建筑、市政基础设施建设、河道整治以及建筑物拆除等工程的施工单位，应当向负责监督管理扬尘污染防治的主管部门备案。

企业事业单位和其他生产经营者在生产经营活动中产生恶臭气体的，应当科学选址，设置合理的防护距离，并安装净化装置或者采取其他措施，防止排放恶臭气体。

容器和包装物以及收集、贮存、运输、处置危险废物的设施、场所,必须设置危险废物识别标志。以填埋方式处置危险废物不符合国务院环境保护行政主管部门规定的,应当缴纳危险废物排污费。危险废物排污费用于污染环境的防治,不得挪作他用。

禁止将危险废物提供或者委托给无经营许可证的单位从事收集、贮存、利用、处置的经营活动。运输危险废物,必须采取防止污染环境的措施,并遵守国家有关危险货物运输管理的规定。禁止将危险废物与旅客在同一运输工具上载运。

收集、贮存、运输、处置危险废物的场所、设施、设备和容器、包装物及其他物品转作他用时,必须经过消除污染的处理,方可使用。

产生、收集、贮存、运输、利用、处置危险废物的单位,应当制定意外事故的防范措施和应急预案,并向所在地县级以上地方人民政府环境保护行政主管部门备案;环境保护行政主管部门应当进行检查。因发生事故或者其他突发性事件,造成危险废物严重污染环境的单位,必须立即采取措施消除或者减轻对环境的污染危害,及时通报可能受到污染危害的单位和居民,并向所在地县级以上地方人民政府环境保护行政主管部门和有关部门报告,接受调查处理。

(3) 施工现场固体废物的减量化和回收再利用。制定建筑垃圾减量化计划,如住宅建筑,每万平方米的建筑垃圾不宜超过 400 吨。

加强建筑垃圾的回收再利用,力争建筑垃圾的再利用和回收率达到 30%,建筑物拆除产生的废弃物的再利用和回收率大于 40%。对于碎石类、土石方类建筑垃圾,可采用地基填埋、铺路等方式提高再利用率,力争再利用率大于 50%。

施工现场生活区设置封闭式垃圾容器,施工场地生活垃圾实行袋装化,及时清运。对建筑垃圾进行分类,并收集到现场封闭式垃圾站,集中运出。

2. 建设项目固体废物污染环境的防治

在国务院和国务院有关主管部门及省、自治区、直辖市人民政府划定的自然保护区、风景名胜区、饮用水水源保护区、基本农田保护区和其他需要特别保护的区域内，禁止建设工业固体废物集中贮存、处置的设施、场所和生活垃圾填埋场。

户不得向城镇排水设施排放污水。各类施工作业需要排水的，由建设单位申请领取排水许可证。因施工作业需要向城镇排水设施排水的，排水许可证有效期，由城镇排水主管部门根据排水状况确定，但不得超过施工期限。排水户应当按照排水许可证确定的排水类别、总量、时限、排放口位置和数量、排放的污染物项目和浓度等要求排放污水。

排水户不得有下列危及城镇排水设施安全的行为：①向城镇排水设施排放、倾倒剧毒、易燃易爆物质、腐蚀性废液和废渣、有害气体和烹饪油烟等；②堵塞城镇排水设施或者向城镇排水设施内排放、倾倒垃圾、渣土、施工泥浆、油脂、污泥等易堵塞物；③擅自拆卸、移动和穿凿城镇排水设施；④擅自向城镇排水设施加压排放污水。

排水户因发生事故或者其他突发事件，排放的污水可能危及城镇排水与污水处理设施安全运行的，应当立即停止排放，采取措施消除危害，并按规定及时向城镇排水主管部门等有关部门报告。

城镇排水主管部门实施监督检查时，有权采取下列措施：①进入现场开展检查、监测；②要求被监督检查的排水户出示排水许可证；③查阅、复制有关文件和材料；④要求被监督检查的单位和个人就有关问题做出说明；⑤依法采取禁止排水户向城镇排水设施排放污水等措施，纠正违反有关法律、法规和本办法规定的行为。被监督检查的单位和个人应当予以配合，不得妨碍和阻挠依法进行的监督检查活动。城镇排水主管部门委托的专门机构，可以开展排水许可审查、档案管理、监督指导排水户排水行为等工作，并协助城镇排水主管部门对排水许可实施监督管理。

（2）发生事故或者其他突发性事件的规定。企业事业单位发生事故或者其他突发性事件，造成或者可能造成水污染事故的，应当立即启动本单位的应急方案，采取应急措施，并向事故发生地的县级以上地方人民政府或者环境保护主管部门报告。

三、施工现场固体废物污染防治的规定

固体废物，是指在生产、生活和其化活动中产生的丧失原有利用价值或者虽未丧失利用价值但被抛弃或者放弃的固态、半固态和置于容器中的气态的物品、物质以及法律、行政法规规定纳入固体废物管理的物品、物质。固体废物污染环境，是指固体废物在产生、收集、贮存、运输、利用、处置的过程中产生的危害环境的现象。

国家对固体废物污染环境的防治，实行减少固体废物的产生量和危害性、充分合理利用固体废物和无害化处置固体废物的原则，促进清洁生产和循环经济发展。

1. 施工现场固体废物污染环境的防治

施工现场的固体废物主要是建筑垃圾和生活垃圾。固体废物又分为一般固体废物和危险废物。所谓危险废物，是指列入国家危险废物名录或者根据国家规定的危险废物鉴别标准和鉴别方法认定的具有危险特性的固体废物。

（1）一般固体废物污染环境的防治。产生固体废物的单位和个人，应当采取措施，防止或者减少固体废物对环境的污染。

收集、贮存、运输、利用、处置固体废物的单位和个人，必须采取防扬散、防流失、防渗漏或者其他防止污染环境的措施；不得擅自倾倒、堆放、丢弃、遗撒固体废物。禁止任何单位或者个人向江河、湖泊、运河、渠道、水库及其最高水位线以下的滩地和岸坡等法律、法规规定禁止倾倒、堆放废弃物的地点倾倒、堆放固体废物。

转移固体废物出省、自治区、直辖市行政区域贮存、处置的，应当向固体废物移出地的省、自治区、直辖市人民政府环境保护行政主管部门提出申请。移出地的省、自治区、直辖市人民政府环境保护行政主管部门应当商经接受地的省、自治区、直辖市人民政府环境保护行政主管部门同意后，方可批准转移该固体废物出省、自治区、直辖市行政区域。未经批准的，不得转移。

（2）危险废物污染环境防治的特别规定。对危险废物的

参 考 文 献

[1] 袁光裕,胡志根. 水利工程施工[M]. 北京:中国水利水电出版社,2009.
[2] 郑霞忠,朱忠荣. 水利水电工程质量管理与控制[M]. 北京:中国电力出版社,2011.

内容提要

本书是《水利水电工程施工实用手册》丛书之《土石坝工程施工》分册,以国家现行建设工程标准、规范、规程为依据,结合编者多年工程实践经验编纂而成。全书共9章,内容包括:基本知识、施工进度安排、筑坝材料、坝基与岸坡施工、坝体填筑、非土质材料防渗体施工、安全监测、施工质量控制及验收标准、施工安全与环境保护。

本书适合水利水电施工一线工程技术人员、操作人员使用。可作为水利水电土石坝工程施工作业人员的培训教材,亦可作为大专院校相关专业师生的参考资料。

《水利水电工程施工实用手册》